Ralf Jürgen Ostendorf

Prüfungsorientierte Investitionsrechnung

Lehrbuch

Smart Knowledge to the Students®

herausgegeben von

Ralf Jürgen Ostendorf

Band 1

LIT

Ralf Jürgen Ostendorf

Prüfungsorientierte Investitionsrechnung

Zusammenhänge praxisorientiert verinnerlichen,
charakteristische Fallstricke identifizieren
und die Prüfung erfolgreich bestehen

Lehrbuch

LIT

Autorenfoto: LichtBlick – Fotografie Paul Wiesmann, Recklinghausen

Gedruckt auf alterungsbeständigem Werkdruckpapier entsprechend
ANSI Z3948   DIN ISO 9706

Bibliografische Information der Deutschen Nationalbibliothek
Die Deutsche Nationalbibliothek verzeichnet diese Publikation in der Deutschen Nationalbibliografie; detaillierte bibliografische Daten sind im Internet über https://dnb.dnb.de abrufbar.

ISBN 978-3-643-15539-9

© LIT VERLAG Dr. W. Hopf Berlin 2024
Verlagskontakt:
Fresnostr. 2   D-48159 Münster
Tel. +49 (0) 2 51-62 03 20
E-Mail: lit@lit-verlag.de   https://www.lit-verlag.de

Auslieferung:
Deutschland: LIT Verlag, Fresnostr. 2, D-48159 Münster
Tel. +49 (0) 2 51-620 32 22, E-Mail: vertrieb@lit-verlag.de

Inhaltsverzeichnis

Abbildungsverzeichnis iv

Tabellenverzeichnis vi

Abkürzungsverzeichnis xii

Brief an die Lernenden 1

Vorwort 3

1 Einführung und statische Investitionsrechnungen 7
  1.1 Einordnung der Investitionsrechnungen 7
  1.2 Grundlagen der statischen Investitionsrechnungen 11
    1.2.1 Kostenanalyse 11
      1.2.1.1 Darstellung 11
      1.2.1.2 Anwendung 15
    1.2.2 Gewinnvergleich 19
    1.2.3 Rentabilitätsvergleich 23
    1.2.4 Amortisationsrechnung 24
      1.2.4.1 Darstellung 24
      1.2.4.2 Anwendung 27
    1.2.5 Prämissen der Statik und kritische Würdigung 29
  1.3 Erweiterungen der statischen Investitionsrechnungen 32
    1.3.1 Einfluss der diskontinuierlichen Tilgung 32
      1.3.1.1 Darstellung 32
      1.3.1.2 Anwendung 34
    1.3.2 Ersatz oder Beibehaltung als Fragestellung der Statik 35
    1.3.3 Einbeziehung von Differenzinvestitionen 39
    1.3.4 Ermittlung erforderlicher Zugeständnisse 42
      1.3.4.1 Analyse der erforderlichen Zinssenkung zur Benchmark-Erreichung 43
      1.3.4.2 Ermittlung erforderlicher Preissenkungen zur Benchmark-Erreichung 46
    1.3.5 Ermittlung weiterer Break-even-Punkte 50

1.3.6 Erweiterungen der Amortisation 53
    1.3.6.1 Einbeziehung des kalkulierten Zinsaufwandes. 53
    1.3.6.2 Amortisation bei schwankender Gewinnhöhe. 56

2 Dynamische Verfahren der Investitionsrechnung 61
2.1 Grundlagen 61
   2.1.1 Kapitalwert und Unterschiede zur Statik 61
      2.1.1.1 Darstellung 61
      2.1.1.2 Anwendung 64
   2.1.2 Annuität 66
      2.1.2.1 Darstellung 66
      2.1.2.2 Anwendung 69
   2.1.3 Dynamische Amortisationszeit 69
      2.1.3.1 Darstellung 69
      2.1.3.2 Anwendung 70
   2.1.4 Optimale Nutzungsdauer 72
      2.1.4.1 Darstellung 72
      2.1.4.2 Anwendung 76
   2.1.5 Interner Zinsfuß 79
      2.1.5.1 Darstellung 79
      2.1.5.2 Anwendung 83
   2.1.6 Prämissen der Dynamik und kritische Würdigung 86
2.2 Erweiterung 89
   2.2.1 Variationen am Zeitstrahl 89
      2.2.1.1 Darstellung 89
      2.2.1.2 Anwendung 91
   2.2.2 Kapitalwertermittlung mit Hilfe des Rentenbarwertfaktors . . . 92
      2.2.2.1 Darstellung 92
      2.2.2.2 Anwendung 93
   2.2.3 Ersatz oder Beibehaltung als Fragestellung der Dynamik 98
      2.2.3.1 Darstellung 98
      2.2.3.2 Anwendung 100
   2.2.4 Optimale Nutzungsdauer von Investitionsketten 101
      2.2.4.1 Darstellung 102
      2.2.4.2 Anwendung 111
         2.2.4.2.1 Perspektive des Benzin-Pkw 111
         2.2.4.2.2 Perspektive des Diesel-Pkw 114

2.2.5 Ergänzende Aspekte zu Zinsfüßen 118
    2.2.5.1 Darstellung 118
    2.2.5.2 Anwendung 122
2.2.6 Endwertberechnung und maximaler Sollzinssatz 131
    2.2.6.1 Darstellung 131
    2.2.6.2 Anwendung 133
2.2.7 Kapitalwertberechnung unter Berücksichtigung von Erfolgssteuern 136
    2.2.7.1 Darstellung 136
    2.2.7.2 Anwendung 140

3 Umgang mit der Ungewissheit der Zukunft 145
3.1 Grundlagen 145
  3.1.1 Korrekturverfahren. 145
    3.1.1.1 Darstellung 145
    3.1.1.2 Anwendung 149
  3.1.2 Zielgrößenänderungsrechnung 153
    3.1.2.1 Darstellung 153
    3.1.2.2 Anwendung 157
  3.1.3 Break-even-Betrachtungen 168
    3.1.3.1 Darstellung 168
    3.1.3.2 Anwendung 173
3.2 Erweiterung 183
  3.2.1 Modelle zur Strukturierung der Unsicherheit 183
    3.2.1.1 Darstellung 183
    3.2.1.2 Anwendung 189
  3.2.2 Umgang mit dem Risiko 194
    3.2.2.1 Darstellung 194
    3.2.2.2 Anwendung 198

Literatur 203

Vita des Autors 204

Stichwortverzeichnis 208

Abbildungsverzeichnis

Abb. 1.1:	Schema der Produktionsmühle.	7
Abb. 1.2:	Schematische Darstellung von der Brutto- und Nettoinvestition	9
Abb. 1.3:	Schematischer Controllingzyklus für Investitionen	10
Abb. 1.4:	Buchwertentwicklung ohne und mit Restwert	13
Abb. 1.5:	Break-even-Punkt der Kostenbetrachtung	18
Abb. 1.6:	Break-even-Punkte für Erfolgsgleichheit und Erfolgsneutralität der analysierten Pkw.	22
Abb. 1.7:	Liquiditätswirkung der Abschreibung am Beispiel des Diesel-Pkw	25
Abb. 1.8:	Cashflow-Ermittlung und -Verwendung zur Amortisationszeit-Ermittlung beim Diesel-Pkw	26
Abb. 1.9:	Direkte und indirekte Cashflow-Ermittlung für den Diesel-Pkw	27
Abb. 1.10:	Amortisationszeitpunkte der analysierten Pkw	28
Abb. 1.11:	Zusammenhang zwischen Grundlagen und der Erweiterung im Statik-Kapitel	31
Abb. 1.12:	Buchwertentwicklung bei diskontinuierlicher Tilgung ohne und mit Restwert	33
Abb. 1.13:	Kostensituation des Diesel-Pkw zu unterschiedlichen Betrachtungszeitpunkten	37
Abb. 1.14:	Zielsetzung der Differenzinvestition visualisiert am Pkw-Vergleich	40
Abb. 1.15:	Ermittlung und Verwendung der erweiterten Amortisationszeit-Ermittlung beim Diesel-Pkw	54
Abb. 1.16:	Ermittlungsmöglichkeiten des (erweiterten) Cashflows für den Diesel-Pkw bei Zinseinbezug	55
Abb. 1.17:	Amortisationszeiten im Vergleich bei unterschiedlichen Gewinnen	58
Abb. 2.1:	Grundschema des Kapitalwertes	61
Abb. 2.2:	Einbeziehung der Annuität in den Sachverhalt aus Abbildung 2.1	67
Abb. 2.3:	Wirkungszusammenhang der Annuität.	67
Abb. 2.4:	Amortisationswirkung unter Berücksichtigung eines konstanten Restwertes.	71
Abb. 2.5:	Differenzierung zwischen operativen EZÜ und Restwert	73
Abb. 2.6:	Kapitalwertbestimmung bei einer Restwertliquidation im ersten Laufzeitjahr	74

Abb. 2.7: Kapitalwertbestimmung bei einer Restwertliquidation im zweiten Laufzeitjahr 74
Abb. 2.8: Kapitalwertbestimmung bei einer Restwertliquidation im dritten Laufzeitjahr 75
Abb. 2.9: Fragestellung des Internen Zinsfußes 80
Abb. 2.10: Wirkung des Internen Zinsfußes 81
Abb. 2.11: Annäherung an den Internen Zinsfuß 82
Abb. 2.12: Schrittweise Annäherung an den echten Internen Zinsfuß 84
Abb. 2.13: Zusammenhang zwischen Grundlagen und Erweiterungen im Dynamik-Kapitel 88
Abb. 2.14: Erfolg des Ausgangsbeispiels (Abb. 2.1) zum Zeitpunkt t_1 89
Abb. 2.15: Erfolg des Ausgangsbeispiels (Abb. 2.1) zum Ende der Investition (t_2) 90
Abb. 2.16: Einzeldiskontierung und Diskontierung mit dem Rentenbarwertfaktor im systematischen Vergleich 93
Abb. 2.17: Rentenbarwertfaktor im Einsatz bei unterschiedlichen Startzeitpunkten 97
Abb. 2.18: Veränderte Parameter einer Investition im Zeitverlauf 99
Abb. 2.19: Schematische Struktur einerKetteninvestition bei einjähriger Laufzeit der Basisinvestition 103
Abb. 2.20: Schematische Struktur einer Ketteninvestition bei einjähriger Laufzeit der Basisinvestition einschließlich Annuität und Kettenwert 104
Abb. 2.21: Schematische Struktur einer Ketteninvestition bei zweijähriger Laufzeit der Basisinvestition einschließlich Annuität und Kettenwert 105
Abb. 2.22: Differenzierung zwischen Planungshorizont und Anfall des letztmöglichen Kapitalwertes 107
Abb. 2.23: Aufbereitete Zahlungsströme zur Endwertberechnung 122
Abb. 2.24: Aufbereitete Zahlungsströme zur Endwertberechnung 132
Abb. 3.1: Ausgangsinvestition mit Originaldaten 146
Abb. 3.2: Ausgangsinvestition unter Berücksichtigung angepasster operativer Cashflows 147
Abb. 3.3: Ausgangsinvestition unter Berücksichtigung angepasster Entsorgungskosten 148

Abb. 3.4: Ausgangsinvestition unter Berücksichtigung des angepassten Zinssatzes 148
Abb. 3.5: Ausgangsinvestition unter Berücksichtigung aller angepassten Werte 149
Abb. 3.6: Ausgangsinvestition mit höheren Entsorgungskosten 169
Abb. 3.7: Verschiedene Wege zur Erreichung eines Erwartungswertes von 15 € 195

Tabellenverzeichnis

Tab. 1.1: Kapitalbindung im Zeitverlauf bei kontinuierlicher Tilgung 15
Tab. 1.2: Ausgangswerte der zu analysierenden Pkw 15
Tab. 1.3: Originärer Kostenvergleich der beiden Pkw 16
Tab. 1.4: Stückkostenvergleich der beiden Pkw 17
Tab. 1.5: Umsatzerlöse der beiden Pkw 19
Tab. 1.6: Gewinnvergleich der beiden Pkw 20
Tab. 1.7: Rentabilitätsbetrachtung der beiden Pkw. 23
Tab. 1.8: Amortisationsvergleich der beiden Pkw (mit gerettetem Restwert) . 27
Tab. 1.9: Kapitalbindung im Zeitverlauf bei diskontinuierlicher Tilgung . . . 33
Tab. 1.10: Vollständiger Vergleich der beiden ursprünglichen Pkw bei diskontinuierlicher Tilgung 34
Tab. 1.11: Ausgangswerte der Pkw-Analyse nach vier Jahren. 36
Tab. 1.12: Vollständige Analyse der Ersatzentscheidung nach vier Jahren bei diskontinuierlicher Tilgung 37
Tab. 1.13: Auswirkungen einer Differenzinvestition mit Nullverzinsung 40
Tab. 1.14: Auswirkungen einer Differenzinvestition unter Annahme der Kapazitätsverdopplung. 41
Tab. 1.15: Ausgangssituation für den Einsatz einer unredlichen Differenzinvestition 41
Tab. 1.16: Einbeziehung der unredlichen Differenzinvestition 41
Tab. 1.17: Vollständiger Vergleich der beiden ursprünglichen Pkw bei diskontinuierlicher Tilgung 55
Tab. 1.18: Auslastung der untersuchten Pkw im Zeitvergleich 56

Tabellenverzeichnis

Tab. 1.19:	Amortisationszeitermittlung für den Diesel-Pkw bei schwankender Auslastung	57
Tab. 1.20:	Amortisationszeitermittlung für den Benzin-Pkw bei schwankender Auslastung	57
Tab. 2.1:	EZÜ-Wertigkeit in Abhängigkeit von Zinssatz und Zahlungszeitpunkt.	63
Tab. 2.2:	Ausgangswerte für die dynamische Kalkulation der Pkw	64
Tab. 2.3:	Kapitalwertermittlung für den Diesel-Pkw	64
Tab. 2.4:	Kapitalwertermittlung für den Benzin-Pkw.	65
Tab. 2.5:	Dynamische Amortisationszeiten beider Pkw.	70
Tab. 2.6:	Laufzeitabhängige Kapitalwerte bei abnehmendem Restwert	76
Tab. 2.7:	Restwertverläufe der beiden Pkw.	76
Tab. 2.8:	Ermittlung der optimalen Nutzungsdauer für den Benzin-Pkw	77
Tab. 2.9:	Rechenvereinfachungen für den Benzin-Pkw.	78
Tab. 2.10:	Ermittlung der optimalen Nutzungsdauer für den Diesel-Pkw einschließlich Hilfswerte.	78
Tab. 2.11:	Kapitalwertermittlung für den Diesel-Pkw mit zwei Versuchszinssätzen.	83
Tab. 2.12:	Kapitalwertermittlung für den Benzin-Pkw mit zwei Versuchszinssätzen.	85
Tab. 2.13:	Diesel- und Benzin-Pkw bewertet in t_3 und zum jeweiligen Laufzeitende.	91
Tab. 2.14:	Differenzanalyse Einzeldiskontierung zur Verwendung des RBF bei 8.000 € EZÜ	94
Tab. 2.15:	Differenzanalyse Einzeldiskontierung zur Verwendung des RBF bei 15.000 € EZÜ.	95
Tab. 2.16:	Differenzanalyse Einzeldiskontierung zur Verwendung des RBF bei 15.000 € EZÜ ab t_3.	96
Tab. 2.17:	Gebrauchter Diesel-Pkw im dynamischen Vergleich zum Elektro-Pkw.	100
Tab. 2.18:	Ergebnisse unendlicher Investitionsketten der Basisinvestition	106
Tab. 2.19:	Unterschiedliche Investitionsketten der Basisinvestition bei einem sechsjährigen Betrachtungszeitraum	106
Tab. 2.20:	Fallende EZÜ in Abhängigkeit vom Kalenderjahr	108

Tabellenverzeichnis

Tab. 2.21: Investitionskette: einjährige Einzelinvestition, fallende EZÜ und 6-jähriger Planungshorizont 109

Tab. 2.22: Investitionskette: zweijährige Einzelinvestition, fallende EZÜ und 6-jähriger Planungshorizont 109

Tab. 2.23: Investitionskette: dreijährige Einzelinvestition, fallende EZÜ und 6-jähriger Planungshorizont 110

Tab. 2.24: Vom Kapitalwert zum Kettenkapitalwert bei unendlichem Planungshorizont, operationalisiert für den Benzin-Pkw 111

Tab. 2.25: Vom Kapitalwert zum Kettenkapitalwert bei 10-jährigem Planungshorizont, operationalisiert für den Benzin-Pkw 112

Tab. 2.26: EZÜ-Entwicklung des Benzin-Pkw im Zeitverlauf bei veränderlichen Parametern. 113

Tab. 2.27: Investitionskette: einjährige Einzelinvestition, variierende EZÜ und 10-jähriger Planungshorizont für den Benzin-Pkw 113

Tab. 2.28: Investitionskette: zweijährige Einzelinvestition, variierende EZÜ und 10-jähriger Planungshorizont für den Benzin-Pkw 114

Tab. 2.29: Investitionskette: dreijährige Einzelinvestition, variierende EZÜ und 10-jähriger Planungshorizont für den Benzin-Pkw 114

Tab. 2.30: Vom Kapitalwert zum Kettenkapitalwert bei unendlichem Planungshorizont, operationalisiert für den Benzin-Pkw 115

Tab. 2.31: Vom Kapitalwert zum Kettenkapitalwert bei 10-jährigem Planungshorizont operationalisiert für den Diesel-Pkw 115

Tab. 2.32: Investitionskette: fünfjährige Einzelinvestition, variierende EZÜ und 10-jähriger Planungshorizont für den Diesel-Pkw 116

Tab. 2.33: Investitionskette: sechsjährige Einzelinvestition, variierende EZÜ und 10-jähriger Planungshorizont für den Diesel-Pkw 116

Tab. 2.34: Zwischenergebnisse des iterativen Verfahrens im Ausgangsbeispiel . 119

Tab. 2.35: Zwischenergebnisse des iterativen Verfahrens für den Diesel-Pkw . . 123

Tab. 2.36: Zwischenergebnisse des iterativen Verfahrens für den Benzin-Pkw . 125

Tab. 2.37: Anwendung des Baldwin-Ansatzes für den Diesel-Pkw 129

Tab. 2.38: Anwendung des Baldwin-Ansatzes für den Benzin-Pkw. 130

Tab. 2.39: Anwendung differenzierter Zinssätze für den Diesel-Pkw 134

Tab. 2.40: Anwendung differenzierter Zinssätze für den Benzin-Pkw 135

Tabellenverzeichnis

Tab. 2.41:	Beispiel zur Steuerwirkung der Zinsen bei einem Steuersatz von 50 %	137
Tab. 2.42:	Kapitalwertermittlung der Ausgangsinvestition unter Steuereinbeziehung	138
Tab. 2.43:	Ursachen der Kapitalwertunterschiede für das Ausgangsbeispiel	139
Tab. 2.44:	Kapitalwertermittlung des Diesel-Pkw unter Steuereinbeziehung	140
Tab. 2.45:	Ursachen der Kapitalwertunterschiede für den Diesel-Pkw	141
Tab. 2.46:	Kapitalwertermittlung des Benzin-Pkw unter Steuereinbeziehung	141
Tab. 2.47:	Ursachen der Kapitalwertunterschiede für den Benzin-Pkw	142
Tab. 3.1:	Ausgangswerte im Original für die dynamische Kalkulation der Pkw	149
Tab. 3.2:	Kapitalwertermittlung für den Diesel-Pkw bei reduziertem Stückerlös	150
Tab. 3.3:	Kapitalwertermittlung für den Diesel-Pkw bei reduziertem Potenzial	150
Tab. 3.4:	Kapitalwertermittlung für den Diesel-Pkw bei reduziertem Stückerlös und Potenzial	151
Tab. 3.5:	Kapitalwertermittlung für den Benzin-Pkw bei reduzierter Auslastung	151
Tab. 3.6:	Kapitalwertermittlung für den Benzin-Pkw bei reduzierter Laufzeit	151
Tab. 3.7:	Kapitalwertermittlung für den Benzin-Pkw bei reduzierter Auslastung und Laufzeit	152
Tab. 3.8:	Zielgrößenänderung – Ansatzpunkt Zinssatz	153
Tab. 3.9:	Zielgrößenänderung – Ansatzpunkt EZÜ	154
Tab. 3.10:	Zielgrößenänderung – Ansatzpunkt Restwert	155
Tab. 3.11:	Zielgrößenänderung – Ansatzpunkt alle betrachteten Parameter	156
Tab. 3.12:	Zielgrößenänderung für den Benzin-Pkw – Ansatzpunkt Zinssatz	157
Tab. 3.13:	Zielgrößenänderung für den Benzin-Pkw – Ansatzpunkt EZÜ	158
Tab. 3.14:	Zielgrößenänderung für den Benzin-Pkw – Ansatzpunkt Laufzeit	158
Tab. 3.15:	Zielgrößenänderung für den Benzin-Pkw – Ansatzpunkt alle Parameter	159
Tab. 3.16:	EZÜ-Veränderungen für den Diesel-Pkw bei Anpassung der Umsatzerlöse	160

Tabellenverzeichnis

Tab. 3.17: Zielgrößenänderung für den Diesel-Pkw – Ansatzpunkt veränderte Umsatzerlöse 161

Tab. 3.18: EZÜ-Veränderungen für den Diesel-Pkw bei Anpassung der variablen Kosten. 162

Tab. 3.19: Zielgrößenänderung für den Diesel-Pkw – Ansatzpunkt veränderte variable Kosten 162

Tab. 3.20: EZÜ-Veränderungen für den Diesel-Pkw bei Anpassung der Auslastung 163

Tab. 3.21: Zielgrößenänderung für den Diesel-Pkw – Ansatzpunkt veränderte Auslastung 164

Tab. 3.22: EZÜ-Veränderungen für den Diesel-Pkw bei Anpassung der Fixkosten 165

Tab. 3.23: Zielgrößenänderung für den Diesel-Pkw – Ansatzpunkt veränderte Fixkosten 165

Tab. 3.24: EZÜ-Veränderungen für den Diesel-Pkw bei Anpassung aller Parameter 166

Tab. 3.25: Zielgrößenänderung für den Diesel-Pkw – Ansatzpunkt Veränderung aller Parameter 167

Tab. 3.26: Kapitalwertermittlung für den Diesel-Pkw 172

Tab. 3.27: Kapitalwertermittlung für den Diesel-Pkw bei Stückerlösen in Höhe von 35 € 176

Tab. 3.28: Kapitalwertermittlung für den Diesel-Pkw bei variablen Kosten in Höhe von 29 € 177

Tab. 3.29: Kapitalwertermittlung für den Diesel-Pkw bei jährlichen Fixkosten in Höhe von 10.0000 € 178

Tab. 3.30: Kapitalwertermittlung für den Diesel-Pkw bei einer Absatzmenge von Null in den ersten beiden Jahren. 179

Tab. 3.31: Kapitalwertermittlung für den Diesel-Pkw bei einer Absatzmenge von Null in den mittleren beiden Jahren 179

Tab. 3.32: Kapitalwertermittlung für den Diesel-Pkw bei einer Absatzmenge von 100 in den letzten beiden Jahren. 180

Tab. 3.33: Kapitalwertermittlung für den Diesel-Pkw bei einer Absatzmenge von 60 % der Ausgangswerte über die gesamte Laufzeit. 181

Tab. 3.34: Kapitalwertermittlung für die Ausgangsinvestition für drei Szenarien 184

Tabellenverzeichnis

Tab. 3.35:	Kapitalwertermittlung für die Alternativinvestition für drei Szenarien	185
Tab. 3.36:	Kapitalwertübersicht der Alternativinvestitionen für die drei Szenarien	186
Tab. 3.37:	Anwendung der Hurwicz-Regel für beide Alternativinvestitionen	187
Tab. 3.38:	Anwendung der Laplace-Regel für beide Alternativinvestitionen	187
Tab. 3.39:	Anwendung der Savage-Niehans -Regel für beide Alternativinvestitionen	188
Tab. 3.40:	Kapitalwertermittlung für den Benzin-Pkw in Abhängigkeit von unterschiedlichen Auslastungen	189
Tab. 3.41:	Kapitalwertermittlung für den Diesel-Pkw in Abhängigkeit von unterschiedlichen Auslastungen	190
Tab. 3.42:	Kapitalwertübersicht der beiden Pkw für die drei Szenarien	191
Tab. 3.43:	Anwendung der Hurwicz-Regel für beide Pkw	192
Tab. 3.44:	Anwendung der Laplace-Regel für beide Pkw	192
Tab. 3.45:	Anwendung der Savage-Niehans-Regel für beide Pkw	193
Tab. 3.46:	Erwartungswertermittlung der beiden Investitionsalternativen bei vorgegebener Eintrittswahrscheinlichkeit der Szenarien	194
Tab. 3.47:	Für das Ausgangsbeispiel vom Kapitalwert zur Standardabweichung	196
Tab. 3.48:	Überblick von den Kapitalwerten bis zum Nutzen unter Risikoeinbeziehung für das Ausgangsbeispiel	198
Tab. 3.49:	Herleitung des Erwartungswertes für beide Pkw	199
Tab. 3.50:	Entwicklung beider Pkw vom Kapitalwert zur Standardabweichung	200
Tab. 3.51:	Entwicklung von den Kapitalwerten zum Nutzen unter Risikoeinbeziehung für beide Pkw	201

Abkürzungsverzeichnis

β	Beta
€	Euro
μ	Erwartungswert
σ	Standardabweichung
AfA	Absetzung für Abnutzung meint Abschreibungen
AK	Anschaffungskosten
AZÜ	Auszahlungsüberschüsse
AZÜ	Amortisationszeit
AZ_{Ziko}	Amortisationszeit bei Einbeziehung der Zinskosten
BR	Bruttorentabilität
BW_n	Buchwert der Periode n
CF	Cashflow(s)
DB	Deckungsbeitrag / Deckungsbeiträge
DI	Differenzinvestition
EZÜ	Einzahlungsüberschüsse
$EZÜ_{nES}$	EZÜ nach Ertrags-Steuern
FK	Fixkosten
Gew	Gewinn
GK	Gesamtkosten
i	Zinssatz
i_{nES}	Zinssatz nach Ertragssteuern
KB	Kapitalbindung
KB_d	Kapitalbindung bei diskontinuierlicher Abschreibung
KW	Kapitalwert
LE_{nES}	Liquidationserlös nach Ertragssteuern
LP	Leistungspotenzial
ND	Nutzungsdauer
NR	Nettorentabilität
operat.	operativ
RBF	Rentenbarwertfaktor
RBW	Rentenbarwert
RN	Risikoneigung
RW	Restwert
T€	tausend Euro
t_n	Laufzeitende
UE	Umsatzerlös(e)
urspr.	ursprünglich(e)
vK	variable Kosten
ZiKo	Zinskosten

Brief an die Lernenden

Liebe Lernende,

dieses Buch ist nur für Sie geschrieben!
- *Warum aber ein weiteres Buch zur Investitionsrechnung?*
- *Gibt es davon nicht schon genug?*
- *Und was macht das vorliegende Buch einzigartig?*

Na klar gibt es viele – auch sehr gute – Bücher zu diesem Thema, von denen sich dieses Buch aber signifikant **unterscheidet**. So basiert es auf fast **40 Jahren** Berufspraxis, die ich als Banker und Lehrender bisher sammeln durfte!

Außerdem ist es komplett anders konzipiert. Primäres Ziel für mich als Professor einer Hochschule für angewandte Wissenschaften ist es, Sie optimal auf Ihre anstehende Klausur vorzubereiten.

Hierzu erfolgt eine Unterteilung der drei behandelten **Themen**: **Statik**, **Dynamik** und **Ungewissheitshandhabung** in zwei Stufen. Die **erste Stufe** bildet jeweils die **Grundlagen** ab und wendet sich an Lernende, die Basiswissen benötigen (**Einsteigerniveau**). Hierzu zählen beispielsweise Abiturienten, mit dem Schwerpunkt Wirtschaft, Studierende, bei denen nur eine Einführung in die BWL auf dem Lehrplan steht, und angehende Industriemeister. Die **Erweiterungen** bilden die **zweite Stufe** und führen die Grundlagen fort. Sie richten sich an Studierende, die weitere Inhalte sowie alle Tricks und Kniffe zu den Themen beherrschen wollen (oder müssen). Diese Inhalte sind (meist) relevant, wenn das Thema Investitionsrechnung ein eigenständiges Modul im Rahmen der (akademischen) Ausbildung ist (**Profiniveau**).

Da die **Erweiterungen modular** aufbereitet sind, können Sie auch (nur) ausgewählte Aspekte der Erweiterung in Ihre Vorbereitung integrieren.

Ein weiterer **Unterschied** ist, dass sämtliche Inhalte mit Hilfe von **zwei Fahrzeugen** erarbeitet werden. Annahmegemäß steht der Taxiunternehmer vor der Entscheidung welches Fahrzeug erworben werden soll. Die Analyse erfolgt durch Nutzung der **unterschiedlichen Instrumente**. Hiermit erfassen Sie als Lernende sofort die **erforderlichen Details** der Instrumente und sind damit in der Lage, diese auch **praxisnah** anzuwenden.

Eine weitere Unterstützung erfahren Sie durch die **Bearbeitungs-Tipps**, mit denen jedes Kapitel endet. Hier finden Sie Hinweise auf häufig gemachte Fehler, die ich aus mehr als **3.000** eigenhändig(!) korrigierten **Klausuren** zur Investitionsrechnung *extrahiert* habe, um sie hier *exklusiv* zu präsentieren. Zudem helfen diese Tipps auch bei der *Ergebnisinterpretation*.

Natürlich werden *theoretische Aspekte* nicht vernachlässigt, bilden aber nicht das zentrale Anliegen dieses Buches.

Ich wünsche Ihnen viel Erfolg bei der Arbeit mit diesem Buch und gutes Gelingen bei Ihrer anstehenden Klausur.

Herzlichst

Ihr

Ralf Jürgen Ostendorf

PS: Um die erforderliche Praxis zu erlangen gibt es ein *Übungsbuch* in dem die einzelnen Inhalte auch nach Lerngruppen differenziert aufbereitet sind. Mit den offen gestellten *Wiederholungsfragen*, können Sie Ihren Lernfortschritt kontrollieren. Die *programmierten Fragestellungen* dienen dem Feinschliff, denn hier müssen Sie auch Nuancen unterscheiden können. Die Praxis können Sie durch die Bearbeitung von *28 Fallstudien* gewinnen.

Falls Sie Anregungen oder Kritik formulieren möchten, können Sie mich gerne anschreiben: lit@lit-verlag.de

Vorwort

Investitionsrechnungen sind elementar für alle unternehmerisch Tätigen! Mit ihnen wird die **betriebliche Infrastruktur** der kommenden Perioden bestimmt. Die Auswahl des geeigneten Investitionsobjektes aus der (potenziellen) Vielzahl der Möglichkeiten ist somit maßgeblich für den **unternehmerischen Erfolg** der kommenden Jahre und kann mit Hilfe verschiedener Berechnungsmöglichkeiten erfolgen, deren Beherrschung nicht immer einfach ist. Da **gendern** die Sachverhalte zusätzlich und nach meiner didaktischen Überzeugung unnötig verkomplizieren würde, verzichte ich komplett darauf.

Die **didaktische Motivation** zu diesem Buch habe ich im **Brief an die Lernenden** zusammengefasst. Um keine Missverständnisse zu erzeugen: Ziel dieses Buches ist es nicht, Taxi-Experten auszubilden. In meiner Wahrnehmung sind die Details der Fahrzeuge schnell zu erfassen. Hierbei habe ich mich von dem Leitgedanken *„Didaktik vor fachlichen Fragestellungen"* leiten lassen. Jeder Entscheider in einem betroffenen Unternehmen möge mir die realitätsabweichenden **Prämissen** verzeihen. Für Anregungen bin ich dankbar!

Mein aktueller Dank wendet sich an **alle Lernenden**, die mit mir im Rahmen der vielen Veranstaltungen an

- *der Hochschule Niederrhein in Krefeld und Mönchengladbach,*
- *der Hochschule Osnabrück – Department für Duale Studien in Lingen,*
- *der Berufsakademie Emsland in Lingen,*
- *dem Euro-Business-College (EBC) in Düsseldorf,*
- *der Fachhochschule der Wirtschaft in Bergisch Gladbach und Mettmann,*
- *der FOM in Essen und Düsseldorf sowie*
- *den IHK Münster und Bochum,*

Inhalte diskutiert und mich durch ihre Fragen didaktisch und inhaltlich gefordert haben.

Ein ganz herzliches Dankeschön richtet sich auch an Frau **Nicole Scharpenack**, die nicht nur mit unermüdlichem Fleiß und Argusaugen das Manuskript von Fehlerteufeln befreit hat, sondern auch durch ihre wertvollen Anregungen dieses Buch in der vorliegenden Form ermöglicht hat.

Für die konstruktive Zusammenarbeit im LIT Verlag danke ich **Herrn Guido Bellmann** von Herzen.

Last but not least danke ich meiner **Tochter Alexandra** für die gemeinsame Zeit.

Recklinghausen, im März 2024

Für meine Tochter Alexandra – Du bist einzigartig!

1 Einführung und statische Investitionsrechnungen

1.1 Einordnung der Investitionsrechnungen

Unter **Investition** wird die Verausgabung von Mitteln in der Gegenwart verstanden, mit dem Ziel bzw. der Hoffnung, daraus in der Zukunft einen größeren Rückfluss zu erzielen. Die Investitionsrechnung thematisiert hierbei nicht die Herkunft der erforderlichen Mittel, sondern setzt diese als gegeben voraus. Die Fragestellung der Mittelbeschaffung heißt **Finanzierung**.

Der Erwerb von Vermögensgegenständen, welche die betriebliche Infrastruktur darstellen (werden), stellen Sachinvestitionen dar. Sie sind das typische Feld der Investitionsentscheidung. Diese Vermögensgegenstände können materiell oder immateriell ausgeprägt sein; hierzu zählen beispielsweise Patente, Grundstücke, Maschinen sowie die Betriebs- und Geschäftsausstattung. In ihrer Gesamtheit stellen die Objekte die **Produktionsmühle** des Unternehmens dar. Hier erfolgt die – wie auch immer ausgestaltete – Leistungserstellung, welche zur Positionierung im Wettbewerb elementar ist. Wie diese im Detail ausgestaltet ist, hängt von der Branche und der Unternehmensgröße ab. Eine schematische Darstellung zeigt Abbildung 1.1.

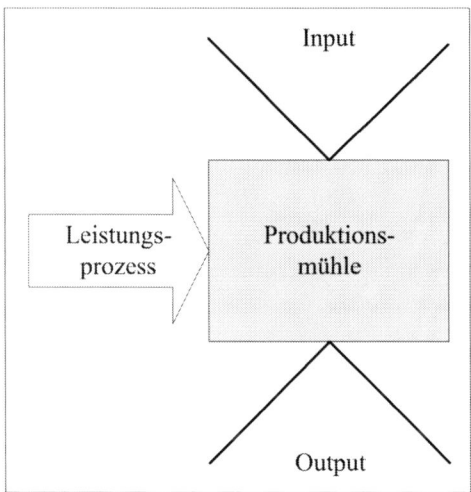

Abb. 1.1: Schema der Produktionsmühle

Der Kauf beispielsweise eines Pkw verursacht Fixkosten, die feststehen und damit unabhängig von dessen Nutzung anfallen. Hiermit wird die Betriebsbereitschaft gesichert. Ungewiss ist hingegen der Grad der Auslastung, d.h. mit welchem Anteil der maximal möglichen Leistungen der Gegenstand real genutzt wird. Diesen Umfang adäquat abzuschätzen, bildet eine große Herausforderung, da die Zukunft unbekannt ist.

Finanzinvestitionen – d.h. der Kauf von Unternehmen – erfordern eine separate Bewertung. Forschung und Entwicklung stellen ein weiteres Feld für Investitionen dar, deren Bilanzierung unterliegt aber deutlichen Restriktionen. Auch Investitionen in Marketingmaßnahmen oder Mitarbeiterqualifikationen sind kalkulatorisch abbildbar, dürfen aber bilanziell nicht aktiviert werden. Die rechtlichen Details ergeben sich aus den §§ 248 II und 255 IIa HGB. Zudem ist die Quantifizierung der Rückflüsse noch bedeutend schwieriger.

Investitionen sollen (meist) über mehrere Perioden Vorteile generieren. So determinieren sie die betrieblichen Leistungsmöglichkeiten: da zwischenzeitliche Veränderungen mit (deutlichen) finanziellen Restriktionen verbunden sein können, ist eine Abstimmung mit der langfristigen Unternehmensausrichtung bedeutsam. Ist die Elektrifizierung der Fahrzeugflotte als lang- bzw. mittelfristiges Ziel im Unternehmen verankert, ist sorgfältig zu prüfen, wie lange der Erwerb von Pkw mit Verbrennungsmotoren hiermit kompatibel ist. Da (größere) Investitionen für das Unternehmen in der Zukunft ökonomisch bedeutsam sind, ist ihre Analyse sorgfältig vorzunehmen.

Die gesamte Investition, die ein Unternehmen durchführt, stellt die *Bruttoinvestition* dar. Hiervon sind die verbrauchsbedingten Minderungen abzuziehen. Die Steigerung des Produktionspotenzials wird als *Nettoinvestition* bezeichnet. Den schematischen Zusammenhang fasst die Abbildung 1.2 zusammen.

Der Fahrzeugpark reduziert sich in Summe um zwei Fahrzeuge durch Abnutzung. Gleichzeitig erwirbt das Unternehmen drei neue Fahrzeuge (= *Bruttoinvestition*). Folglich beträgt der Endbestand fünf Fahrzeuge. Somit gliedert sich die Bruttoinvestition in ein Fahrzeug Kapazitätserweiterung (= *Nettoinvestition*) und zwei Einheiten Ersatzinvestition.

Mit dem Ersatz bisheriger Kapazitäten lassen sich unterschiedliche Ziele verfolgen. Eine Möglichkeit ist die reine *Reproduktion,* d.h. der Ersatz ohne jegliche Modifikation. Eine andere Intention kann die *Rationalisierung* sein: Wenn beispielsweise mit einem neuen Fahrzeug mehr Fahrgäste transportiert werden können und somit die Leistungskapazität des neuen Fahrzeugs die des Ursprungsfahrzeugs übersteigt. Eine Ersatzinvestition mit dem Ziel der *Umstellung* könnte beispielsweise den Wechsel einer Antriebsart – vom Diesel- zum Benzinfahrzeug – bedeuten, um möglichen Feinstaubregelungen zu entgehen. Auch eine *Diversifikation* ist möglich, wenn das Unternehmen dem Tatbestand der älter werdenden Gesellschaft Rechnung trägt und sein Leistungsprogramm um die Getränke- bzw. Essensauslieferung erweitert.

1.1 Einordnung der Investitionsrechnungen

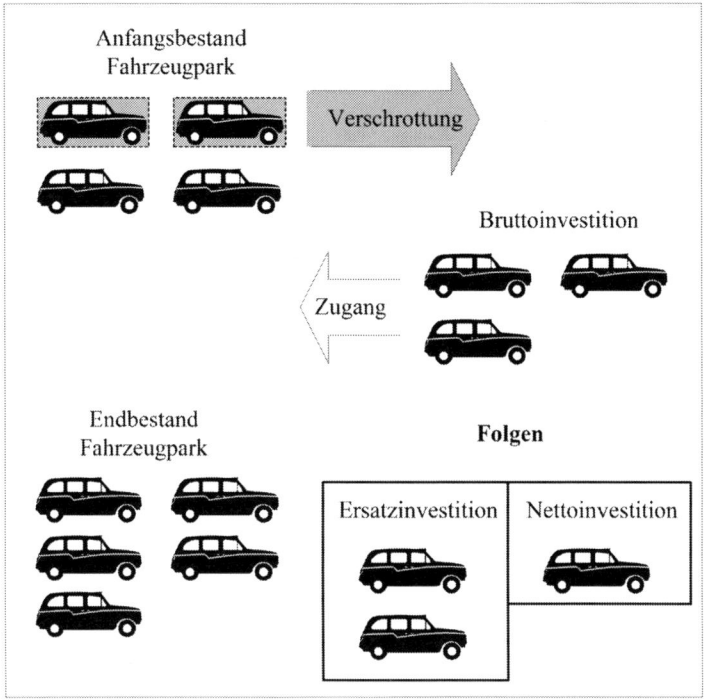

Abb. 1.2: Schematische Darstellung von der Brutto- und Nettoinvestition

Teilweise werden Investitionen auch durch Externe, wie den Gesetzgeber oder die Konzernleitung, vorgegeben. Hierzu zählen beispielsweise Verschärfungen von Umweltauflagen sowie Maximalkilometer, nach deren Erreichen gemäß etwaiger Konzernvorgaben, ein Ersatz zu erfolgen hat.

Investitionen lassen sich in den typischen Controlling-Kreislauf aus Planung, Umsetzung und Kontrolle gliedern. Einen Überblick vermittelt Abbildung 1.3.

Die *Planung* basiert auf den *strategischen Vorgaben*. Somit sind diese im Rahmen der Planung zu operationalisieren. Ein Beispiel kann die Festlegung des Zeitraums sein, in dem der Ersatz der Dieselfahrzeuge, die nur mit einer grünen Umweltplakette ausgestattet sind, zu erfolgen hat. Hierzu sind Daten zu beschaffen, beispielsweise mit welchen Fahrverboten künftig zu rechnen ist, zu welchen Preisen alternative Fahrzeuge angeboten werden etc. Auf dieser Grundlage kann die Planung erfolgen. Die Festlegung, des anzuwendenden Investitionsrechnungsverfahrens, gehört in diesen Arbeitsschritt. Folgende Detailfragen sind regelmäßig interessant:

1 Einführung und statische Investitionsrechnungen

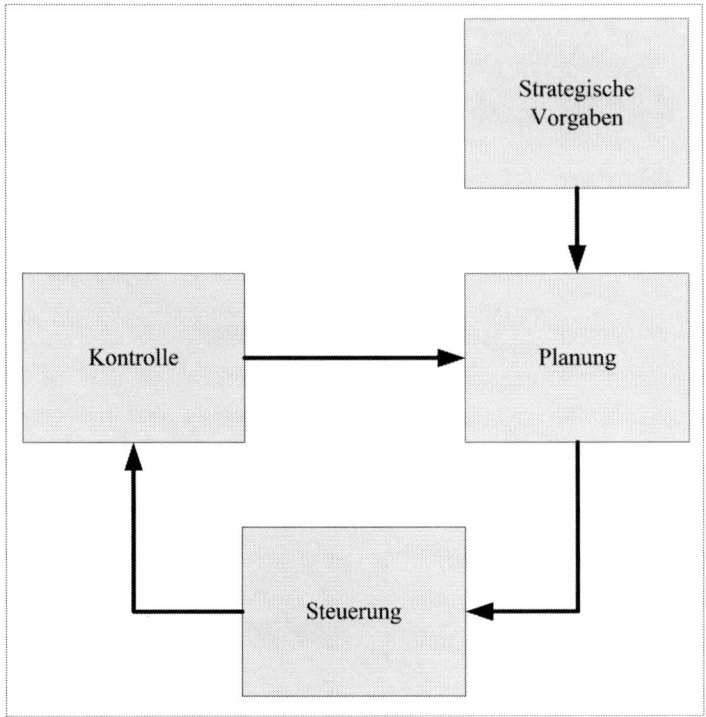

Abb. 1.3: Schematischer Controllingzyklus für Investitionen

- Ist die geplante Investition – für sich allein betrachtet – vorteilhaft?
- Wie lange sollte aus heutiger Sicht die Investition im Einsatz bleiben?
- Kann ein optimales *Investitionsprogramm* – eine synergiestiftende Kombination verschiedener Einzelinvestitionen – ermittelt werden? Wenn ja, wie gestaltet es sich?

Trotz aller Sorgfalt gelangt man bei der *Investitionsplanung* an Grenzen. Einen grundlegenden Bruch zur Realität stellt die Prämisse aller Verfahren dar, dass nur die Jahresebene betrachtet wird. Hierdurch sind unterjährige Ereignisse nur aggregiert und nicht im Detail einbezogen. Etwaige temporäre Schwankungen gehen somit systembedingt verloren, können aber in der Realität durchaus zu Verwerfungen führen. Zudem ist nicht nur die Auslastung in den einzelnen Jahren ungewiss, auch ob der (Umwelt-)Gesetzgeber die geplante Nutzungsdauer (ohne Restriktionen) über die gesamte Planungsdauer ermöglicht, ist unklar. Bei Investitionsprogrammen gilt es zudem die Schwierigkeit zu handhaben, die (Miss-)Erfolge den einzelnen Bestandteilen zuzuordnen. Das Ende der Planung liegt vor, wenn die Entscheidung, ob ein und wenn ja, welches Fahrzeug zu erwerben ist bzw. welche Fahrzeuge zu erwerben sind, getroffen wurde.

Die **Steuerung** umfasst den Erwerb, d.h. die Umsetzung der Entscheidung sowie den Einsatz des erworbenen Fahrzeugs. In der abschließenden Phase der Kontrolle, erfolgt der Abgleich mit den gesetzten Prämissen. Für ein Unternehmen der Taxibranche sind beispielhaft folgende Fragen vorstellbar:

- Wurde die geplante Auslastung in Kilometern realisiert?
- Ließen sich die Fahrten zu den kalkulierten Preisen absetzen?
- Entsprach der Treibstoffverbrauch der Planung?
- Konnten die erwarteten Preise der Verbrauchsstoffe und beim Personaleinsatz realisiert werden?
- Wie hoch waren die Reparaturkosten?

Auf Basis der im Kontrollschritt gewonnenen Erkenntnisse startet der nächste Zyklus, der natürlich auch wieder die (veränderten) strategischen Vorgaben zu berücksichtigen hat.

Im Rahmen der Investitionsrechnung wird regelmäßig die Planungsphase berücksichtigt. Es liegt in der Natur der Ausbildung, dass die Steuerung bestehend aus Umsetzung und Nutzung nicht abbildbar ist. Der Kontrollprozess und der Beginn des neuen Controllingzyklus lassen sich hingegen in die Wissensvermittlung integrieren. Dies gelingt indem ein in Bestand befindliches Investitionsobjekt nach Ablauf einer gewissen Zeitspanne zur Disposition gestellt wird. „Ist es für das Unternehmen günstiger, die bestehende Anlage weiter zu nutzen oder ist ein Neuerwerb angezeigt?", lautet die zu beantwortende Frage.

1.2 Grundlagen der statischen Investitionsrechnungen

Dieses Kapitel legt die Basis zur Beherrschung der statischen Investitionsrechnung. In Abhängigkeit von der abzulegenden Prüfung, können die Inhalte bereits ausreichend sein, um alle relevanten Fragestellungen zur Statik adäquat lösen zu können. Die hier behandelten Themen finden ihre Vertiefung im Erweiterungsteil.

1.2.1 Kostenanalyse

1.2.1.1 Darstellung

Bei der Kostenanalyse wird regelmäßig ein Vergleich durchgeführt, d.h. es sind **mindestens zwei Alternativen** zu betrachten. Die ökonomische Analyse zielt darauf ab, die günstigere Variante zu ermitteln.

In Abhängigkeit vom Investitionsobjekt können unterschiedliche **betriebliche Kostenarten** anfallen. Typische Beispiele sind:

- Mieten und andere Raumkosten,
- Kosten für Mitarbeiter,
- Materialkosten,
- Energiekosten,
- Instandsetzungskosten,
- Kostensteuern,
- Gebühren,
- Versicherungsbeiträge etc.

Die Ermittlung dieser Kosten stellt in der Realität eine große Herausforderung dar. Im Ausbildungskontext sind diese Kosten gegeben. Für die sachgerechte Verarbeitung ist eine **Unterscheidung** in *variable* und *fixe Kosten* hilfreich. Als variable Kosten werden die in Euro bewerteten Verbräuche bezeichnet, die in Abhängigkeit von der Nutzung (= Auslastung) anfallen; hierzu zählen beispielsweise die Treibstoffkosten, der bewertete Reifen- und der Ölverbrauch beim Pkw. Die Fixkosten hingegen fallen unabhängig von der Auslastung an. Sie stellen somit Kosten der Einsatzfähigkeit dar. Beim Pkw fällt die Kfz-Steuer, die ausschließlich an der Zulassung des Fahrzeugs anknüpft, in diese Kategorie. Man spricht auch teilweise von den „**Eh-da-Kosten**", da diese ohnehin anfallen (= „eh da" sind).

Neben den Kosten des originären Betriebs fallen zudem Kapitalkosten an. Diese setzen sich aus Abschreibungen und Zinsen zusammen.

Die **Abschreibungen** – steuerlich auch Absetzung für Abnutzung (= AfA) – verteilen die **Anschaffungskosten** (= AK) auf die geplante **Nutzungsdauer** (= ND). Bildlich formuliert, erwirbt der Käufer mit einem Gut **Nutzenbündel** (beispielsweise Kilometer bei einem Pkw), die durch den Gebrauch des Fahrzeugs entnommen werden. Es lassen sich verschiedene Formen der Abschreibungen unterscheiden. Im Rahmen der Investitionsrechnung wird regelmäßig die lineare Abschreibung unterstellt. Dieses Verfahren verteilt den Werteverzehr (beispielsweise für die „Entnahme" der Kilometer) des Vermögensgegenstandes gleichmäßig auf die (geplante) Nutzungsdauer. Hierzu werden die Anschaffungskosten durch die erwarteten Jahre des Einsatzes dividiert.

Soweit angenommen werden kann, dass der betrachte Vermögensgegenstand – nachdem er alle Nutzenbündel abgegeben hat – noch einen Wert aufweist (**Restwert = RW**), ist dieser vor der Division von den Anschaffungskosten abzuziehen. Hierbei handelt es sich regelmäßig um Rohstoffe, die aufgrund ihrer Recyclingfähigkeit auch dann noch einen Wert aufweisen, wenn das Anlagegut alle Nutzenbündel

1.2 Grundlagen der statischen Investitionsrechnungen

abgegeben hat. Ein eingängiges und unrealistisches Beispiel wären bei einem Pkw goldene Felgen. Diese haben immer noch einen Wert – vorausgesetzt sie wurden nicht entwendet – wenn der Pkw seine Kilometerleistung vollständig erbracht hat. Folglich lautet die Formel zur Berechnung der Abschreibung:

$$Abschreibung = \frac{AK - RW}{ND}$$

Einen Überblick wie sich der Buchwert des Vermögensgegenstandes über den Zeitverlauf verändert vermittelt Abbildung 1.4. Hierbei zeigt der obere Teil der Abbildung ein Beispiel ohne und der untere Teil der Abbildung ein Beispiel mit Einbeziehung eines Restwertes.

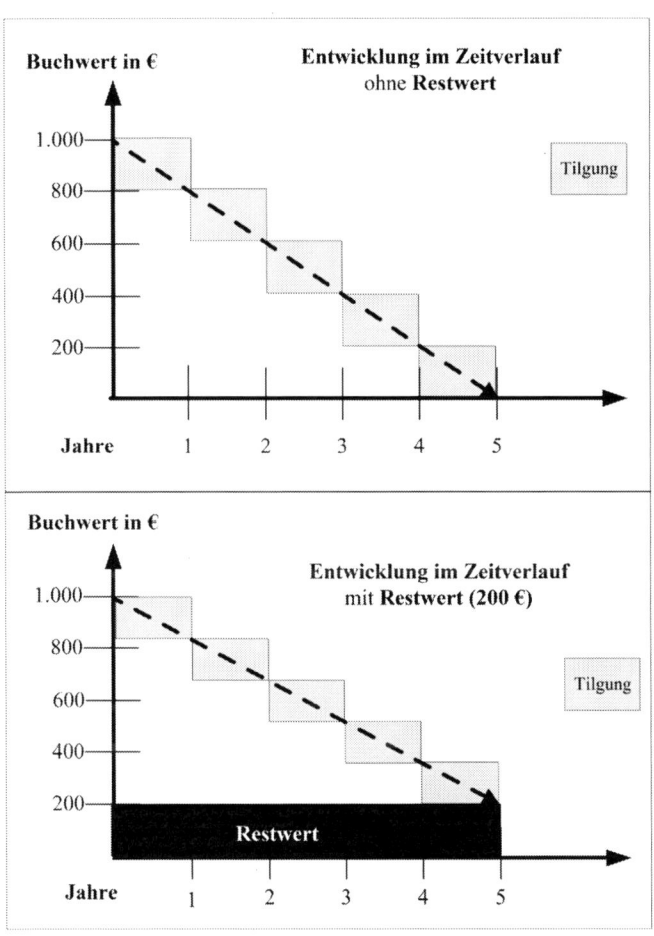

Abb. 1.4: Buchwertentwicklung ohne und mit Restwert

1 Einführung und statische Investitionsrechnungen

Es ist bei dem oberen Teil der Abbildung offensichtlich, dass der **Werteverzehr** hier linear – das bedeutet in der Übertreibung sekündlich – vorgenommen wird und bei null endet.

Die **Zinskosten** (= ZiKo) sind der zweite Teil der **Kapitalkosten** und stellen das Entgelt für das durchschnittlich verwendete Kapital dar. Sie errechnen sich:

$$\textit{Zinskosten} = \textit{Kapitalbindung} \cdot \textit{Zinssatz}$$

Der **Zinssatz** in Prozent (%) ist im schulischen Bereich stets vorgegeben und orientiert sich in der Praxis oft an den Fremdkapitalkosten. Bei der **Kapitalbindung** (= KB) ist hinsichtlich des betrachteten Vermögensgegenstandes zu unterscheiden:

1. Nichtabnutzbare Gegenstände des Anlagevermögens (Grundstücke und Wertpapiere) sowie Gegenstände des Umlaufvermögens
2. Abnutzbare Gegenstände des Anlagevermögens (Gebäude, Maschinen, Fahrzeuge etc.)

Für Gegenstände der ersten Gruppe entspricht die Kapitalbindung den Anschaffungskosten, da diese keinem geplanten Werteverzehr unterliegen und somit keine Verteilung der Nutzenbündel über die Zeit aufweisen.

Für Investitionsobjekte der zweiten Gruppe ist die durchschnittliche Kapitalbindung zu ermitteln und berechnet sich gemäß der Formel:

$$\textit{Durchschnittliche Kapitalbindung} = \frac{AK + RW}{2}$$

Wendet man diese Formel auf das obere Beispiel aus Abbildung 1.4 an, so ergibt sich eine durchschnittliche Kapitalbindung von 500 € ([1.000 € + 0 €] ÷ 2). Für das Beispiel im unteren Teil der Abbildung ergibt sich eine Kapitalbindung von 600 € ([1.000 € + 200 €] ÷ 2). Der Restwert hat folglich zwei Wirkungen: Bei der Abschreibungsermittlung führt er zu einer Verringerung des Werteverzehrs. Gleichzeitig verursacht er eine höhere Kapitalbindung und damit einen höheren Zinsaufwand.

Diese durchschnittliche Kapitalbindung für die **Investitionsdauer** ist auch errechenbar, indem man die Kapitalbindungen der einzelnen Jahre betrachtet. Die jährlichen Kapitalbindungen ergeben sich aus dem Durchschnitt der Summe des Anfangs- zuzüglich des Endbestandes. Addiert man diese Werte über die Jahre, so ergibt sich die Kapitalbindung über die Gesamtlaufzeit. Dividiert man diesen Wert wiederum durch die Laufzeit, so erhält man ebenfalls die durchschnittliche Kapitalbindung über die Laufzeit, wie das Beispiel in Tabelle 1.1 verdeutlicht.

1.2 Grundlagen der statischen Investitionsrechnungen

Tab. 1.1: Kapitalbindung im Zeitverlauf bei kontinuierlicher Tilgung

	Anlagegut *ohne* Restwert				Anlagegut *mit* Restwert		
Jahr	AB	EB	Jährl. ⌀	Jahr	AB	EB	Jährl. ⌀
1	1.000	800	900	1	1.000	840	920
2	800	600	700	2	840	680	760
3	600	400	500	3	680	520	600
4	400	200	300	4	520	360	540
5	200	0	100	5	360	200	480
Summe über die Jahre			2.500	Summe über die Jahre			3.000
Dividiert durch die Laufzeit			5	Dividiert durch die Laufzeit			5
⌀-Kapitalbindung			500	⌀-Kapitalbindung			600
							Beträge in €[1]

1.2.1.2 Anwendung

Auf Basis dieser Informationen lässt sich der erste Vergleich der **Gesamtkosten** (GK) durchführen. Dieser wird mittels der Entscheidung über den Kauf eines Pkw umgesetzt. In Tabelle 1.2 finden sich die erforderlichen Informationen über die beiden zur Auswahl stehenden Fahrzeuge.

Tab. 1.2: Ausgangswerte der zu analysierenden Pkw

Informationen	Diesel-Pkw	Benzin-Pkw
Kaufpreis (€)	50.000	35.000
Restwert (€)	5.000	0
Jährliches Potenzial (km)	100.000	80.000
Erwartete Nutzungsdauer (Jahre)	6	5
Jährliche Fixkosten ohne Kapitalkosten (€)	2.500	1.600
Variable Kosten pro 100 km (€)	15	20
Zinssatz (%)	4	4

Folgende Aufgaben stehen jetzt an: Ermittlung der
- jährlichen Abschreibung
- Kapitalbindung
- Zinskosten
- gesamten Fixkosten (FK)

---

[1] Nachkommastellen werden hier und nachfolgend nur ausgewiesen soweit sie mit einem Wert ≠ Null ausgeprägt sind.

1 Einführung und statische Investitionsrechnungen

- variablen Kosten (vK) und
- Gesamtkosten.

Die Umsetzung zeigt Tabelle 1.3 als erste Ergebnistabelle. Diese sind immer wieder gleich aufgebaut:

- Die Kopfzeile hat einen schwarzen Hintergrund und gliedert sich in die Spalten „gesuchter Wert" und die jeweils betrachteten Investitionsalternativen.
- In der anschließenden Zeile mit weißem Hintergrund, wird der gesuchte Wert namentlich und die Ergebnisse für die beiden Investitionen ausgewiesen. Monetäre Beträge werden in Euro (€) ausgewiesen.
- Die grauen Zeilen darunter enthalten die Formeln und den Rechenweg.

Tab. 1.3: Originärer Kostenvergleich der beiden Pkw

Gesuchter Wert	Diesel-Pkw	Benzin-Pkw
Jährliche Abschreibung (€)	7.500	7.000
(AK – RW) (T€) ÷ ND (Jahre)	(50,0 – 5,0) ÷ 6	(35,0 – 0,0) ÷ 5
Kapitalbindung (€)	27.500	17.500
(AK + RW) (T€) ÷ 2	(50,0 + 5,0) ÷ 2	(35,0 + 0,0) ÷ 2
Zinskosten (€)	1.100	700
Kapitalbindung (T€) · Zinssatz	27,5 · 4 %	17,5 · 4 %
Weitere Fixkosten	2.500	1.600
Vorgabe	Keine Rechnung	Keine Rechnung
Gesamte Fixkosten (€)	11.100	9.300
Summe der FK (T€)	7,5 + 1,1 + 2,5	7,0 + 0,7 + 1,6
Variable Kosten (€)	15.000	16.000
vK pro Einheit (€) · Potenzial (km)	15 · (100.000 ÷ 100)	20 · (80.000 ÷ 100)
Gesamtkosten (€)	26.100	25.300
Summe der FK und vK (T€)	11,1 + 15,0	9,3 + 16,0
Kostenunterschied (€)	800	
GK Diesel – GK Benzin (T€)	26,1 – 25,3	

Mit dieser Darstellung liegt das erste materielle Ergebnis vor. Der Diesel-Pkw verursacht in der Jahresbetrachtung 800 € mehr an Kosten als der Benzin-Pkw. Lautet die Empfehlung somit: der Benzin-Pkw ist zu erwerben? Dieser Schluss ist auf den ersten Blick naheliegend, jedoch berücksichtigt er nicht, dass bei den beiden Pkw unterschiedliche *Leistungspotenziale* (LP) vorliegen. Somit ist eine weitere Betrachtung erforderlich: Wie hoch sind die Kosten pro *Leistungseinheit* (= *Stückkosten*)? Die Ermittlung ist in der nächsten Tabelle gezeigt.

1.2 Grundlagen der statischen Investitionsrechnungen

Tab. 1.4: Stückkostenvergleich der beiden Pkw

Gesuchter Wert	Diesel-Pkw	Benzin-Pkw
Stückkosten (€)	≙ 0,2610	0,3163
GK (T€) ÷ Leistungspotenzial (km)	26,1 ÷ 100.000	25,3 ÷ 80.000

Auf 100 km bezogen liegen die Stückkosten entsprechend bei 26,10 € für den Diesel- und bei 31,63 € für den Benzin-Pkw.

Nun stellt sich die Frage, welcher Pkw zu wählen ist, denn in Abhängigkeit von der Perspektive ist die Vorteilhaftigkeit unterschiedlich ausgeprägt. Als Entscheidungshilfe bietet sich die sogenannte **Break-even-Analyse der Kosten** an. Hier wird die Frage gestellt, bis zu welcher Ausbringungsmenge der Pkw mit den geringen Fixkosten vorteilhafter ist. Diese Analyse erfolgt, indem die beiden Kostenfunktionen der betrachteten Pkw gleichgesetzt werden. Anschließend erfolgt die Auflösung nach der Ausbringungsmenge (X):

$$
\begin{aligned}
-11.100 - 15\,X &= -9.300 - 20\,X \quad &|+9.300 \\
-1.800 - 15\,X &= -20\,X \quad &|+15\,X \\
-1.800 &= -5\,X \quad &|\div(-5) \\
360 &= X
\end{aligned}
$$

Beträge in €

Der **Break-even-Punkt** liegt bei 360 Einheiten, hier gemessen in 100 km. Dies bedeutet, dass an diesem Punkt beide Fahrzeuge die gleichen Kosten verursachen. Bei einer **Ausbringungsmenge** bis zu 35.999 km ist der Benzin-Pkw kostengünstiger. Ab einer Fahrleistung von 36.001 km ist der Diesel-Pkw vorteilhafter. Einen Überblick vermittelt die Abbildung 1.5. Ökonomische Ursache ist, dass der Diesel-Pkw die höheren Fixkosten verursacht und diese bei einer geringen Fahrleistung schlecht verteilt werden. Mit zunehmender Auslastung verbessert sich der sogenannte **Degressionseffekt**.

In der Abbildung 1.5 wird deutlich, dass beide Pkw Fixkosten für die Betriebsbereitschaft verursachen, die unterschiedlich hoch ausgeprägt sind. Von diesem Ausgangsniveau verschlechtert sich die Situation mit jedem gefahrenen Kilometer – da die reine Kostenperspektive betrachtet wird, nehmen die Kosten kontinuierlich zu. Beim Schnittpunkt von 360 Leistungseinheiten ist die Alternative mit den geringeren Fixkosten näher an der Null-Linie. In dem Schnittpunkt ist der Abstand für beide Alternativen gleich. Mit einer Überschreitung der Menge kippt die Vorteilhaftigkeit der bisher günstigeren Alternative. Im vorliegenden Beispiel ist der Diesel-Pkw bei einer höheren Fahrleistung als 360 Einheiten vorteilhafter.

1 Einführung und statische Investitionsrechnungen

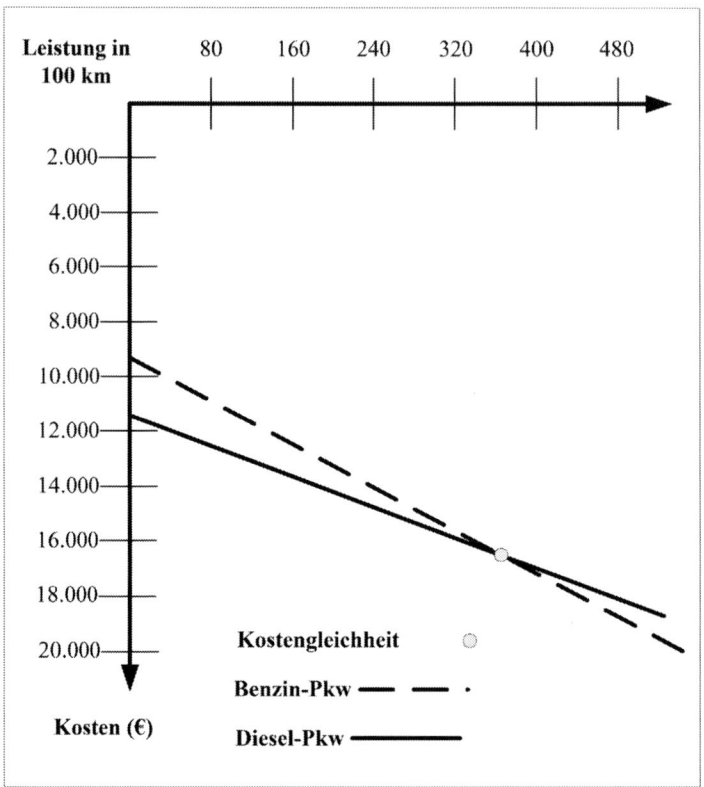

Abb. 1.5: Break-even-Punkt der Kostenbetrachtung

Bearbeitungs-Tipps für eine erfolgreiche Umsetzung und Interpretation:
- Variable Kosten können pro Ausbringungseinheit oder als Kosten eines Jahres angegeben werden.
- Sind die *variablen Kosten* als *Jahreswert* angegeben, so ist der Wert für die Ermittlung der Gesamtkosten verwendbar. Für die Break-even-Analyse benötigt man die variablen Kosten pro Stück, sodass der jährliche Kostenbetrag durch die Ausbringungsmenge zu dividieren ist.
- Aufgabenstellungen, welche die *variablen Kosten* pro *Stück* enthalten, erlauben diese in der Break-even-Analyse zu verwenden. Zur Ermittlung der Gesamtkosten ist die Multiplikation der variablen Kosten mit der Ausbringungsmenge erforderlich.

- Für die Ermittlung der Kapitalbindung ist die halbe Summe aus Anschaffungskosten zuzüglich Restwert zu verwenden.
- Bei der **Break-even-Analyse** ist es zudem wichtig, wirklich die **variablen Kosten** zu verwenden und <u>**nicht**</u> die **Stückkosten**, da diese bereits anteilige Fixkosten enthalten.
- Liegt der Break-even-Punkt **jenseits** beider **Kapazitätsgrenzen**, so ist immer die Variante mit den geringeren Fixkosten vorteilhafter.
- Wird der Break-even-Punkt jenseits der Kapazitätsgrenze der Alternative mit den geringeren Fixkosten aber innerhalb der Kapazitätsgrenze der Variante mit den höheren Fixkosten, erreicht, so ist die Alternative mit den geringeren Fixkosten immer dann zu wählen, wenn die voraussichtliche **Auslastung** durch sie **erfüllbar** ist.
- Rein mathematisch ist es möglich, dass der Break-even-Punkt auch im **negativen Bereich** liegt. Dies ist jedoch ökonomisch unsinnig, da kein Unternehmer sein Investitionsobjekt negative Ausbringung erzeugen lässt (= rückwärtslaufen). Auch in dieser Konstellation ist die Alternative mit den geringeren Fixkosten vorzuziehen.

1.2.2 Gewinnvergleich

Kosten zu minimieren ist eine ehrenwerte kaufmännische Disziplin. Für (private) Unternehmen steht jedoch die **Gewinnerzielung** im Fokus. Methodisch ist es einfach den Gewinn (= Gew) zu ermitteln, indem die **Umsatzerlöse** (UE) in die Betrachtung einbezogen und mit den ermittelten Kosten verrechnet werden. Natürlich lässt sich auch die Gewinndifferenz als Unterschied verschiedener Alternativen ermitteln. Die Gewinnmessung eines einzelnen Investitionsobjektes – beispielsweise am erforderlichen Mindestgewinn – ist ebenfalls möglich.

Für die bereits betrachteten Pkw finden sich die zugehörigen Umsatzerlöse in der Tabelle 1.5.

Tab. 1.5: Umsatzerlöse der beiden Pkw

Information	Diesel-Pkw	Benzin-Pkw
Umsatzerlös pro 100 km (€)	50	45

Tabelle 1.6 zeigt die Einbindung der Umsatzerlöse in die bisherige Analyse.

Tab. 1.6: Gewinnvergleich der beiden Pkw

Gesuchter Wert	Diesel-Pkw	Benzin-Pkw
Gesamtkosten (€)	26.100	25.300
Summe der FK und vK (T€)	7,5 + 1,1 + 2,5 + 15,0	7,0 + 0,7 + 1,6 + 16,0
Umsatzerlöse (€)	50.000	36.000
UE pro Einheit (€) · Potenzial (km)	50 · (100.000 ÷ 100)	45 · (80.000 ÷ 100)
Gewinn (€)	23.900	10.700
UE – GK (T€)	50,0 – 26,1	36,0 – 25,3
Gewinndifferenz (€)	13.200	
Gew Diesel – Gew Benzin (T€)	23,9 – 10,7	

Es ist offensichtlich, dass der Diesel-Pkw vorteilhafter ist, soweit beide Fahrzeuge ihre volle Kapazität abgeben (können). Analog dem Kostenvergleich stellt sich aber auch hier die Frage, bis zu welcher Ausbringungsmenge der Benzin-Pkw aufgrund seiner geringeren Fixkosten vorne liegt. Das Vorgehen entspricht der Break-even-Analyse bei den Kosten. Anstelle der variablen Kosten werden die **Deckungsbeiträge** (= DB) einbezogen. Diese berechnen sich: Umsatzerlös abzüglich variable Kosten. Die Deckungsbeiträge dienen dem Ausgleich der Fixkosten und des Gewinnanspruchs. Durch den Tausch der variablen Kosten durch die Deckungsbeiträge wandelt sich die Kosten- in die Gewinnfunktion. Der Deckungsbeitrag kann auch als Steigungsmaß interpretiert werden, welches die Frage beantwortet: Wie groß ist die Ergebnisverbesserung mit weiteren 100 km mehr an Ausbringungsmenge? In der konkreten Anwendung bedeutet dies:

$$
\begin{aligned}
-11.100 + (50 - 15)\,X &= -9.300 + (45 - 20)\,X \quad | + 9.300 \text{ und Berechnung des DB} \\
-1.800 + 35\,X &= +25\,X \quad | -35\,X \\
\Leftrightarrow -1.800 &= -10\,X \quad | \div (-10) \\
180 &= X
\end{aligned}
$$

Beträge in €

Das Ergebnis der **Break-even-Analyse für die Gewinngleichheit** zeigt, dass beide Pkw bei einer Auslastung von 180 Einheiten (je 100 km) gleich erfolgreich sind. Unter dieser Menge ist der Benzin-Pkw erfolgreicher, da er zwar einen geringeren Deckungsbeitrag aufweist, diesem aber auch die geringeren Fixkosten gegenüberstehen. Der bereits bei der Kostenbetrachtung beschriebene Degressionseffekt wirkt hier in der Form, dass ab einem Leistungsvolumen von mehr als 180 Einheiten der Diesel-Pkw die günstigere Variante darstellt. Einen Überblick des Sachverhalts visualisiert Abbildung 1.6.

1.2 Grundlagen der statischen Investitionsrechnungen

Das Wissen, ab welchem *Auslastungsgrad* eine Alternative vorteilhafter ist, stellt einen wesentlichen Erkenntnisfortschritt dar und erleichtert die Entscheidung. Ist aber der Umfang der Auslastung unsicher, so stellt sich die Frage, wie groß die Auslastungsmenge sein muss, um zumindest alle Kosten eingespielt zu haben und ein Nullergebnis zu generieren. Die *Break-even-Analyse für die Gewinnschwelle* betrachtet die beiden Kostenfunktionen getrennt und setzt sie jeweils mit Null gleich.

Für den Diesel-Pkw bedeutet dies:

```
–11.100 + (50 – 15) X =    0 | + 11.100 und Berechnung des DB
35 X                  = 11.100 | ÷ 35
X                     = 317,14
```
Beträge in €

Der Diesel-Pkw benötigt somit 317,14 Einheiten (je 100 km) um alle Kosten einzuspielen. Auslastungen unter dieser Menge bedeuten einen Verlust. Gelingt es, eine höhere Auslastung zu erzielen, erwirtschaftet das Unternehmen einen Gewinn.

Für den Benzin-Pkw bedeutet dies:

```
–9.300 + (45 – 20) X =   0 | + 9.300 und Berechnung des DB
25 X                 = 9.300 | ÷ 25
X                    = 372,0
```
Beträge in €

Ab einer Auslastung von mehr als 372 Einheiten (je 100 km) erzielt der Benzin-Pkw einen Gewinn. Wird exakt die Break-even-Menge erreicht, ist das Ergebnis ausgeglichen. Unter dieser Auslastung ist mit dem Einsatz dieses Pkw ein Verlust verbunden. Diese Ergebnisse sind in der Abbildung 1.6 visualisiert.

Auch in dieser Abbildung sind die Fixkosten als Voraussetzung für die *Betriebsbereitschaft* erkennbar. Mit jeder erzielten Einheit generieren die Pkw unterschiedliche Deckungsbeiträge, um bei 180 Einheiten gleich erfolgreich zu sein. Hiermit ist noch kein ausgeglichenes Ergebnis erreicht, sondern nur die Aussage verbunden, dass der Diesel-Pkw ab dieser Menge ökonomisch vorteilhafter ist. Bei einer Menge von 317 bzw. 372 Einheiten wird jeweils das ausgeglichene Ergebnis erzielt. Ob zwei Investitionen zuerst einen gleichen Erfolg erwirtschaften oder die Erfolgsneutralität erreichen, hängt von den individuellen Konstellationen ab. Eine pauschale Aussage ist daher unmöglich.

1 Einführung und statische Investitionsrechnungen

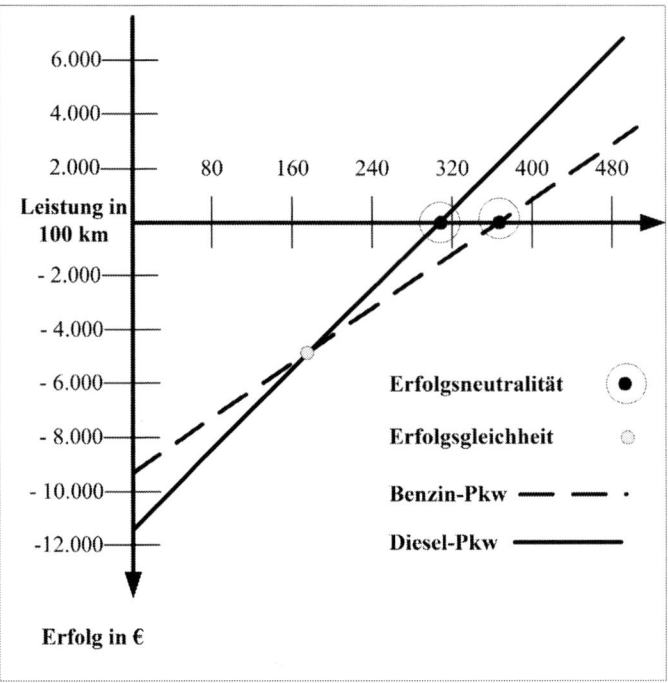

Abb. 1.6: Break-even-Punkte für Erfolgsgleichheit und Erfolgsneutralität der analysierten Pkw

Bearbeitungs-Tipps für eine erfolgreiche Umsetzung und Interpretation:
- Umsatzerlöse können pro Ausbringungseinheit oder als Gesamtumsatz eines Jahres angegeben werden.
- Sind die **Umsatzerlöse** als **Jahreswert** angegeben, so ist der Wert für die Ermittlung des Gewinns verwendbar. Für die Break-even-Analyse benötigt man die Umsatzerlöse pro Stück, sodass die jährlichen Umsatzerlöse durch die Ausbringungsmenge zu dividieren sind.
- Aufgabenstellungen, welche die **Umsatzerlöse** pro **Stück** enthalten, erlauben, diese in der Break-even-Analyse zu verwenden. Zur Ermittlung des gesamten Umsatzes ist die Multiplikation mit der Ausbringungsmenge erforderlich.
- Analog der Break-even-Analyse für die Kostenbetrachtung sind die **variablen Kosten** und nicht die **Stückkosten** zur Bestimmung der Deckungsbeiträge zu verwenden.

- Eine Break-even-Menge *jenseits* der **Kapazitätsgrenze** sagt auch hier aus, dass die Alternative mit den geringeren Fixkosten vorteilhafter ist.
- Ein Break-even-Punkt bei einer **negativen Leistungsmenge** ist auch hier ökonomisch unsinnig.
- Liegt der Break-even-Punkt bei der Gewinnschwellenanalyse jenseits der möglichen Kapazität, so kann mit dem Investitionsgut kein Gewinn erzielt werden. Diese Tatsache sollte bereits bei der Ermittlung des Gewinns und nicht erst im Rahmen einer weiteren Analyse erkannt werden.

1.2.3 Rentabilitätsvergleich

Mit dem Gewinn ist die individuelle Vorteilhaftigkeit einer Investition ermittelt. Für einen Vergleich zwischen zwei Alternativen, die deutlich unterschiedliche **Kapitalbindungen** aufweisen, wie dies im Pkw-Beispiel vorliegt, ist der Gewinn für sich alleine genommen, aber noch nicht hinreichend. Als Ergänzung kommt die relative Vorteilhaftigkeit in Form der **Nettorentabilität** (= NR) zum Einsatz. Diese berechnet sich:

$$Nettorentabilität = \frac{Gewinn}{\varnothing\ gebundenes\ Kapital} \cdot 100$$

Es gibt Konstellationen in denen der Investor das Geld komplett aus dem eigenen Safe nimmt. Als Konsequenz fallen (natürlich) keine abfließenden Zinskosten an. Unter dieser Voraussetzung macht es Sinn die **Bruttorentabilität** (= BR) zu verwenden, da dem Investor neben dem Gewinn auch die kalkulierten Zinskosten zufließen. Die Formel lautet:

$$Bruttorentabilität = \frac{Gewinn + Zinskosten}{\varnothing\ gebundenes\ Kapital} \cdot 100$$

Die Fortsetzung des Beispiels findet sich in der Tabelle 1.7.

Tab. 1.7: Rentabilitätsbetrachtung der beiden Pkw

Gesuchter Wert	Diesel-Pkw	Benzin-Pkw
Kapitalbindung (€)	27.500	17.500
(AK + RW) (T€) ÷ 2	(50,0 + 5,0) ÷ 2	(35,0 + 0,0) ÷ 2
Zinskosten (€)	1.100	700
KB (T€) · Zinssatz	27,5 · 4 %	17,5 · 4 %
Gewinn (€)	23.900	10.700
UE − GK (T€)	50,0 − 26,1	36,0 + 25,3

Gesuchter Wert	Diesel-Pkw	Benzin-Pkw
NR (%)	86,91	61,14
Gew ÷ KB (T€) · 100	(23,9 ÷ 27,5) · 100	(10,7 ÷ 17,5) · 100
BR (%)	90,91	65,14
(Gew + ZiKo) (T€) ÷ KB (T€) · 100	[(23,9 + 1,1) ÷ 27,5] · 100	[(10,7 + 0,7) ÷ 17,5] · 100

> **Bearbeitungs-Tipps für eine erfolgreiche Umsetzung und Interpretation:**
> - Die **Bruttorentabilität** lässt sich auch ermitteln, indem man zur **Nettorentabilität** die prozentualen **Zinskosten** addiert.
> - Soweit die Zinssätze für die betrachteten Alternativen gleich hoch sind – was oft der Fall ist –, weisen Brutto- und Nettorentabilität das gleiche Investitionsobjekt als vorteilhaft aus.
> - Eine ökonomische Begründung für **unterschiedlich hohe Zinssätze** kann sein, dass eine Alternative über die Hausbank finanziert wird und die Kapitalkosten in Höhe des Darlehenszinses Verwendung finden und die zweite Alternative auf der Basis einer günstigen Herstellerfinanzierung kalkuliert wird.

1.2.4 Amortisationsrechnung

1.2.4.1 Darstellung

Es gibt Situationen, in denen sind der Gewinn und die Rentabilität einer Investition wichtig, aber für die Entscheidung nicht ausschlaggebend. Diese Situation liegt dann vor, wenn die **Ungewissheit der Zukunft** besonders hoch und / oder als **bedrohlich** wahrgenommen wird. Für diese Fragestellung bietet sich die Ermittlung der **Amortisationszeit** (AZ) oder auch Pay-back-time an.

Es können zwei unterschiedliche Gefahrentypen unterschieden werden.
- Erstens kann die **(Umwelt-)Gesetzgebung** sehr unstetig sein. In diesem Fall hat der Entscheider Sicherheit bis zur **nächsten Wahl** (oder bis zur Regierungsumbildung) und stellt sich die Frage, ob er das eingesetzte Kapital innerhalb des Planungshorizonts zurückgewinnt. Diese Konstellation ist regelmäßig dadurch gekennzeichnet, dass der Restwert gerettet werden kann. So lassen sich beispielsweise bei strengeren Umweltgesetzen im Heimatland, Fahrzeuge und Maschinen regelmäßig in Drittländer verbringen, sodass ein Restwert realistisch erscheint.

1.2 Grundlagen der statischen Investitionsrechnungen

- Zweitens kann die Sorge über Konsequenzen aus **Naturgewalten** bestehen. Im Falle eines starken Erdbebens, eines Vulkanausbruchs etc., dürfte die betriebliche Infrastruktur nicht verwertbar sein und somit kein Restwert mehr realisierbar sein.

In Abhängigkeit davon welches Risiko im Fokus steht, kann es sinnvoll sein, den Restwert von den Anschaffungskosten abzuziehen oder nicht. In Aufgabenstellungen finden sich meistens Annahmen zu diesem Sachverhalt.

Welche Mittel fließen dem Investor aus seinem Objekt zu? Das der Gewinn zur Einspielung des eingesetzten Kapitals dienen kann, ist offensichtlich. Darüber hinaus fließt dem Investor aber auch die **Abschreibung** zu, da es sich hierbei um einen unbaren Aufwand handelt. Was ist damit gemeint?

Im Gegensatz zu anderen Kosten, erfolgt die Buchung der Abschreibung nicht über ein Liquiditätskonto (Bank oder Kasse), sondern mindert den Buchwert des Vermögensgegenstandes. Somit ist die Abschreibung *liquiditätsneutral* und *trotzdem* als **Aufwand** wirksam. Soweit sie in den Preisen kalkuliert und auch verdient wurde, verbleibt sie als Liquidität im Unternehmen und ist folglich zur Tilgung des Investitionsvolumens verwendbar. Einen Überblick der Auswirkungen auf Jahresebene visualisiert die Abbildung 1.7.

Soll	GuV		Haben
Zinsen	1.100	Umsatzerlöse	50.000
Weitere FK	2.500		
vK	15.000		
AfA	**7.500**		
Gew.	23.900		

Soll	Bank		Haben
Umsatzerlöse	50.000	vK	15.000
		Weitere FK	2.500
		Zinsen	1.100
= Cashflow 31.400		Gew.	23.900
		Rest	7.500

Soll	Fuhrpark		Haben
AB	50.000	AfA	7.500

Abb. 1.7: Liquiditätswirkung der Abschreibung am Beispiel des Diesel-Pkw

1 Einführung und statische Investitionsrechnungen

Um die Liquiditätswirkung der Abschreibung zu verdeutlichen erfolgt eine direkte buchhalterische Korrespondenz zwischen der Gewinn- und Verlustrechnung (= GuV) und dem Bankkonto. Die Umsatzerlöse und alle anderen Aufwandsarten im Zusammenhang mit dem Pkw-Einsatz führen planmäßig zu Liquiditätsveränderungen. Ausschließlich die **Abschreibung** stellt **unbare Kosten** dar und verbleibt als „Rest" auf dem Bankkonto. Somit ist sie zur Rückführung der Investitionsauszahlung verwendbar. Sie bildet gemeinsam mit dem Gewinn den **Cashflow** (CF) oder auch **Einzahlungsüberschuss** (EZÜ).

Fasst man die beiden Betrachtungen zusammen, so errechnet sich die Amortisationszeit wie folgt:

$$Amortisationszeit = \frac{AK(-RW)}{Gew + AfA}$$

Den schematischen Zusammenhang verdeutlicht auch noch einmal die Abbildung 1.8.

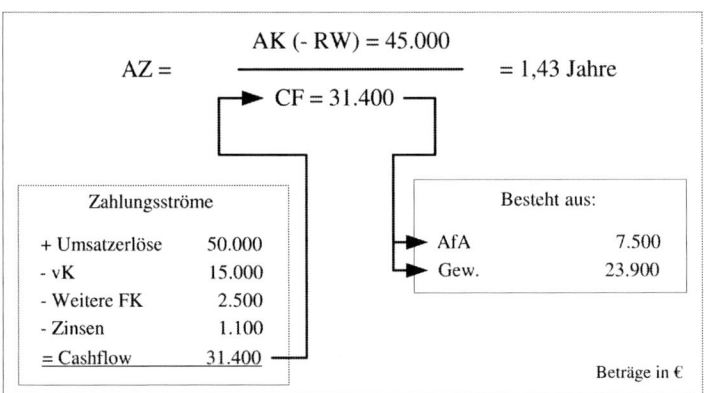

Abb. 1.8: Cashflow-Ermittlung und -Verwendung zur Amortisationszeit-Ermittlung beim Diesel-Pkw

Die Abbildung macht noch einmal deutlich, dass sich der Cashflow aus der Betrachtung der zahlungswirksamen Vorgänge ergibt. Im Rahmen der indirekten Ermittlung entspricht er dem Gewinn zuzüglich der zahlungs*un*wirksamen Abschreibung. Abbildung 1.9 visualisiert diesen Sachverhalt.

Die Addition der Abschreibung zum Gewinn ist der Methodik geschuldet, dass die bisherigen Betrachtungen auf Erfolgsgrößen abgestellt haben. Die Hinzurechnung bildet somit eine **Kompensation** oder auch ein **Storno** des **vorherigen Abzugs**. Bei einer direkten Ermittlung der Einzahlungsüberschüsse, lässt man die Abschreibungen unberücksichtigt.

1.2 Grundlagen der statischen Investitionsrechnungen

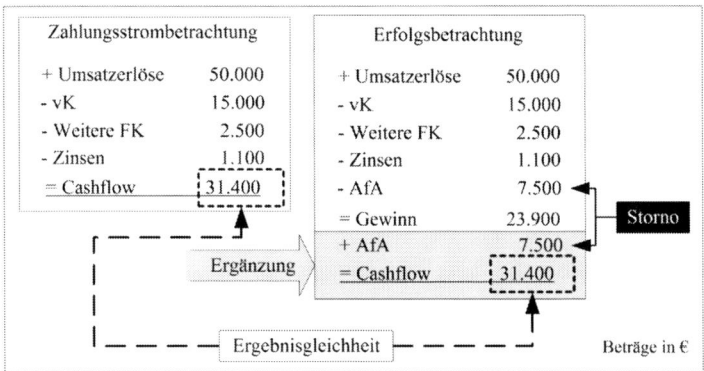

Abb. 1.9: Direkte und indirekte Cashflow-Ermittlung für den Diesel-Pkw

1.2.4.2 Anwendung

Die Fortführung der bisherigen Analyse, um den Aspekt der Amortisation, findet sich in der Tabelle 1.8. Hierbei ist unterstellt, dass der Restwert gerettet werden kann.

Tab. 1.8: Amortisationsvergleich der beiden Pkw (mit gerettetem Restwert)

Gesuchter Wert	Diesel-Pkw	Benzin-Pkw
Jährliche Abschreibung (€)	7.500	7.000
(AK – RW) (T€) ÷ ND (Jahre)	(50,0 – 5,0) ÷ 6	(35,0 – 0,0) ÷ 5
Gewinn (€)	23.900	10.700
UE – GK (T€)	50,0 – 26,1	36,0 + 25,3
Amortisationszeit (Jahre)	1,43	1,98
(AK – RW) ÷ (Gew + AfA) (T€)	(50,0 – 5,0) ÷ (23,9 + 7,5)	(35,0 – 0,0) ÷ (10,7 + 7,0)

Der grafische Ergebnisüberblick findet sich in Abbildung 1.10. Hierbei ist es wichtig, sich zu vergegenwärtigen, dass die Abbildung zwar eine visuelle Ähnlichkeit zur Break-even-Betrachtung hat, aber trotzdem ganz andere Sachverhalte darstellt.

Auf der Abszisse (der X-Achse) sind die Jahre der **Vollauslastung** abgetragen. Die Ordinate (die Y-Achse) stellt das **gefährdete Kapital** [AK (–RW)] dar. Die Abbildung verdeutlicht, dass die höheren Cashflows des Diesel-Pkw, das größere gefährdete Kapital des Fahrzeugs überkompensieren: So generiert der Benzin-Pkw etwa ein halbes Jahr nach dem Diesel-Pkw das offene Kapital zurück. In der hier vorliegenden spezifischen Konstellation ist mit der Amortisationsgleichheit noch ein weiterer Schnittpunkt vor der Wiedergewinnung des individuellen Kapitals erkennbar, der auch ökonomisch sinnvoll interpretierbar ist. Er sagt aus, nach wie vielen Jahren die

1 Einführung und statische Investitionsrechnungen

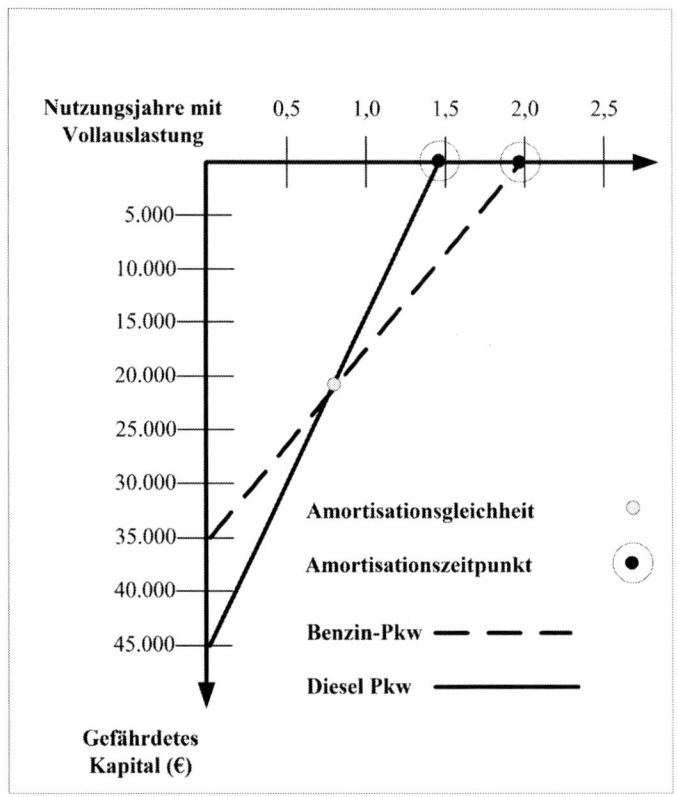

Abb. 1.10: Amortisationszeitpunkte der analysierten Pkw

beiden Alternativen die gleiche Summe für den Investor – jeweils unter der Prämisse der Vollauslastung – zurückgewonnen haben, ohne bereits eine vollständige Rückführung erreicht zu haben. Dieser Punkt zeigt hier konkret, dass nach 0,73 Jahren Diesel- und Benzin-Pkw gleichviel Kapital zurückgewonnen haben und lässt sich auch mathematisch herleiten:

gefährdetes Kapital D. ÷ CF Diesel = gefährdetes Kapital B. ÷ CF Benzin[2]
(gefährdetes Kapital D. − gefährdetes Kapital B.) = (CF Diesel − CF Benzin)
(45.000 − 35.000) = (31.400 − 17.700)
10.000 ÷ 13.700 = 0,73

Beträge in €

---

[2] Der Cashflow des Benzin-Pkw errechnet sich gemäß der Formel Gewinn + Abschreibung (= 10.700 € + 7.000 €).

Analog der Kosten- oder Gewinngleichheit sind **negative Ergebnisse** als **ökonomisch nicht sinnvoll** zu interpretieren. Liegt der Schnittpunkt jenseits der vollständigen Wiedergewinnung der jeweiligen Pkw, ist er ökonomisch nachvollziehbar, jedoch als Risikomaß entbehrlich, da das Risiko der Alternativen bereits eliminiert ist.

Bearbeitungs-Tipps für eine erfolgreiche Umsetzung und Interpretation:
- Wichtig ist die Intention des Aufgabenstellers zu erfassen: Wird unterstellt, dass der **Restwert gerettet** werden kann? Entsprechend ist das gefährdete Kapital zu ermitteln bzw. abzulesen.
- Im einfachen Fall kann der **Cashflow vorgegeben** werden, dann ist lediglich das gefährdete Kapital durch den Rückfluss zu dividieren.
- Alternativ kann auch eine **Berechnung** verlangt werden. Hierzu stehen zwei Wege zur Verfügung:
  - **Indirekt** durch Addition der Abschreibung zum Gewinn
  - **Direkt** durch Abzug der auszahlungswirksamen Kosten von den Umsatzerlösen
- Die Abbildung ähnelt der unterjährigen Break-even-Analyse, bildet jedoch die **Wiedergewinnung** des **gefährdeten Kapitals** über die Jahre bei **Vollauslastung** ab.
- Auch im Rahmen dieser Analyse kann es Konstellationen geben, bei denen die Gleichheit der Alternativen im **negativen Bereich** liegt. Auch wenn die Berechnung korrekt ist, ist sie ökonomisch nicht hilfreich.

1.2.5 Prämissen der Statik und kritische Würdigung

Die Statik umfasst Instrumente, die auch Anwendern ohne große Vorkenntnisse leicht vermittelbar sind. Aus diesem Grund findet sie auch in der Werbung gelegentlich Anwendung, um einen Interessenten von der Vorteilhaftigkeit des Kaufs eines neuen langlebigen Gutes zu überzeugen.

Bei näherer Betrachtung stellt man jedoch verschiedene Schwachpunkte fest, die durch ihre Prämissen begründet sind:

- So ist die Betrachtung einer **Durchschnittsperiode** zweifellos eine **Vereinfachung**. Zur Ehrrettung muss jedoch angemerkt werden, dass angesichts der Unkenntnis künftiger Auslastungen die **ökonomische Aussagefähigkeit** genauer Planungen ebenfalls fraglich ist.
- Mit der Durchschnittsbetrachtung ist zudem verbunden, dass die **Wertigkeit der Beträge nicht unterschieden** wird. Der Euro heute wird dem Euro in einer fernen

1 Einführung und statische Investitionsrechnungen

Zukunft gleichgesetzt. Dies widerspricht der Lebenserfahrung, denn die Inflation und andere Risiken lassen Beträge der Zukunft für die (meisten) Betrachter weniger attraktiv erscheinen als gegenwärtige Beträge.
- Auch die Verwendung der *einfachen Zinsrechnung* ist mit der Realität, die durch Zinseszinsrechnungen gekennzeichnet ist, nur begrenzt kompatibel.
- Die Berücksichtigung eines *Restwertes* ist ökonomisch bei vielen Investitionen sachgerecht. *Preisschwankungen* auf den Rohstoffmärkten führen jedoch dazu, dass die erwarteten Beträge oft von den Realitäten abweichen. Zudem werden Anschaffungskosten und Restwert mit der gleichen Wertigkeit berücksichtigt.
- Sind die im Rahmen der Statik ermittelten Größen überhaupt geeignet um eine Investition zu bewerten, obwohl die Finanzierung der Investition durch Ein- und Auszahlungen determiniert wird?

Aufgrund dieser Schwächen sind *Fehlallokationen* – das Unternehmen erwirbt den ökonomisch unvorteilhaften Pkw im Glauben richtig zu handeln – möglich. Dies gilt insbesondere dann, wenn die Erfolge der betrachteten Alternativen sich *unterschiedlich* auf die *Jahre der Nutzung* verteilen. Ist die Erfolgsentwicklung der zur Auswahl stehenden Objekte ähnlich verteilt, relativieren sich die systematischen Fehler. Ob aufwendigere Verfahren wirklich zu besseren Ergebnissen führen, hängt stark von der *Qualität der Eingangsdaten* ab. Bei wirklich bedeutsamen Investitionsentscheidungen empfiehlt es sich, mehrere Verfahren parallel einzusetzen.

Glückwunsch!!!

Hiermit sind die Grundlagen der Statik abgeschlossen. Sie haben sich ein *solides Wissen* zu dieser Thematik erarbeitet. In Anhängigkeit vom Anspruch ihres geplanten Abschlusses, sind Sie in der Lage, Prüfungen zu diesem Thema *komplett* zu bearbeiten.

Geht der Anspruch Ihrer Ausbildung *über* den bisher diskutierten *Level* hinaus, so sind Sie zumindest in der Lage die Basics erfolgreich zu bearbeiten. In diesem Fall stehen Ihnen drei Wege offen:
- Übung der erarbeiteten Inhalte: Hierzu stehen im *Übungsbuch* offen gestellte Fragen, programmierte Aufgaben und Anwendungen bereit.
- Soweit Ihr Lehrplan weitere Inhalte zu statischen Verfahren vorsieht, können Sie diese Inhalte auch (selektiv) erarbeiten. Im Bereich der *Erweiterung* werden zusätzliche Inhalte behandelt. Einen Überblick der Systematik zeigt die Abbildung 1.11.
- Sie wechseln in den Bereich der *Dynamik* und erarbeiten sich dort die Grundlagen.

1.2 Grundlagen der statischen Investitionsrechnungen

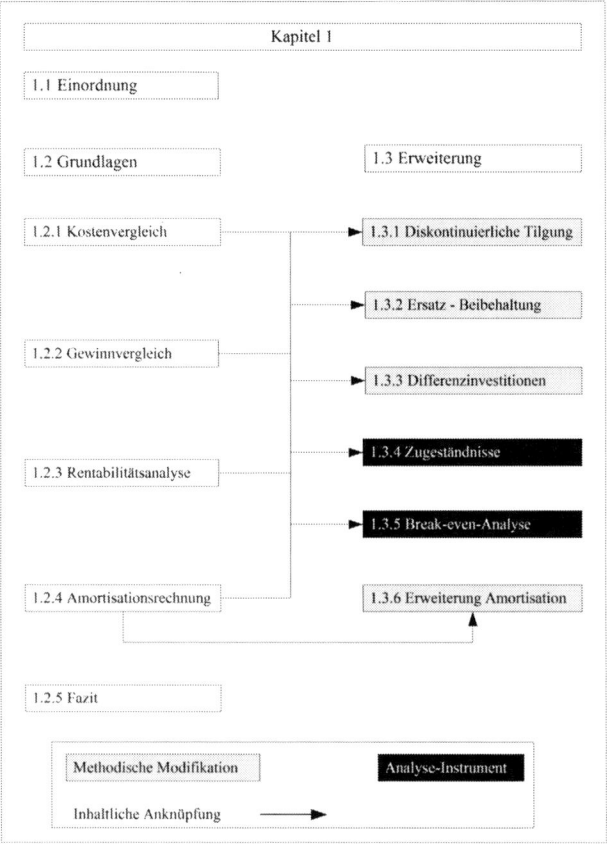

Abb. 1.11: Zusammenhang zwischen Grundlagen und der Erweiterung im Statik-Kapitel

Die vier inhaltlichen Themengebiete der Grundlagen werden in der Erweiterung fortgeführt.

- Alle Themen sind mit der
  - Verwendung der **Kapitalbindung** unter Annahme der **diskontinuierlichen Tilgung**,
  - Fragestellung „**Ersatz** oder **Beibehaltung**" und
  - Einbeziehung einer **Differenzinvestition** kombinierbar.
- Zudem bieten sich für alle Fragestellungen weitergehende Analysen an. Hierzu zählen:
  - Ermittlung, wie weit der **Zinssatz** gesenkt werden muss, um eine Kosten-, Gewinn- und Amortisationsgleichheit zu erzielen,

○ Prüfung, wie weit der **Kaufpreis** gesenkt werden muss, um eine Kosten-, Gewinn-, Rentabilitäts- und Amortisationsgleichheit zu generieren und
  ○ Analyse, wie weit einzelne Parameter gesenkt werden dürfen, um immer noch ein ausgeglichenes Ergebnis zu erreichen.
- Das Thema der **Amortisation** erfährt zwei Variationen:
  ○ Erweiterung der Amortisationsrechnung um die **Zinskomponente** und
  ○ Aufgabe der Durchschnittsgewinn-Prämisse bei der **Amortisationsrechnung**

1.3 Erweiterungen der statischen Investitionsrechnungen

Ziel dieses Kapitels ist es, ein erweitertes und vertieftes Wissen zu den statischen Instrumenten der Investitionsrechnung zu erarbeiten. Die im Grundlagenteil diskutierten Inhalte bilden hierzu die Basis und das begonnene Beispiel wird fortgeführt.

1.3.1 Einfluss der diskontinuierlichen Tilgung

1.3.1.1 Darstellung

Die Kapitalbindung bei **kontinuierlicher Tilgung** war bereits im Kapitel 1.2.1 Gegenstand der Betrachtung. Hierbei gilt die Prämisse, dass das investierte Kapital permanent zurückfließt. Theoretisch würde dies eine tägliche Tilgung bedeuten. In der Realität wird dieses Ideal selten erreicht. Eine monatliche Tilgung kommt diesem Verfahren vergleichsweise nahe. Bei der **dis**kontinuierlichen Tilgung bleibt der Kapitalbestand bis zur letzten Sekunde des laufenden Jahres konstant, um in diesem letzten Moment des Jahres die volle jährliche Tilgung zu vollziehen. Eine Visualisierung vermittelt die Abbildung 1.12.

Es ist erkennbar, dass die **Kapitalbindung** höher ist als bei der kontinuierlichen Tilgung. Das Dreieck, welches in der Abbildung jährlich zwischen dem bisherigen Verlaufspfad und den beiden (neuen) Pfeilen zu sehen ist, entspricht der halben Abschreibung. Somit lautet die Formel für die Kapitalbindung bei diskontinuierlicher Abschreibung (= KB_d):

$$Kapitalbindung_{diskontinuierlich} = \frac{AK + RW + AfA}{2}$$

Analog der kontinuierlichen Tilgung lässt sich auch die durchschnittliche Kapitalbindung über die Gesamtlaufzeit aus den **durchschnittlichen Kapitalbindungen** der Einzeljahre herleiten. Einen Überblick vermittelt die nachfolgende Tabelle 1.9. Da der Anfangsbestand erst in der letzten Sekunde des laufenden Jahres reduziert wird, hat er folglich für 364 Tage, 23 Stunden und 59 Sekunden Bestand. Somit bildet er auch den Endbestand. Erst im neuen Jahr wird die Reduzierung vollzogen.

1.3 Erweiterungen der statischen Investitionsrechnungen

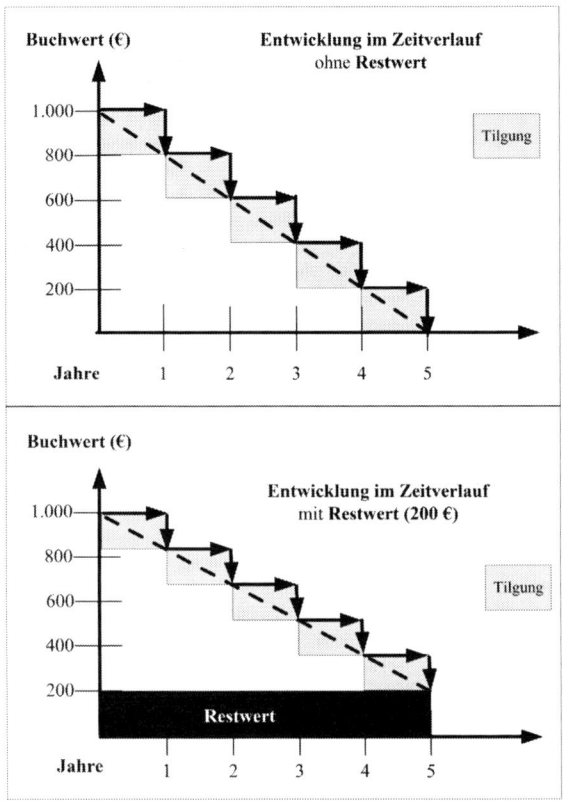

Abb. 1.12: Buchwertentwicklung bei diskontinuierlicher Tilgung ohne und mit Restwert

Tab. 1.9: Kapitalbindung im Zeitverlauf bei diskontinuierlicher Tilgung

	Anlagegut *ohne* Restwert				Anlagegut *mit* Restwert		
Jahr	AB	EB	Jährl. ⌀	Jahr	AB	EB	Jährl. ⌀
1	1.000	1.000	1.000	1	1.000	1.000	1.000
2	800	800	800	2	840	840	840
3	600	600	600	3	680	680	680
4	400	400	400	4	520	520	520
5	200	200	200	5	360	360	360
Summe über die Jahre			3.000	Summe über die Jahre			3.400
Dividiert durch die Laufzeit			5	Dividiert durch die Laufzeit			5
⌀-Kapitalbindung			600	⌀-Kapitalbindung			680

1.3.1.2 Anwendung

In Anwendung auf das Pkw-Beispiel zeigt die Tabelle 1.10 die Veränderungen. Die Berechnungen beruhen auf den Ausgangswerten aus den Tabellen 2 und 5.

Tab. 1.10: Vollständiger Vergleich der beiden ursprünglichen Pkw bei diskontinuierlicher Tilgung

Gesuchter Wert	Diesel-Pkw	Benzin-Pkw
Jährliche Abschreibung (€)	7.500	7.000
(AK − RW) (T€) ÷ ND (Jahre)	(50,0 − 5,0) ÷ 6	(35,0 − 0,0) ÷ 5
Kapitalbindung (€)	31.250	21.000
(AK + RW + AfA) (T€) ÷ 2	(50,0 + 5,0 + 7,5) ÷ 2	(35,0 + 0,0 + 7,0) ÷ 2
Zinskosten (€)	1.250	840
KB (T€) · Zinssatz	31,25 · 4 %	21,0 · 4 %
Weitere Fixkosten	2.500	1.600
Vorgabe	Keine Rechnung	Keine Rechnung
Gesamte Fixkosten (€)	11.250	9.440
Summe der FK (T€)	7,5 + 1,25 + 2,5	7,0 + 0,84 + 1,6
Variable Kosten (€)	15.000	16.000
vK pro Einheit (€) · Potenzial (km)	15,0 · (100.000 ÷ 100)	20,0 · (80.000 ÷ 100)
Gesamtkosten (€)	26.250	25.440
Summe der FK und vK (T€)	11,25 + 15,0	9,44 + 16,0
Kostenunterschied (€)	810	
GK Diesel − GK Benzin (T€)	26,25 − 25,44	
Stückkosten pro 100 km (€)	26,25	31,80
GK (T€) ÷ Leistungspotenzial (km)	26,25 ÷ (100.000 ÷ 100)	25,44 ÷ (80.000 ÷ 100)
Umsatzlöse (€)	50.000	36.000
UE pro Einheit (€) · Potenzial (km)	50 · (100.000 ÷ 100)	45 · (80.000 ÷ 100)
Gewinn (€)	23.750	10.560
UE (T€) − GK (T€)	50,0 − 26,25	36,0 − 25,44
Gewinndifferenz (€)	13.190	
Gew D. (T€) − Gew B. (T€)	23,75 − 10,56	
NR (%)	76,00	50,29
Gew (T€) ÷ KB (T€)	23,75 ÷ 31,25	10,56 ÷ 21,0
BR (%)	80,00	54,29
(Gew + ZiKo) (T€) ÷ KB (T€)	(23,75 + 1,25) ÷ 31,25 · 100	(10,56 + 0,84) ÷ 21,0 · 100
Amortisationsdauer (Jahre)	1,44	1,99
(AK − RW) (T€) ÷ (Gew + AfA) (T€)	(50,0 − 5,0) ÷ (23,75 + 7,5)	(35,0 − 0,0) ÷ (10,56 + 7,0)

1.3 Erweiterungen der statischen Investitionsrechnungen

Die Veränderung eines Parameters hat keinen signifikanten Einfluss auf das *absolute Ergebnis* der beiden Alternativen und verändert somit die Grundaussage des bisherigen Analyseergebnisses nicht. Bei den **Rentabilitäten** sind die Abweichungen ausgeprägter. Eine (leichte) Reduzierung des Gewinns – verursacht durch etwas höhere Zinskosten und eine höhere Kapitalbindung (halber jährlicher Abschreibungsbetrag) – lässt die Rendite sinken. Das Ranking hingegen bleibt auch hier konstant.

> **Bearbeitungs-Tipps für eine erfolgreiche Umsetzung und Interpretation:**
> - Entspricht der *diskontinuierliche Tilgungsverlauf* tatsächlich den Realitäten?
> - Die *höhere Kapitalbindung* verursacht (leicht) höhere Kapitalkosten und lässt den Gewinn, im Vergleich zur Analyse mit kontinuierlicher Tilgung, entsprechend sinken.
> - Signifikanter ist die Auswirkung bei der **Rentabilität**, da durch die höhere Kapitalbindung gleichzeitig die Bezugsbasis steigt.

1.3.2 Ersatz oder Beibehaltung als Fragestellung der Statik

Trotz aller Sorgfalt bei der Planung können sich die Ausgangswerte, die Grundlage der Entscheidung waren, im Zeitverlauf verändern. Somit kann nach dem Erwerb des Investitionsgutes die Frage gestellt werden, ob die *historische Entscheidung* aktuell – vor dem Hintergrund eines anderen Datenkranzes – noch richtig ist. Der Unternehmer steht folglich vor der Entscheidung, ob die bisher in Gebrauch befindliche Anlage weiter genutzt oder durch eine **neue Anlage** zu **ersetzen** ist. In Abhängigkeit von der Unternehmensgröße und der verfügbaren Manpower zur Investitionsbegleitung, können die Überprüfungen regelmäßig (jährlich) erfolgen oder nach Auftreten einer Strukturveränderung, wie beispielsweise einer Gesetzesänderung. Im vorliegenden Taxi-Beispiel könnten dies Zugangsbeschränkungen für bestimmte Fahrzeugtypen in die Innenstädte sein.

Das neue Investitionsgut geht in der bereits erarbeiteten Weise in die Kalkulation ein. Nun ist zu entscheiden, wie das *bisherige Investitionsgut* in der Rechnung zu berücksichtigen ist. Die bisherige Kalkulation beruht auf Werten, die nicht mehr aktuell sind. Somit können diese für eine *zukunftsgerichtete Entscheidung* keine Relevanz mehr besitzen. Vielmehr stellt sich die Frage nach den *Opportunitätskosten*, die mit der Beibehaltung des bisherigen Investitionsgutes verbunden sind.

Statt des ursprünglichen oder Buchwertes ist es in diesem Moment sachgerecht, den aktuell realistischen **Marktwert** zu verwenden. Dieser kann erzielt werden und könnte

- unter Annahme des **vollkommenen Marktes** zum Kalkulationszinssatz angelegt werden oder
- realistisch zur **Kaufpreisreduzierung** dienen und damit die Finanzierungskosten des neuen Gutes entsprechend reduzieren.

Der aktuelle Marktwert stellt somit das Risiko im Moment der Ersatzentscheidung dar, und bildet die Grundlage zur Ermittlung der Kapitalkosten. Diese sind um die aktuell gültigen, weiteren Kosten zu ergänzen und bilden die **Gesamtkosten** der Fortführungsalternative. Vergleichsmaßstab sind die Kosten des zur Auswahl stehenden neuen Anlagegutes.

In dem Pkw-Beispiel wurde der Diesel erworben. Inzwischen sind vier Jahre vergangen. Die bisherigen Daten sind nicht mehr relevant, da sich die Rahmenbedingungen verändert haben. Der Unternehmer überlegt, den Austausch des Taxis vorzunehmen. Der aktuelle Marktwert liegt noch bei 6 T€, als verbleibende Nutzungsdauer sind zwei Jahre angenommen, ein Restwert ist zum Ende der Nutzungsdauer nicht mehr zu erwarten. Der Zinssatz ist auf 6 % gestiegen. Die Zusammenfassung der Ausgangsdaten zeigt die Tabelle 1.11.

Der Elektro-Pkw ist aufgrund der aktuellen Situation als Alternative gewählt. Der Diesel-Pkw erscheint zweimal:

- Mit seinen ursprünglichen Werten, die in der Vergangenheit liegen, daher irrelevant für die Neubewertung sind und aus diesem Grund durchgestrichen sind.
- Mit Werten auf Basis der aktuellen Situation, die für die anstehende Analyse relevant sind.

Tab. 1.11: Ausgangswerte der Pkw-Analyse nach vier Jahren

Informationen	Diesel-Pkw		Elektro-Pkw
	ursprünglich	aktuell	
Kaufpreis bzw. aktueller Marktwert (€)	~~50.000~~	6.000	70.000
Restwert (€)	~~5.000~~	0	10.000
Jährliches Potenzial (km)	~~100.000~~	100.000	80.000
Erwartete Nutzungsdauer (Jahre)	~~6~~	2	5
Jährliche Fixkosten ohne Kapitalkosten (€)	~~2.500~~	2.800	1.000
Variable Kosten pro 100 km (€)	~~15~~	19	10
Zinssatz (%)	~~4~~	6	6
Umsatzerlös pro 100 km (€)	~~50~~	48	60

1.3 Erweiterungen der statischen Investitionsrechnungen

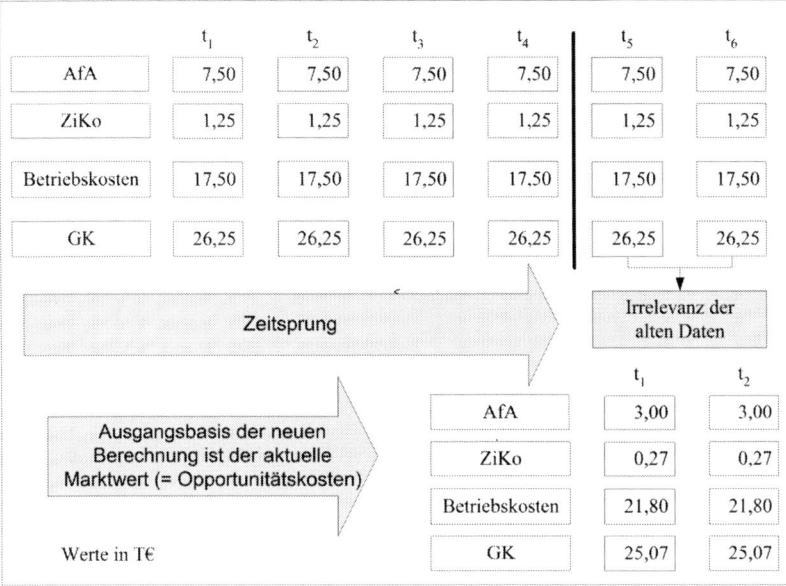

Abb. 1.13: Kostensituation des Diesel-Pkw zu unterschiedlichen Betrachtungszeitpunkten

In Abbildung 1.13 ist die Visualisierung der systematischen Auswirkungen der Ersatzfragestellung für den Diesel-Pkw zu finden. Hierbei ist eine diskontinuierliche Tilgung unterstellt.

Der **Zeitsprung** in der Grafik verdeutlicht die unterschiedlichen **Betrachtungszeitpunkte**. Die ursprünglichen Annahmen sind durch die Realität inzwischen überholt. Offensichtlich wurde der Werteverzehr zum Entscheidungszeitpunkt falsch geschätzt. Gleichzeitig sind die Betriebskosten, welche die Summe aus variablen Kosten und weiteren Fixkosten darstellt, inzwischen gesunken. Mit diesen Fehlern weiter zu arbeiten, wäre fahrlässig, da das Unternehmen jetzt über bessere, weil **aktuellere, Informationen** verfügt. Die vollständige Analyse für die Ersatzentscheidung findet sich in Tabelle 1.12.

Tab. 1.12: Vollständige Analyse der Ersatzentscheidung nach vier Jahren bei diskontinuierlicher Tilgung

Gesuchter Wert	Diesel-Pkw	Elektro-Pkw
Jährliche Abschreibung (€)	3.000	12.000
(AK – RW) (T€) ÷ ND (Jahre)	(6,0 – 0,0) ÷ 2	(70,0 – 10,0) ÷ 5
Kapitalbindung (€)	4.500	46.000
(AK + RW + AfA) (T€) ÷ 2	(6,0 + 0,0 + 3,0) ÷ 2	(70,0 + 10,0 + 12,0) ÷ 2

Gesuchter Wert	Diesel-Pkw	Elektro-Pkw
Zinskosten (€)	270	2.760
KB (T€) · Zinssatz	4,5 · 6 %	46,0 · 6 %
Weitere Fixkosten	2.800	1.000
Vorgabe	Keine Rechnung	Keine Rechnung
Gesamte Fixkosten (€)	6.070	15.760
Summe der FK (T€)	3,0 + 0,27 + 2,8	12,0 + 2,76 + 1,0
Variable Kosten (€)	19.000	8.000
vK pro Einheit (€) · Potenzial (km)	19 · (100.000 ÷ 100)	10 · (80.000 ÷ 100)
Gesamtkosten (€)	25.070	23.760
Summe der FK und vK (T€)	6,07 + 19,0	15,76 + 8,0
Kostenunterschied (€)	1.310	
GK Diesel – GK Elektro (T€)	25,07 – 23,76	
Stückkosten (€) pro 100 km	25,07	29,70
GK (T€) ÷ Leistungspotenzial (km)	25,07 ÷ (100.000 · 100)	23,76 ÷ (80.000 · 100)
Umsatzerlöse (€)	48.000	48.000
UE pro Einheit (T€) · Potenzial (km)	48,0 · (100.000 ÷ 100)	60,0 · (80.000 ÷ 100)
Gewinn (€)	22.930	24.240
UE (T€) – GK (T€)	48,0 – 25,07	48,0 – 23,76
Gewinndifferenz (€)	–1.310	
Gew Diesel (T€) – Gew Elektro (T€)	22,93 – 24,24	
NR (%)	509,56	52,70
Gew (T€) ÷ KB (T€)	(22,93 ÷ 4,5) · 100	(24,24 ÷ 46) · 100
BR (%)	515,56	58,70
(Gew + ZiKo) (T€) ÷ KB (T€)	[(22,93 + 0,27) ÷ 4,5] · 100	[(24,24 + 2,76) ÷ 46] · 100
Amortisationszeit (Jahre)	0,2314	1,6556
(AK – RW) (T€) ÷ (Gew + AfA) (T€)	(6,0 – 0,0) ÷ (22,93 + 3,0)	(70,0 – 10,0) ÷ (24,24 + 12,0)

Es wird deutlich, dass der Elektro-Pkw einen leicht höheren Gewinn erwirtschaftet. Durch die wesentlich geringere Kapitalbindung ist jedoch der Diesel-Pkw bei der Verzinsung und der Amortisationsdauer signifikant im Vorteil. Gewinn und Rentabilität sind beide Erfolgsmaßstäbe, die hier aber unterschiedliche Ergebnisse liefern, sodass keine eindeutige Vorteilhaftigkeit vorliegt. Differenzinvestitionen (vgl. Kapitel 1.3.3) können bei diesen Konstellationen eine Entscheidungshilfe darstellen. Alternativ kann ein Bewertung durch die Einbeziehung der Amortisationszeit erfolgen, welche hier eindeutig ausfällt.

1.3 Erweiterungen der statischen Investitionsrechnungen

> **Bearbeitungs-Tipps für eine erfolgreiche Umsetzung und Interpretation:**
> - Die *Ausgangsdaten* der bisherigen Investition sind bei dieser Analyse immer *irrelevant*.
> - Angesichts der (deutlich) *geringeren Kapitalkosten* sind die bereits im Gebrauch befindlichen Alternativen oft vorteilhafter.
> - Für eine faire Betrachtung ist es – zumindest in der Praxis – wichtig, die *höhere Störanfälligkeit* des vorhandenen Investitionsgutes zu berücksichtigen.

1.3.3 Einbeziehung von Differenzinvestitionen

Sinnvoll lässt sich eine **Differenzinvestition** (= DI) einsetzen, wenn eine Konstellation gegeben ist, wie sie bei dem Beispiel aus Diesel- und Elektro-Pkw vorliegt. Der **absolute Gewinn** ist bei der kapitalintensiveren Alternative größer, jedoch erzielt sie eine **kleinere Verzinsung** als die weniger kapitalintensive Variante. Folglich soll eine Differenzinvestition die Kapitalbindungen im Ideal komplett angleichen, oder diese zumindest soweit als möglich annähern, damit die beiden Alternativen in der gleichen Liga (Kampfklasse) agieren. Einen visuellen Überblick liefert die Abbildung 1.14. Hierbei ist unterstellt, dass die Kapitalbindung des Elektro-Pkw komplett erreicht wird bzw. werden soll. Es ist wichtig, sich zu vergegenwärtigen, dass das im **Durchschnitt gebundene Kapital** – nicht automatisch die gleichen Anschaffungskosten – egalisiert werden sollen.

Die gezeigten „Kapitalbindungs-Tonnen" visualisieren die gebundenen Volumina für die größere, die kleinere und die ergänzende Investition.

Mit der Differenzinvestition wird deutlich, welche Konstellation bei der Nutzung der vollen Kapitalbindung vorteilhafter ist. Würde die komplette Differenzinvestition darin bestehen, dass das Unternehmen den Betrag als *Liquidität* hält und damit eine *Nullverzinsung* erzielt, dann ist der Elektro-Pkw vorteilhafter, wie Tabelle 1.13 verdeutlicht. Das negative Ergebnis erklärt sich durch die anfallenden Zinskosten, denen kein Ertrag gegenübersteht. Gelingt es hingegen nur einen weiteren Diesel-Pkw zu 9.000 € zu erstehen und entsprechend dem ersten Pkw einzusetzen, ist diese Konstellation deutlich vorteilhafter, obwohl bei Weitem noch keine gleiche Kapitalbindung vorliegt. Diese Konstellation zeigt Tabelle 1.14. Natürlich ist in der Realität die Absatzmöglichkeit auf dem Markt zu prüfen, denn eine Steigerung der eigenen Kapazität kann die geplante (Voll-)Auslastung der ersten Investition gefährden. Soweit die Nachfrage konstant ist und diese bislang schon komplett bedient wurde, ver-

1 Einführung und statische Investitionsrechnungen

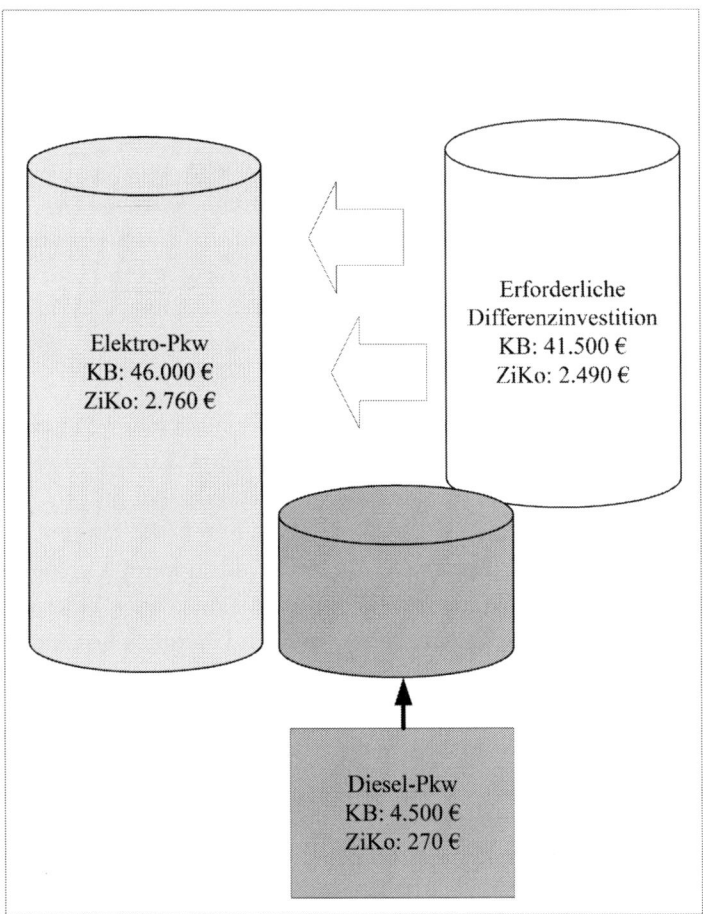

Abb. 1.14: Zielsetzung der Differenzinvestition visualisiert am Pkw-Vergleich

ringert der Absatz der neuen Investition den Absatz der alten Investition, was auch als *Kannibalisierungseffekt* bezeichnet wird.

Tab. 1.13: Auswirkungen einer Differenzinvestition mit Nullverzinsung

	Diesel-Pkw	DI	Diesel ergänzt	Elektro-Pkw
KB (€)	4.500	41.500	46.000	46.000
Gew (€)	22.930	−2.490	20.440	24.240
NR (%)	509,56	−6	44,43	52,70

Tab. 1.14: Auswirkungen einer Differenzinvestition unter Annahme der Kapazitätsverdopplung

	Diesel-Pkw	Diesel-Pkw II	Diesel ergänzt	Elektro-Pkw
KB (€)	4.500	4.500	9.000	46.000
Gew (€)	22.930	22.930	45.860	24.240
NR (%)	509,56	509,56	509,56	52,70

Mit der Nullverzinsung und einer Verdopplung der Kapazität mit identischer Leistung der ersten Alternative sind zwei Extremwerte abgebildet. Eine weitere Steigerung der eigenen Kapazität wird (in den meisten Märkten), den Erfolg der vorherigen Investition(en) einschränken. Wenn die Verzinsung der kapitalschwächeren Investition so überlegen ist, wie im vorliegenden Beispiel, dann ist diese selbst mit einer vergleichsweisen ertragsschwachen Differenzinvestition vorteilhafter.

Neben der redlichen Einsatzmöglichkeit existiert auch eine *un*redliche Verwendung, die sich nicht ökonomisch, sondern unternehmenspolitisch erklären lässt. Die Ausgangssituation findet sich in Tabelle 1.15, wobei unterstellt ist, dass nur diese beiden Pkw zur Auswahl stehen.

Tab. 1.15: Ausgangssituation für den Einsatz einer *un*redlichen Differenzinvestition

	Erdgas-Pkw	Elektro-Pkw
KB (€)	39.000	46.000
Gew (€)	19.500	24.240
NR (%)	50	52,70

Es ist offensichtlich, dass der Elektro-Pkw in diesem Vergleich deutlich vorne liegt. Er hat den höheren Gesamtgewinn und die bessere Verzinsung. Die Verwendung einer Differenzinvestition ist hier sachlich nicht angebracht. Wenn in Unternehmen einzelne Projekte durchgesetzt werden sollen, kann auch schon mal die Differenzinvestition als „*Taschenspielertrick*" eingesetzt werden. Es kommt eine Differenzinvestition zum Einsatz, deren Verzinsung deutlich über der kapitalschwächeren Investition liegt, um diese doch noch vorteilhafter darzustellen, wie Tabelle 1.16 beispielhaft verdeutlicht.

Tab. 1.16: Einbeziehung der *un*redlichen Differenzinvestition

	Erdgas-Pkw	DI	Erdgas ergänzt	Elektro-Pkw
KB (€)	39.000	7.000	46.000	46.000
Gew (€)	19.500	5.000	24.500	24.240
NR (%)	50	71,43	53,26	52,70

Im schlimmsten Fall nimmt der Manipulator vorsätzlich in Kauf, dass die Differenzinvestition die veranschlagte Rendite nicht erbringen wird. Dieses Vorgehen ist natürlich abzulehnen, da es **unredlich** ist. Der unbeteiligte Betrachter stellt sich doch zwangsläufig die Frage, warum überhaupt über den Erwerb von Pkw nachgedacht wird, wenn es doch deutlich *interessantere Anlagemöglichkeiten* gibt. Wenn mit der Realisation der Differenzinvestition ein wesentlich höheres Risiko verbunden ist, wäre dies in der Realität ein anderer Erklärungsansatz. Soweit einem Entscheider im Unternehmen die komplette Tabelle vorgelegt wird, ist zumindest die kritische Hinterfragung der genauen Datenherkunft zu erwarten. Beinhaltet die Entscheidungsvorlage jedoch nur die Gesamtergebnisse – in der Tabelle grau hinterlegt –, so wird vermutlich die Kombination aus der schwächeren Investition und der Differenzinvestition realisiert. Die Bedeutung der zuarbeitenden Mitarbeiter wird an dieser Stelle besonders deutlich.

Bearbeitungs-Tipps für eine erfolgreiche Umsetzung und Interpretation:

Werden im Rahmen einer Differenzinvestition **Bruttorenditen** abgefragt, so müssen natürlich die Zinskosten entsprechend berücksichtigt werden. Zu ihrer Ermittlung für die schwächere Alternative und der Differenzinvestition gibt es verschiedene Möglichkeiten, wenn die Kapitalbindung der größeren Investition exakt erreicht wird:

- Ablesen der Zinskosten für die kapitalintensivere Anlage, denn dieser Wert ist ja bereits gegeben. Für das Beispiel in Abbildung 1.14 sind das 2.760 €.
- Ermittlung der Zinskosten der Differenzinvestition (Kapitalbindung · Zinssatz) und Addition zu den Zinskosten der kapitalschwächeren Alternative. In Anwendung für das Beispiel aus der Abbildung 1.14 bedeutet dies: 41.500 € · 6 % = 2.490 € + 270 € = 2.760 €.
- Die Zinskosten der Differenzinvestition lassen sich alternativ auch separat ermitteln, indem man von den Zinskosten der intensiveren Alternative, die der schwächeren Alternative abzieht. Für das diskutierte Beispiel lautet die Berechnung folglich: 2.760 € – 270 € = 2.490 €.

1.3.4 Ermittlung erforderlicher Zugeständnisse

Wenn Analysen der statischen Investitionsrechnung zur Entscheidung genutzt werden, besteht die Möglichkeit vom Anbieter der **unterlegenen Alternative** Zugeständnisse zu erfragen, um ihm zu „helfen" sein Produkt zu veräußern. Im *Einflussbereich* des *Verkäufers* befindet sich *immer* der (Ver-)Kaufspreis für das Anlagegut. In eini-

1.3 Erweiterungen der statischen Investitionsrechnungen

gen Branchen ist es üblich, dass der Hersteller oder Händler auch **Finanzierungen anbietet**, die zu Sonderkonditionen gewährt werden (können). Folglich lassen sich zwei Fragestellungen ableiten:

- Wie hoch darf der **Zinssatz maximal** sein, damit das Niveau der besseren Alternative erreicht wird?
- Wie weit muss der **Preis gesenkt** werden, um das Niveau der besseren Alternative zu erreichen?

Diese sind mit den vier Instrumenten der Statik kombinierbar:

- Kostenvergleich
- Gewinnvergleich
- Rentabilitätsvergleich und
- Amortisationsrechnung

Als Betrachtungsobjekt dient wieder der Vergleich zwischen Diesel- und Benzin-Pkw bei **diskontinuierlicher** Tilgung (vgl. Tabelle 1.10). Die hier gezeigten Lösungswege sind im Hinblick auf Nachvollziehbarkeit ausgewählt. Andere Ansätze sind ebenfalls möglich.

1.3.4.1 Analyse der erforderlichen Zinssenkung zur Benchmark-Erreichung

Im ersten Schritt ist der Zinssatz zu ermitteln, der vom Verkäufer gewährt werden muss, damit der Diesel-Pkw mit den höheren **Gesamtkosten** die gleichen Kosten verursacht wie der Benzin-Pkw.

Somit gilt es die Gesamtkosten des Benzin-Pkw zu erreichen, diese betragen 25.440 €. Die anderen Fixkosten, die Abschreibungen und die variablen Kosten werden durch die Zinssenkung nicht berührt und verbleiben, somit ergibt sich folgende Gleichung:

GK	= weitere FK + AfA + vK + X · KB	| Werte einsetzen
25.440	= 2.500 + 7.500 + 15.000 + 31.250 X	| –(2.500 + 7.500 + 15.000)
440	= 31.250 X	| ÷ 31.250
0,014808	= X	| · 100
1,4808 %	= X	
		Beträge in €

Probe (Beträge in €):
⇔ Variable Kosten: 15.000
⇔ Weitere Fixkosten: 2.500
⇔ Abschreibung: 7.500
⇔ Zinskosten: 31.250 · 1,408 % = 440

⇔ Gesamtkosten: 15.000 + 2.500 + 7.500 + 440 = 25.440 ⇔ Gleichheit erreicht!

Soweit die Aufgabenstellung restriktionslos formuliert ist, besteht noch eine weitere Möglichkeit die erforderliche Zinssenkung zu ermitteln. Hierzu wird der **Kostenunterschied** auf die Kapitalbindung des unvorteilhaften Pkw bezogen (= 810 € ÷ 31.250 € · 100). Die 2,592 % stellen die erforderliche Reduzierung dar. Subtrahiert vom ursprünglichen Kalkulationszins von 4,0 % ergibt sich der ausgewiesene maximale Zinssatz (= 1,408 %), der zur Kostengleichheit erforderlich ist. Dieses Vorgehen ist bei allen Fragestellungen, welche die Zinssenkung thematisieren, anwendbar.

Analog lassen sich auch die anderen Werte ermitteln. Die nächste Frage lautet: Wie weit muss der Zins gesenkt werden, damit die beiden Pkw eine **Gewinngleichheit** erzielen?

Zu beachten ist, dass der Diesel-Pkw beim Gewinn besser abschneidet und somit die Benchmark bildet; es ergibt sich die folgende Gleichung:

Gewinn	= UE − (weitere FK + AfA + vK + X · KB)	| Werte einsetzen
23.750	= 36.000 − (1.600 + 7.000 + 16.000 + 21.000 X)	| Klammer auflösen
23.750	= 36.000 − 24.600 − 21.000 X	| rechte Seite ausrechnen
23.750	= 11.400 − 21.000 X	| −11.400
12.350	= −21.000 X	| ÷ (−21.000)
−0,5881	= X	| · 100
−58,81%	= X	
		Beträge in €

Probe (Beträge in €):
⇔ Variable Kosten: 16.000
⇔ Weitere Fixkosten: 1.600
⇔ Abschreibung: 7.000
⇔ Zinskosten: 21.000 · (−58,81 %) = −12.350
⇔ Gesamtkosten: 16.000 + 1.600 + 7.000 − 12.350 = 12.250
⇔ Umsatzerlöse: 36.000
⇔ Gewinn: 36.000 − 12.250 = 23.750 ⇔ Gleichheit erreicht!

Das gewünschte Ergebnis wurde erzielt, auch wenn es ökonomisch unrealistisch ist. Der Sachverhalt kann ebenfalls auf die **Nettorentabilität** angewendet werden; auch hier bildet der Diesel-Pkw die Benchmark. Die Ausgangsgleichung ist entsprechend zu modifizieren und lautet:

1.3 Erweiterungen der statischen Investitionsrechnungen

```
Rendite   = [UE − (weitere FK + AfA + vK + X · KB)] ÷ KB        | Werte einsetzen
0,76      = [36.000 − (1.600 + 7.000 + 16.000 + 21.000 X)] ÷ 21.000  | · 21.000
15.960    = 36.000 − (1.600 + 7.000 + 16.000 + 21.000 X)        | Klammer auflösen
                                                                 und ausrechnen
15.960    = 11.400 − 21.000 X                                   | −11.400
4.560     = −21.000 X                                           | ÷ (−21.000)
−0,2171   = X                                                   | · 100
−21,71 %  = X
                                                                Beträge in €
```

Im Ergebnis spiegelt sich wider, dass der Diesel-Pkw bei einer relativen Betrachtung einen Teil seiner absoluten Vorteilhaftigkeit verliert: So generiert er mehr als den doppelten Gewinn, jedoch nur eine um ca. 50 % höhere Rendite.

Probe (Beträge in €):
⇔ Variable Kosten: 16.000
⇔ Weitere Fixkosten: 1.600
⇔ Abschreibung: 7.000
⇔ Zinskosten: 21.000 · (−21,71 %) = −4.559,10
⇔ Gesamtkosten: 16.000 + 1.600 + 7.000 − 4.559,10 = 20.040,90
⇔ Umsatzerlöse: 36.000
⇔ Gewinn: 36.000 − 20.040,90 = 15.959,10
⇔ Rentabilität: 15.959,10 ÷ 21.000 = 0,7599 ⇔ <u>Gleichheit erreicht!</u>

Als letzte Einsatzmöglichkeit für die Zinsanpassung verbleibt die **Amortisationsrechnung**. Auch hier bildet die Zeit, die der Diesel-Pkw im betrachteten Beispiel zur Rückgewinnung des eingesetzten Kapitals benötigt, die zu erreichende Benchmark. Die Ausgangsgleichung lautet:

```
AZ              = (AK − RW) ÷ (Gewinn + AfA)                          | Details darstellen
AZ              = (AK − RW) ÷ [UE − (weitere FK + AfA + vK + X) + AfA]
AZ              = (AK − RW) ÷ (UE − weitere FK − vK − X)              | Werte einsetzen
1,44            = (35.000 − 0) ÷ (36.000 − 1.600 − 16.000 − X)        | Divisionsklam-
                                                                       mer ausrechnen
1,44            = 35.000 ÷ (18.400 − X)                               | · (18.400 − X)
26.496 − 1,44 X = 35.000                                              | −26.496
−1,44 X         = 8.504                                               | ÷ (−1,44)
X               = − 5.905,56
                                                                      Beträge in €
```

Hiermit ist wieder der negative Zinsbeitrag ermittelt, der in die Rechnung einzubeziehen ist, um die Benchmark des Diesel-Pkw zu erreichen. Der erforderliche Zinssatz errechnet sich durch die Bezugnahme auf die Kapitalbindung in Höhe von 21.000 € und beträgt folglich ca. – 28,122 % (–5.905,56 ÷ 21.000 · 100).

Probe (Werte in €):
- ⇔ Variable Kosten: 16.000
- ⇔ Weitere Fixkosten: 1.600
- ⇔ Zinskosten: 21.000 · (–28,122 %) = –5.905,62
- ⇔ Zahlungswirksame Kosten: 16.000 + 1.600 – 5.905,62 = 11.694,38
- ⇔ Umsatzerlöse: 6.000
- ⇔ Gewinn: 36.000 – 11.694,38 = 24.305,62
- ⇔ Amortisationszeit: 35.000 ÷ 24.305,62 = 1,43999 Jahre ⇔ Gleichheit erreicht!

Bearbeitungs-Tipps für eine erfolgreiche Umsetzung und Interpretation:
- Auf der *handwerklichen* Ebene ist darauf zu achten, dass die allgemeinen mathematischen Regeln eingehalten werden:
  - Vollständige Fortführung der Gleichungen
  - Punkt- vor Strichrechnung
  - Minus multipliziert mit Minus wird zu Plus
  - Minus addiert mit Minus ergibt ein größeres Minus
  - Klammern müssen komplett ausmultipliziert werden.
- Immer dann, wenn der Zinsaufwand der schwächeren Alternative kleiner ist als der Kosten- oder Gewinnunterschied, ist klar, dass der erforderliche *Zinssatz negativ* sein muss, um die Differenz auszugleichen.
- Auch wenn im Rahmen der Erarbeitung die *Probe* jedes Mal aufgezeigt wurde, ist sie in einer Prüfung nur durchzuführen, wenn sie verlangt ist.

1.3.4.2 Ermittlung erforderlicher Preissenkungen zur Benchmark-Erreichung

Die Höhe der erforderlichen Zinszugeständnisse beim Verkäufer zu ermitteln, um eine Benchmark zu erreichen, ist systematisch nichts anderes als eine *Break-even-Betrachtung* und lässt sich auch auf die erforderliche Senkung der *Anschaffungskosten* übertragen; jedoch erweist sich diese Aufgabenstellung als komplexer. Ursache ist, dass die Anschaffungskosten mehrfach in die Berechnung einfließen: einmal als Anschaffungskosten selbst und *abgeleitet* als *Abschreibung* (AK – RW) ÷ ND). In Abhängigkeit davon, ob eine *kontinuierliche* oder *diskontinuierliche* Kapitalbindung unterstellt ist und welche Ergebnisgröße gleichgesetzt werden soll, fließen diese

1.3 Erweiterungen der statischen Investitionsrechnungen

Werte mehrfach in die Gleichung ein und sorgen für vergleichsweise komplexe Formeln und damit Rechenschritte. Für die Statik handelt es sich hierbei um absolute Profifragen. Beim Kostenvergleich stellt wieder der Benzin-Pkw für die Beispielkonstellation die Benchmark dar. Die Ausgangsgleichung lautet:

GK	= vK + weitere FK + AfA + ZiKo	| Werte detaillieren
GK	= vK + weitere FK + (AK − RW) ÷ ND + **KB** · Zinssatz	| AfA einbeziehen[3]
GK	= Diesel-Pkw: vK + weitere FK + (AK − RW) ÷ ND + [AK + RW + **(AK − RW) ÷ ND)** ÷ 2] · Zinssatz	| Werte einsetzen[4]
25.440	= 15.000 + 2.500 + [(X − 5.000) ÷ 6] + {[X + 5.000 + (X − 5.000) ÷ 6] ÷ 2} · 0,04	| erste Klammerebenen auflösen
25.440	= 15.000 + 2.500 + 0,1667 X − 833,33 + [(1,1667 X + 4.166,67) ÷ 2] · 0,04	| dividieren
25.440	= 16.666,67 + 0,1667 X + (0,5833 X + 2.083,33) · 0,04	| multiplizieren
25.440	= 16.666,67 + 0,1667 X + 0,0233 X + 83,33	| Werte zusammenziehen
25.440	= 16.750 + 0,19 X	| −16.750
8.690	= 0,19 X	| ÷ 0,19
45.736,84	= X	

Beträge in €

Probe (Beträge in €):
⇔ Variable Kosten = 15.000
⇔ Andere Fixkosten = 2.500
⇔ Abschreibung: (45.736,82 − 5.000) ÷ 6 = 6.789,47
⇔ Zinskosten: [(45.736,84 + 6.789,47 + 5.000) ÷ 2] · 0,04 = 1.150,53
⇔ Gesamtkosten: 15.000 + 2.500 + 6.789,47 + 1.150,53 = 25.440,40 ⇔ Gleichheit erreicht!

Soweit der Verkäufer das Fahrzeug zum ermittelten Preis abgibt, erreicht der Diesel-Pkw die gleichen Kosten wie der Benzin-Pkw, obwohl er eine höhere Kilometerleistung erbringt.

Als weitere Variante wäre auch die **Gleichheit** bei den **Stückkosten** denkbar. Für diese Fragestellung müsste die Benchmark gewechselt werden, da der Diesel-Pkw bei diesem Maßstab einen Vorsprung aufweist. Die entsprechende Ausgangsgleichung zur Anpassung der Anschaffungskosten lautet wie folgt:

---

[3] Die Kapitalbindung enthält bei der diskontinuierlichen Tilgung die AfA.
[4] Der hervorgehobene Inhalt entspricht der Kapitalbindung in der vorherigen Zeile.

1 Einführung und statische Investitionsrechnungen

Stück- kosten	= [(vK – weitere FK – AK ÷ ND – {[(AK + AK ÷ ND) ÷ 2] · Zinssatz} ÷ LP	| Werte einsetzen
26,25	= {16.000 + 1.600 + X ÷ 5 + {[(X + X ÷ 5) ÷ 2] · 0,04} ÷ 800	| · 800
21.000	= 17.600 + 0,2 X + (1,2 X ÷ 2) · 0,04	| X zusammenfassen
21.000	= 17.600 + 0,224 X	| –17.600
3.400	= 0,224 X	| ÷ 0,224
15.178,57	= X	
		Beträge in €

Probe (Beträge in €):
⇔ Variable Kosten = 16.000
⇔ Andere Fixkosten = 1.600
⇔ Abschreibung: (15.178,57 – 0) ÷ 5 = 3.035,71
⇔ Zinskosten: [(15.178,57 + 3.035,71 + 0) ÷ 2] · 0,04 = 364,29
⇔ Gesamtkosten: 16.000 + 1.600 + 3.035,71 + 364,29 = 20.999,99
⇔ Stückkosten: 20.999,99 ÷ 800 = 26,25 ⇔ <u>Gleichheit erreicht!</u>

Es bleibt zu erwarten, dass eine so deutliche Preissenkung nicht verhandelbar ist.
Wendet man die Fragestellung der Kaufpreisreduzierung auf die Gewinngleichheit an, so ist der Diesel-Pkw erneut die Benchmark; die Ausgangsgleichung zur Ermittlung der Anschaffungskosten gestaltet sich wie folgt:

Gewinn	= UE – vK – weitere FK – AK ÷ ND – [AK + AK ÷ ND) ÷ 2] · Zinssatz	| Werte einsetzen
23.750	= 36.000 – 16.000 – 1.600 – X ÷ 5 – [(X + X ÷ 5) ÷ 2] · 0,04	| Werte zusammen- fassen und äußere Klammer auflösen
23.750	= 18.400 – 0,2 X – (1,2 X ÷ 2) · 0,04	| Klammer auflösen
23.750	= 18.400 – 0,2 X – 0,6 X · 0,04	| X ausrechnen
23.750	= 18.400 – 0,224 X	| –18.400
5.350	= –0,224 X	| ÷ (–0,224)
– 23.883,93	= X	
		Beträge in €

Probe (Beträge in €):
⇔ Variable Kosten: 16.000
⇔ Weitere Fixkosten: 1.600
⇔ Abschreibung: – 23.883,93 ÷ 5 = –4.776,79
⇔ Zinskosten: [(–23.883,93 – 4.776,79) ÷ 2] · 0,04= –573,21
⇔ Gesamtkosten: 16.000 + 1.600 + 7.000 – 4.55910 = 12.250

⇔ Umsatzerlöse: 36.000
⇔ Gewinn: 36.000 – 12.250 = 23.750 ⇔ <u>Gleichheit erreicht!</u>

Mathematisch ist der ermittelte Kaufpreis in Höhe von –23.883,93 korrekt. Ökonomisch macht er natürlich keinen Sinn. Um die Methodik zu komplettieren, erfolgt nun die Analyse der erforderlichen Kaufpreissenkung, damit der Benzin-Pkw die Benchmark des Diesels bei der Nettorendite erreicht. Die Ausgangsgleichung lautet:

NR	= [UE – vK – weitere FK – AK ÷ ND – {[(AK + AK ÷ ND) ÷ 2] · Zinssatz} ÷ KB	Werte einsetzen
0,76	= {36.000 – 16.000 – 1.600 – X ÷ 5 –[(X + X ÷ 5) ÷ 2]} · 0,04 ÷ [(X + X ÷ 5) ÷ 2]	Ausrechnung des Gesamtdivisors
0,76	= {36.000 – 16.000 – 1.600 – X ÷ 5 – [(X + X ÷ 5) ÷ 2] } · 0,04 ÷ 0,6 X	· 0,6 X und weiter vereinfachen
0,456 X	= 18.400 – 0,2 X – 0,6 X · 0,04	X rechts komplett ausrechnen
0,456 X	= 18.400 – 0,224 X	+ 0,224 X
0,68 X	= 18.400	÷ 0,68
X	= 27.058,82	

Beträge in €

Probe (Beträge in €):
⇔ Variable Kosten: 16.000
⇔ Weitere Fixkosten: 1.600
⇔ Abschreibung: 27.058,82 ÷ 5 = 5411,76
⇔ Zinskosten: [(27.058,82 + 27.058,82 ÷ 5) ÷ 2] · 0,04 = 649,41
⇔ Gesamtkosten: 16.000 + 1.600 + 5411,76 + 649,41 = 23.661,17
⇔ Umsatzerlöse: 36.000
⇔ Gewinn: 36.000 – 23.661,17 = 12.338,83
⇔ Kapitalbindung: (27.058,82 + 27.058,82 ÷ 5) ÷ 2 = 16.235,29
⇔ Rentabilität: 12.338,83 ÷ 16.235,29 = 0,76 ⇔ <u>Gleichheit erreicht!</u>

Auch an diesem Ergebnis wird deutlich, dass der Diesel-Pkw sowohl den höheren Gewinn als auch die deutlich höhere Kapitalbindung aufweist. So ist die Preisreduzierung um die Gewinngleichheit zu erzielen, wesentlich höher als für die Rentabilitätsgleichheit.

Abschließend erfolgt die Analyse der Amortisationsgleichung. Da der Diesel-Pkw die kleinere Zeitspanne benötigt, dient er auch hier wieder als Benchmark für den Benzin-Pkw. Die Ausgangsgleichung zur Ermittlung der Anschaffungskosten lautet:

AZ	= (AK − RW) ÷ (Gewinn + AfA)	| detaillieren
AZ	= (AK − RW) ÷ {UE − [(AK + RW + AfA) ÷ 2] · Zinssatz + vK + weitere FK − AfA + AfA}	| einsetzen
1,44	= X ÷ {36.000 − [(X + X ÷ 5) ÷ 2] · 0,04 − 16.000 − 1.600 − X ÷ 5 + X ÷ 5}	| innere Klammer auflösen und vereinfachen
1,44	= X ÷ (36.000 − 0,6 X · 0,04 − 17.600)	| X in der Klammer auflösen und weiter vereinfachen
1,44	= X ÷ (18.400 − 0,024 X)	| · (18.400 − 0,024 X)
26.496 − 0,03456 X	= X	| + 0,03456 X
26.496	= 1,03456 X	| ÷ 1,03456
25.610,89	= X	
		Beträge in €

Probe (Beträge in €):
- Variable Kosten: 16.000
- Weitere Fixkosten: 1.600
- Zinskosten: [(25.610,89 + 25.610,89 ÷ 5) ÷ 2] · 0,04 = 614,66
- Zahlungswirksame Kosten: 16.000 + 1.600 + 614,66 = 18.214,66
- Umsatzerlöse: 36.000
- Gewinn: 36.000 − 18.214,66 = 17.778,34
- Amortisationszeit: 25.610,89 ÷ 17.778,34 = 1,44 ⇔ Gleichheit erreicht!

1.3.5 Ermittlung weiterer Break-even-Punkte

Analog der *abgesetzten Menge* kann auch für die **anderen Fixkosten**, die *variablen Stückkosten* und die *Umsatzerlöse pro Stück* jeweils eine Break-even-Analyse durchgeführt werden. Das Analyseziel ist bei diesen Betrachtungen ebenfalls eine *Risikoabschätzung* und kein Vehikel um einen Kaufpreis oder eine Finanzierung zu verhandeln. Die jeweilige Funktion wird nicht mit dem Zielwert der anderen Funktion, sondern mit Null gleichgesetzt. Das Ergebnis sagt aus,

- wie hoch die anderen Fixkosten bzw. die variablen Kosten *steigen* oder
- wie weit die Umsatzerlöse *fallen*

dürfen, um immer noch ein **ausgeglichenes Ergebnis** zu erzielen, bei Konstanz der anderen Faktoren. Für die Fragestellung wie weit die Umsatzerlöse pro Stück sinken dürfen, um immer noch ein ausgeglichenes Ergebnis zu erreichen, stellt sich die Ermittlung für den Benzin-Pkw wie folgt dar:

1.3 Erweiterungen der statischen Investitionsrechnungen

```
0       = (X – 20) · 800 – weitere FK – AfA – ZiKo   | Klammer ausmultiplizieren
0       = 800 X – 16.000 – 1.600 – 7.000 – 840       | zusammenfassen
0       = 800 X – 25.440                             | + 25.440
25.440  = 800 X                                      | ÷ 800
31,80   = X
```
Beträge in €

Mit einem Verkaufspreis von 31,80 € pro 100 km erzielt der Benzin-Pkw – bei unterstellter Konstanz der anderen Parameter – ein Nullergebnis.

Probe (Beträge in €):
⇔ Variable Kosten: 16.000
⇔ Weitere Fixkosten: 1.600
⇔ Abschreibung: 7.000
⇔ Zinskosten: 840
⇔ Gesamtkosten: 16.000 + 1.600 + 7.000 + 840 = 25.440
⇔ Umsatzerlöse: 45 · 800 = 25.440
⇔ Gewinn: 25.440 – 25.440 = 0 ⇔ <u>Erfolgsneutralität erreicht!</u>

Wenn bei einem Verkaufspreis je 100 km immer noch ein Null-Ergebnis ausweisbar ist, bedeutet dies, dass der Verkaufspreis um 13,2 € (= 45,0 € – 31,8 €) oder 29,33 % (= 13,2 € ÷ 45,0 € · 100) sinken darf. Dies erscheint ein nennenswerter Risikopuffer zu sein.

Die mindestens erforderliche Menge zur Erreichung eines ausgeglichenen Ergebnisses lässt sich analog ermitteln:

```
0      = (45 – 20) X – weitere FK – AfA – ZiKo   | Klammer ausmultiplizieren
0      = 25 X – 1.600 – 7.000 – 840              | zusammenfassen
0      = 25 X – 9.440                            | + 9.440
9.440  = 25 X                                    | ÷ 25
377,6  = X
```
Beträge in €

Probe (Beträge in €):
⇔ Variable Kosten: 377,6 · 20 = 7.552
⇔ Weitere Fixkosten: 1.600
⇔ Abschreibung: 7.000
⇔ Zinskosten: 840
⇔ Gesamtkosten: 7.552 + 1.600 + 7.000 + 840 = 16.992
⇔ Umsatzerlöse: 377,6 · 45 = 16.992

⇔ Gewinn: 16.992 – 16.992 = 0 ⇔ <u>Erfolgsneutralität erreicht!!</u>

Selbst bei einer Auslastung von 377,6 Einheiten je 100 km und damit weniger als die Hälfte der maximalen Kapazität von 800 Einheiten, erreicht der Benzin-Pkw noch immer ein ausgeglichenes Ergebnis.

Die maximal vertretbaren variablen Kosten zur Generierung eines ausgeglichenen Ergebnisses lassen sich analog ermitteln:

```
0       = (45 – X) · 800 – weitere FK – AfA – ZiKo   | Klammer ausmultiplizieren
0       = 36.000 – 800 X – 1.600 – 7.000 – 840       | zusammenfassen
0       = 26.560 – 800 X                             | + 800 X
800 X   = 26.560                                     | ÷ 800
33,20   = X
                                                              Beträge in €
```

Probe (Beträge in €):
⇔ Variable Kosten: 800 · 33,2 = 26.560
⇔ Weitere Fixkosten: 1.600
⇔ Abschreibung: 7.000
⇔ Zinskosten: 840
⇔ Gesamtkosten: 26.560 + 1.600 + 7.000 + 840 = 36.000
⇔ Umsatzerlöse: 36.000
⇔ Gewinn: 36.000 – 36.000 = 0 ⇔ <u>Erfolgsneutralität erreicht!!</u>

Auch hier wird deutlich, dass der Benzin-Pkw deutliche Reserven aufweist, bevor sein Ergebnis negativ wird. Selbst wenn die variablen Kosten um 13,20 € (33,2 € – 20,0 €) und damit um 66 % (= 13,2 € ÷ 20,0 € · 100) steigen, lässt sich ein ausgeglichenes Ergebnis generieren.

Richtet man den Betrachtungsfokus auf die Fixkosten, so scheiden die Zinsen und die Abschreibungen aus, da die Konstanz der Zinsen unterstellt wird. Solange das Unternehmen eine Finanzierung mit festen Konditionen über den Zeitraum der Nutzungsdauer des Fahrzeugs abschließt, entspricht die Prämisse auch der Realität. Die (Regel-)Abschreibung wird auch durch die verwendeten Anschaffungskosten determiniert, sodass eine Abschreibungsanpassung nur über eine Laufzeitveränderung (= Ersatzfragestellung) möglich ist. Ein Anstieg der jährlichen Fixkosten im Zeitverlauf lässt sich konstruieren, indem im Beispiel steigende Versicherungsbeiträge durch Unfälle oder Tarifanpassungen bzw. Kfz-Steuersteigerung durch veränderte Bemessungsgrundlagen, unterstellt werden. Die Berechnung gestaltet sich wie folgt:

```
0 = DB · 800 – X – AfA – ZiKo   | Klammer ausmultiplizieren
0 = 25 · 800 – X – 7.000 – 840  | zusammenfassen
0 = 12.160 – X                  | + X
X = 12.160
                                              Beträge in €
```

Probe (Beträge in €):
- ⇔ Variable Kosten: 16.000
- ⇔ Weitere Fixkosten: 12.160
- ⇔ Abschreibung: 7.000
- ⇔ Zinskosten: 840
- ⇔ Gesamtkosten: 16.000 + 12.160 + 7.000 + 840 = 36.000
- ⇔ Umsatzerlöse: 36.000
- ⇔ Gewinn: 36.000 – 36.000 = 0 ⇔ Erfolgsneutralität erreicht!!

Hier zeigt sich die größte Reserve des Fahrzeugs, denn die anderen Fixkosten dürften um das 7,6-Fache (12.160 ÷ 1.600) ansteigen. Dies erscheint auch bei deutlichen Umstellungen der Kfz-Besteuerung sowie einer hohen Unfallhäufigkeit wenig plausibel.

1.3.6 Erweiterungen der Amortisation

1.3.6.1 Einbeziehung des kalkulierten Zinsaufwandes

Auch die Amortisationsrechnung ist noch modifizierbar. Eine Möglichkeit bildet die Einbeziehung der Zinsaufwendungen. Dies ist jedoch nur unter zwei Prämissen angezeigt:

- Der Investor nimmt die Investition aus **eigenen Mitteln** vor, sodass diese zwar in der Kalkulation berücksichtigt wurden, jedoch nicht zahlungswirksam sind. Diese Prämisse trifft immer dann zu, wenn für den Unternehmer die Bruttorentabilität im Fokus der Betrachtung steht.
- Der Investor **verzichtet** im schlimmsten Fall auf seine Verzinsung und ist damit zufrieden, nur das eingesetzte Kapital zurückzuerhalten.
  - Dieses Verhalten ist auch immer wieder bei **Bankkunden** anzutreffen, die bereit sind risikobehaftete Geschäfte einzugehen, solange sie nur sicher sein können, ihr eingesetztes Kapital zurückzuerhalten. Die geplanten **Zinserträge** der risikobehafteten Anlagemöglichkeit stellen dort einen **Risikopuffer** dar.
  - Streng ökonomisch ist dieses Verhalten nicht klug, denn durch die **Inflation** erleidet der Anleger jährlich einen **Kaufkraftverlust**, selbst wenn sein Nominalkapital (= der Betrag der in Euro investiert wurde) gleichbleibt.

1 Einführung und statische Investitionsrechnungen

- Angesichts einer **risikolosen Verzinsung** die zu Beginn der 2020er Jahre für private Anleger **gegen Null** tendierte und für institutionelle Anleger (in Teilen) auch negativ war, gestalteten sich die Opportunitätskosten bei einem Verzicht auf die Verzinsung einer Sachinvestition überschaubar bzw. waren gar nicht vorhanden. Somit war (ist?) dieses Verhalten realistisch.
- Unabhängig davon, wie man dieses Vorgehen auch beurteilen mag, bildet die Variante eine weitere Modifikation, die in einigen Prüfungen verlangt und deshalb hier betrachtet wird.

Ökonomisch werden die Zinsen kalkuliert und entsprechend berücksichtigt. Da der Eigentümer sich selbst aber keine Zinsen zahlt, verbleibt der als Zinsen kalkulierte Betrag als Liquidität beim Unternehmer. Ist er zudem bereit, auf die Entnahme der Zinsen zu verzichten (s.o.), so erhöht sich der Betrag aus dem er die Investition zurückgewinnen kann. Die bereits bekannte Formel zur Bestimmung der Amortisationszeit ist entsprechend um die Zinsen zu erweitern:

$$Amortisationszeit_{Ziko} = \frac{AK\,(-RW)}{Gewinn + AfA + Ziko}$$

Die Entstehung des Cashflows und seine Erklärung zeigt die Abbildung 1.15 für den Diesel-Pkw.

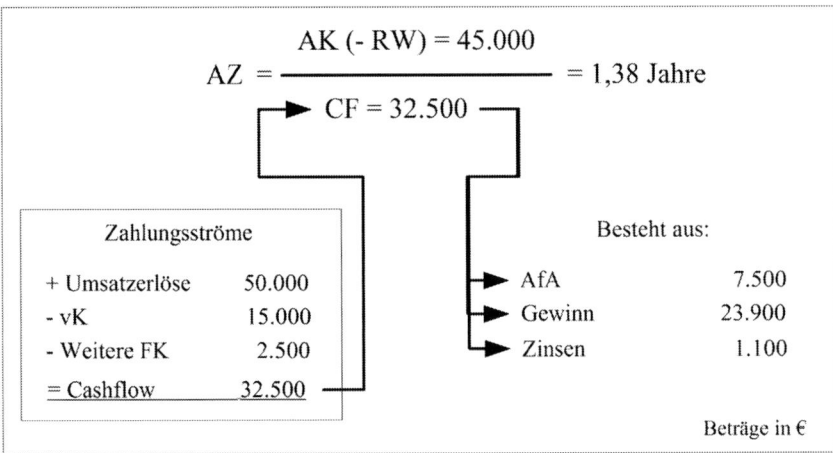

Abb. 1.15: Ermittlung und Verwendung der erweiterten Amortisationszeit-Ermittlung beim Diesel-Pkw

Die **Addition** der **Abschreibung** und der **Zinskosten** zum Gewinn ist auch hier der Methodik geschuldet, da die bisherigen Betrachtungen auf **Erfolgsgrößen** – unabhängig von ihrer **Zahlungswirksamkeit** – abgestellt haben. Die Ergänzung der

1.3 Erweiterungen der statischen Investitionsrechnungen

beiden Positionen bildet einen **Storno** der vorherigen Abzüge. Bei einer **direkten Ermittlung** der **Einzahlungsüberschüsse** lässt man die beiden unbaren Positionen unberücksichtigt, wie Abbildung 1.16 zeigt.

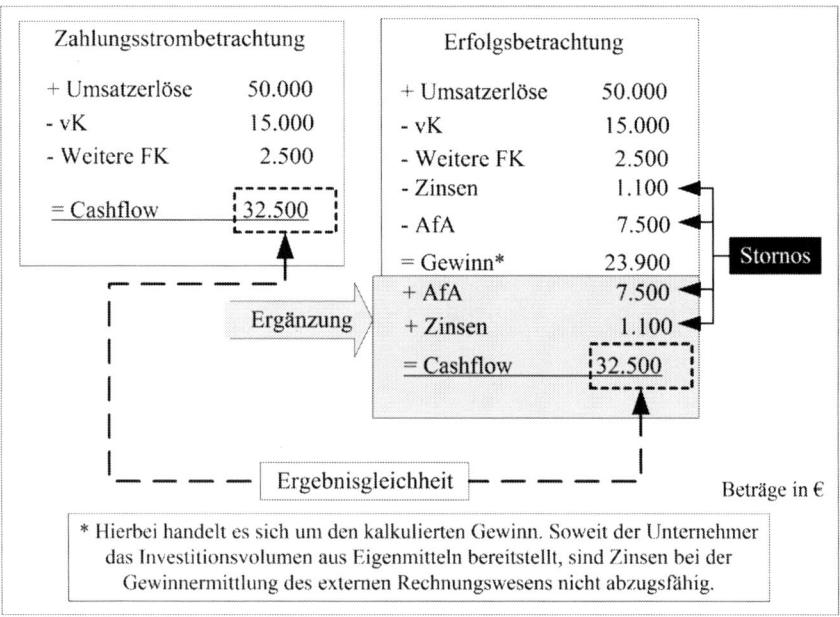

Abb. 1.16: Ermittlungsmöglichkeiten des (erweiterten) Cashflows für den Diesel-Pkw bei Zinseinbezug

Die abweichenden Amortisationszeiten in Abhängigkeit davon, ob der Zins eingebunden ist oder nicht, vermittelt die Tabelle 1.17. Angesichts des im Verhältnis geringen Zinsanspruchs unterscheiden sich die Fristen nur unwesentlich. Auch die Rangfolge der Alternativen bleibt unverändert.

Tab. 1.17: Vollständiger Vergleich der beiden ursprünglichen Pkw bei diskontinuierlicher Tilgung

Gesuchter Wert	Diesel-Pkw	Benzin-Pkw
AZ **mit** Zinsanspruch (Jahre)	1,44	1,99
(AK − RW) ÷ (Gew + AfA) (T€)	(50,0 − 5,0) ÷ (23,75 + 7,5)	(35,0 − 0,0) ÷ (10,56 + 7,0)
AZ **ohne** Zinsanspruch (Jahre)	1,38	1,90
(AK − RW) ÷ (Gew + AfA) (T€)	(50,0 − 5,0) ÷ (23,75 + 7,5 + 1,25)	(35,0 − 0,0) ÷ (10,56 + 7,0 + 0,84)

> **Bearbeitungs-Tipps für eine erfolgreiche Umsetzung und Interpretation:**
> - Gerade bei dem Aufgabentyp ist es wichtig richtig zu lesen und sich zu vergegenwärtigen, ob die Zinskosten zur Abdeckung der Investitionssumme herangezogen werden sollen. Diese Voraussetzung ist nur gegeben, wenn die Finanzierung **ohne Kreditaufnahme** erfolgt und der Investor auf seine **Verzinsung** (im schlimmsten Fall) **verzichtet**.
> - Sind die Zinskosten als Teil des **Cashflows** zu berücksichtigen, ist die kalkulierte Höhe in Abhängigkeit von der unterstellten Kapitalbindung (kontinuierliche ⇔ diskontinuierliche Tilgung!) einzubeziehen.

1.3.6.2 Amortisation bei schwankender Gewinnhöhe

Eine weitere Modifikation der Amortisationsrechnung arbeitet mit unterschiedlichen Gewinnhöhen, um die wahre Amortisationszeit korrekt zu erfassen. Hiermit sind Prämissen verbunden:

- Es wird keine **Vollauslastung** unterstellt. Damit ist verbunden, dass das Potenzial mit der erwarteten Auslastung zu multiplizieren ist, wodurch sich Umsatzerlöse und die variablen Kosten anpassen. Die **Fixkosten** dürfen nicht angepasst werden, da sie „eh da" sind.
- Statt dem bisher unterstellten Durchschnittsjahr, werden die einzelnen Jahre separat betrachtet, denn nur so können unterschiedliche Gewinnhöhen entstehen. Damit sind umfassende Berechnungen verbunden, die methodisch eher in die **dynamische Investitionsrechnung** gehören; somit kann diese Ausprägung der Amortisationsrechnung auch als **Übergang** der Verfahren interpretiert werden.

Auch hier können die Sinnhaftigkeit und die methodische Konsequenz in Frage gestellt werden. Soweit eine Prüfungssituation dieses Aufgabenprofil verlangt, sollte auch dieser Aufgabentyp im Repertoire vorhanden sein.

Für das ursprüngliche Pkw-Beispiel (Diesel ⇔ Benzin) wird nachfolgend unterstellt, dass beide Fahrzeuge eine durchschnittliche Auslastung von 80 % erreichen. Die Verteilung zeigt die nachfolgende Tabelle 1.18.

Tab. 1.18: Auslastung der untersuchten Pkw im Zeitvergleich

Auslastung	t_1	t_2	t_3	t_4	t_5	t_6
Diesel-Pkw	60	60	80	80	100	100
Benzin-Pkw	100	100	80	60	60	–

1.3 Erweiterungen der statischen Investitionsrechnungen

Die Umsetzung der verschiedenen Auslastungen ist in den Tabellen 1.19 und 1.20 gezeigt. Hierbei wurde auf den Ausweis der (inzwischen) bekannten Formeln verzichtet. Der **Cashflow** setzt sich aus dem ***Gewinn zuzüglich der Abschreibungen*** zusammen. Das Risiko stellt der Kaufpreis abzüglich des Restwertes dar. Diese Summe ist durch die Geschäftstätigkeit noch einzuspielen. Aus diesem Grund sind die noch offenen Beträge mit einem Minuszeichen versehen.

Tab. 1.19: Amortisationszeitermittlung für den Diesel-Pkw bei schwankender Auslastung

Diesel-Pkw	t_0	t_1	t_2	t_3	t_4	t_5	t_6
Auslastung (%)		60	60	80	80	100	100
Gesamte Fixkosten (T€)		11,1	11,1	11,1	11,1	11,1	11,1
Variable Kosten (T€)		9,0	9,0	12,0	12,0	15,0	15,0
Umsatz (T€)		30,0	30,0	40,0	40,0	50,0	50,0
Gewinn (T€)		9,9	9,9	16,9	16,9	23,9	23,9
Cashflow (T€)		17,4	17,4	24,4	24,4	31,4	31,4
Risiko (T€)	−45,0	−27,6	−10,2	14,2	38,6	70,0	101,4

Tab. 1.20: Amortisationszeitermittlung für den Benzin-Pkw bei schwankender Auslastung

Benzin	t_0	t_1	t_2	t_3	t_4	t_5
Auslastung (%)		100	100	80	60	60
Gesamte Fixkosten (T€)		9,3	9,3	9,3	9,3	9,3
Variable Kosten (T€)		16,0	16,0	12,8	9,6	9,6
Umsatz (T€)		36,0	36,0	28,8	21,6	21,6
Gewinn (T€)		10,7	10,7	6,7	2,7	2,7
Cashflow (T€)		17,7	17,7	13,7	9,7	9,7
Risiko (T€)	−35,0	−17,3	0,4	14,1	23,8	33,5

Inhaltlich wird deutlich, dass der Benzin-Pkw unter den spezifischen Annahmen schneller amortisiert ist, als der Diesel-Pkw. Da die Amortisation in unterschiedlichen Jahren stattfindet, ist die Vorteilhaftigkeit offensichtlich, wie auch Abbildung 1.16 verdeutlicht. Wenn beide Investitionsobjekte im ***gleichen Jahr*** das eingesetzte ***Kapital zurückgewonnen*** haben, kann der unterjährige Amortisationszeitpunkt ergänzt werden. Dieser ermittelt sich aus:

$$\textit{Unterjähriger Amortisationszeitpunkt} = \frac{\textit{Betrag lt. Jahr mit negativem Wert}}{\textit{Cashflow Folgejahr}}$$

In Anwendung bedeutet dies für den Diesel-Pkw eine Laufzeit von 2,42 Jahren [= 2 + (10,2 T€ ÷ 24,4 T€)] und für den Benzin-Pkw eine Laufzeit von 1,98 Jahren [= 1 + (17,3 T€ ÷ 17,7 T€)]. Diese Werte in Monate oder Tage umzuwandeln ist **mathematisch einfach, inhaltlich** jedoch <u>**nicht unproblematisch**</u>. Vergegenwärtigt man sich, dass die Eingangsparameter auf Schätzungen beruhen, können taggenaue Amortisationszeitpunkte leicht eine **Scheingenauigkeit** vermitteln, denn die Unkenntnis der Zukunft bleibt bestehen.

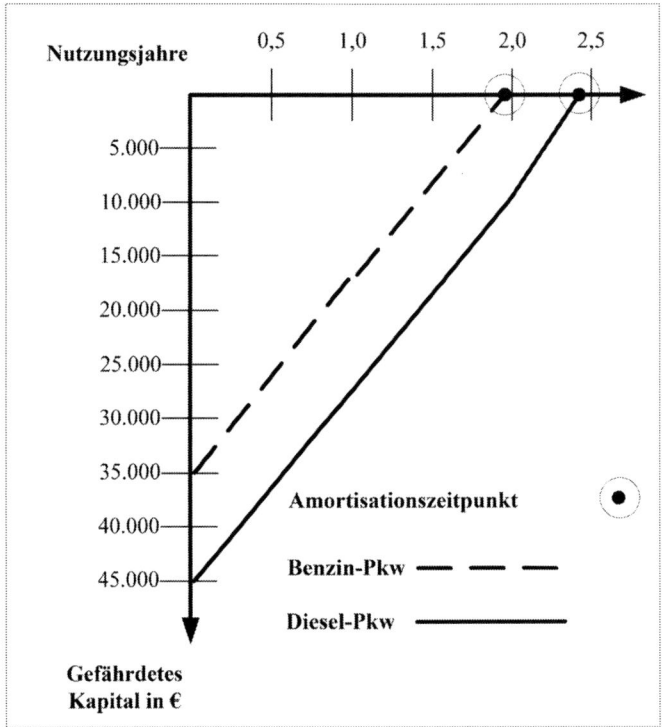

Abb. 1.17: Amortisationszeiten im Vergleich bei unterschiedlichen Gewinnen

Im Vergleich zu Abb. 1.10 wird in Abb. 1.17 deutlich, dass die Amortisationsverläufe bis zur Rückgewinnung des gefährdeten Kapitals keinen Schnittpunkt mehr aufweisen. Die Amortisationszeit für den Benzin-Pkw hat sich nicht merklich verändert, der Diesel-Pkw hingegen benötigt deutlich länger, um das gefährdete Kapital zurückzugewinnen. Zudem ist der lineare Verlauf bei dem Diesel-Pkw nicht mehr gegeben, da der Cashflow in der dritten Periode höher ist als in den Vorperioden.

1.3 Erweiterungen der statischen Investitionsrechnungen

Als weitere Variante lässt sich eine Kombination der beiden modifizierten Amortisationszeitrechnungen ableiten. Die Annahmen dieses Vorgehens wären, dass die Finanzierung aus Eigenmitteln dargestellt wird, der Eigentümer auf die Zinsen (im schlimmsten Fall) verzichtet und dass die Gewinne unterschiedlich anfallen. Strukturell entspricht der Verlauf des riskierten Kapitals der Entwicklung, wie sie in Abb. 1.17 gezeigt ist. Natürlich lassen sich sowohl die erweiterten Inhalte zur Amortisation als auch die Inhalte aus Kapitel 1.3.4 auf die Fragestellung der Ersatzentscheidung anwenden.

Bearbeitungs-Tipps für eine erfolgreiche Umsetzung und Interpretation:

- Schwankende Gewinnhöhen basieren auf *unterschiedlichen Auslastungen* im Zeitverlauf.
- Hierbei *reagieren* die *Umsatzerlöse* und die *variablen Kosten*, die Fixkosten bleiben – ihrer Natur entsprechend – konstant.
- Für die korrekte Ermittlung ist die *Abgrenzung* des *Cashflows* bedeutsam.
- *Unterjährige Rückflusszeitpunkte* sind mathematisch leicht ermittelbar; hinsichtlich ihrer exakten *Aussagekraft* aber *kritisch* zu hinterfragen.

Gratulation!!

Hiermit ist das Thema der *Statik* komplett *abgeschlossen*. Sie haben sich ein sehr *umfassendes Wissen* zu dieser Thematik angeeignet. Ihnen stehen zwei Wege offen:

- *Übung* der erarbeiteten Inhalte: Hierzu stehen offen gestellte Fragen, programmierte Aufgaben und Anwendungen im *Übungsbuch* bereit. Um auch bei den Fragestellungen aus dem Grundlagenteil performen zu können, empfiehlt es sich, mit den Übungen zu beginnen.
- Sie wechseln in den Bereich der *Dynamik* und erarbeiten sich dort die Grundlagen.

2 Dynamische Verfahren der Investitionsrechnung

Analog dem bisherigen Vorgehen erfolgt auch hier eine Unterteilung in Instrumente, welche dem Basiswissen zuzuordnen sind und Modifikationen, die das Basiswissen (deutlich) erweitern.

2.1 Grundlagen

2.1.1 Kapitalwert und Unterschiede zur Statik

2.1.1.1 Darstellung

Die statischen Investitionsrechnungen basieren auf einem Durchschnittsjahr, welches repräsentativ für die komplette Laufzeit der Investition unterstellt wird. Ausnahme bildet die Amortisationsrechnung, wenn diese unterschiedliche Gewinne berücksichtigt. So hat diese Ausprägung auch einen gewissen Übergangscharakter, da die Dynamik für die einzelnen Jahre individuelle Erfolge einbezieht. Erfolge meint im Rahmen der Dynamik aber keine Gewinne, sondern **Einzahlungsüberschüsse** (**EZÜ**). EZÜ errechnen sich aus den **Einzahlungen** abzüglich **Auszahlungen**, ohne Zinskosten, da diese konzeptionell anders einbezogen sind. Annahmegemäß fallen die EZÜ immer zum jeweiligen *Jahresende* an. Diese Annahme ist natürlich realitätsfremd, aber für die Verarbeitung in diesem Konzept erforderlich, wie im Anschluss gezeigt wird. Die EZÜ werden der Anschaffungsauszahlung, welche im Kalkulationszeitpunkt t_0 erfolgt, gegenübergestellt. Einen Überblick vermittelt Abbildung 2.1.

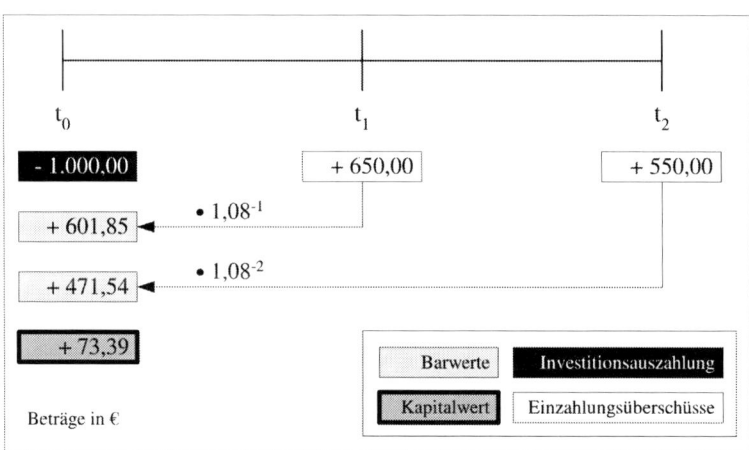

Abb. 2.1: Grundschema des Kapitalwertes

In dem Beispiel ist eine Anschaffungsauszahlung von 1.000 € gezeigt, welche in den beiden Folgejahren EZÜ in Höhe von 650 € nach einem Jahr und 550 € nach zwei Jahren erwirtschaftet.

Nun stehen der Auszahlung zwei Einzahlungen gegenüber, die zu verschiedenen Zeitpunkten anfallen. Eine **Gegenwartszahlung** ist wertvoller als eine **Zukunftszahlung**, denn selbst innerhalb von einem Jahr verringert die Inflation die Kaufkraft des Nominalbetrages. Die **Kaufkraft** meint den Einkaufswert des Betrages und dieser nimmt in der Realität im Zeitverlauf (meist)[5] ab. Um die unterschiedliche Wertigkeit der Zahlungen zum Ausdruck zu bringen, erfolgt eine Berichtigung der Zukunftszahlungen, um den voraussichtlichen (Inflations-)Schaden. Hierzu wird vom Nominalbetrag der Schaden abgezogen. Dies geschieht technisch indem der Nominalbetrag mit $(1+i)^{-n}$ multipliziert oder durch $(1+i)^n$ dividiert wird. Der Zinssatz (i) fließt hierbei dezimal in die Rechnung ein. Die Laufzeitjahre werden als t_n bezeichnet, wobei n für das jeweilige Laufzeitjahr steht, wie Abbildung 2.1 verdeutlicht. Die Umwandlung von EZÜ zu **Barwerten** nennt man auch **Diskontierung**. Sie stellt den Preis dar, den eine Bank verlangen würde, um einen Betrag, der beispielsweise in zwei Jahren anfällt, heute bar auszuzahlen. Durch die Rechensystematik sind implizit auch **Zinseszinsen** berücksichtigt. Um diese Methodik anwenden zu können, ist die Annahme erforderlich, dass die EZÜ zum **Ende** des **Betrachtungsjahres** anfallen. Es ist offensichtlich, dass bei der EZÜ-Ermittlung **keine Zinskosten** in der Erfolgsermittlung enthalten sein dürfen, da sonst eine doppelte Berücksichtigung der Zinsen – als laufende Kosten und als Differenz zwischen EZÜ und Barwert – erfolgen würde.

Die Summe der Barwerte wird mit der Investitionsauszahlung verrechnet und bildet den **Kapitalwert** (KW). Dieser stellt den verdichteten Erfolg einer Investition auf den Gegenwartszeitpunkt dar. Ein positiver Kapitalwert bedeutet folglich, dass

- die **Anschaffungsauszahlung verdient** wurde – diese wird durch die Barwerte kompensiert,
- die **Zinskosten eingespielt** sind – die EZÜ wurden diskontiert und sind als Barwerte einbezogen und
- ein **Erfolg generiert** wurde, da ein Rest verbleibt.

Gedanklich könnte der Unternehmer die Investition tätigen, seine EZÜ verkaufen und hätte am Investitionstag einen Überschuss in Höhe des Kapitalwertes. Gleichzeitig müsste er alle Überschüsse der Zukunft an den Banker abgegeben, sobald sie anfallen. Im Beispiel der Abbildung 2.1 beträgt die Summe der Barwerte 1.073,39 €,

---

[5] Steigt der Wert des Geldes im Zeitverlauf, so vergrößert sich der Einkaufswert. Dies nennt man **Deflation**. Längere Zeiten der Deflation waren (in Europa) bisher ohne praktische Relevanz.

2.1 Grundlagen

durch Verringerung um die Anschaffungsauszahlung errechnet sich der Kapitalwert in Höhe von 73,39 €.

Formal lässt sich die Arbeitsanweisung zur Bestimmung des Kapitalwertes wie folgt ausdrücken

$$Kapitalwert = \sum_{t=1}^{n} (EZ_t - AZ_t) \cdot (1 + i)^{-t} - I_0$$

Sie entspricht dem bisherigen Inhalt:

- **Verrechnung** der Einzahlungen mit den Auszahlungen der Periode t
- **Multiplikation** des Ergebnisses mit dem Ergebnis aus (1 und dem dezimalen Zinssatz) hoch minus Laufzeitjahr
- Diese Rechenschritte sind vom **ersten Jahr** (Zeitpunkt t_1) bis zum **Laufzeitende** (= t_n) anzuwenden
- Abschließend wird die Investitionsauszahlung **abgezogen**

Der Wert der EZÜ hängt von drei Faktoren ab:

- ihrer Höhe,
- ihrem Zahlungszeitpunkt und
- dem verwendeten Zinssatz.

Dass der Wert einer Zahlung von ihrer Höhe abhängt, ist aus den Erfahrungen des Alltags bekannt.

Die Wirkung von Zahlungszeitpunkt und Zinssatzausprägung verdeutlicht die nachfolgende Tabelle 2.1. Alle Werte basieren auf einem EZÜ in Höhe von 1.000 €.

Tab. 2.1: EZÜ-Wertigkeit in Abhängigkeit von Zinssatz und Zahlungszeitpunkt

Zinssatz	Wert bei Anfall in t_1	Wert bei Anfall in t_{10}	Wert bei Anfall in t_{20}
1 %	990,10	905,29	819,54
10 %	909,09	385,54	148,64
			Beträge in €

Es ist leicht erkennbar, dass ein früher Anfall vorteilhafter als ein später ist, und dass ein kleiner Zinssatz vorteilhafter als ein größerer ist. Die Kombination eines kleinen Zinssatzes mit einem frühen Anfall generiert hohe Barwerte.

2.1.1.2 Anwendung

Analog dem ersten Kapitel erfolgt auch hier die praktische Anwendung mit Hilfe der beiden (schon bekannten) Pkw. Die wesentlichen Informationen sind noch einmal in Tabelle 2.2 zusammengefasst.

Tab. 2.2: Ausgangswerte für die dynamische Kalkulation der Pkw

Informationen	Diesel-Pkw	Benzin-Pkw
Kaufpreis (€)	50.000,00	35.000,00
Restwert (€)	5.000,00	0,00
Jährliches Potenzial (km)	100.000	80.000
Erwartete Nutzungsdauer (Jahre)	6	5
Jährliche Fixkosten ohne Kapitalkosten (€)	2.500,00	1.600,00
Variable Kosten pro 100 km (€)	15,00	20,00
Umsatzerlöse pro 100 km (€)	50,00	45,00
Zinssatz (%)	4,00	4,00
Auslastung $t_1 + t_2$ (%)	30	80
Auslastung $t_3 + t_4$ (%)	50	80
Auslastung t_5 (+ t_6) (%)	80	80

Da der Benzin-Pkw nur eine Nutzungsdauer von fünf Jahren aufweist, ist das sechste Jahr in der Tabelle in Klammern gesetzt.

Im Vergleich zur Statik sind bei der **Dynamik Zahlungsströme** relevant, so ist deren Ermittlung der erste Schritt. Für den Diesel-Pkw bedeutet dies, dass ein jährliches Einnahmenpotenzial von 50.000 € (= 50 € ÷ 100 · 100.000), und ein **Potenzial** an variablen Kosten in Höhe von 15.000 € zu berücksichtigen ist. Die in der Tabelle angegebenen Fixkosten sind zudem einzubeziehen, da Abschreibungen nicht zahlungswirksam und Zinskosten bereits durch die Diskontierung berücksichtigt werden. Unter Verwendung der angenommenen **Auslastungen** zeigt Tabelle 2.3 einen Überblick der EZÜ-Ermittlung und der Barwerte bis hin zum Kapitalwert im Zeitverlauf.

Tab. 2.3: Kapitalwertermittlung für den Diesel-Pkw

Jahr	Einzahlungen UE	Auszahlungen vK	FK	EZÜ	Diskontierungs- faktor	BW
1	15.000,00	4.500,00	2.500,00	8.000,00	$1,04^{-1}$	7.692,31
2	15.000,00	4.500,00	2.500,00	8.000,00	$1,04^{-2}$	7.396,45
3	25.000,00	7.500,00	2.500,00	15.000,00	$1,04^{-3}$	13.334,95

2.1 Grundlagen

Jahr	Einzahlungen	Auszahlungen		EZÜ	Diskontierungs-	BW
	UE	vK	FK		faktor	
4	25.000,00	7.500,00	2.500,00	15.000,00	$1{,}04^{-4}$	12.822,06
5	40.000,00	12.000,00	2.500,00	25.500,00	$1{,}04^{-5}$	20.959,14
6	40.000,00	12.000,00	2.500,00	25.500,00	$1{,}04^{-6}$	20.153,02
6	Restwert			5.000,00	$1{,}04^{-6}$	3.951,57
				Summe		86.309,50
				– Investitionsauszahlung		50.000,00
				= Kapitalwert		
						Beträge in €

Umsatzerlöse und variable Kosten ließen sich auch als **Deckungsbeiträge** ausweisen, damit wäre aber die Einteilung in Ein- und Auszahlungen nicht mehr abbildbar. Das jeweilige Laufzeitjahr ist beim Diskontierungsfaktor als negativer **Exponent** berücksichtigt. Statt des Diskontierungsfaktors ließe sich auch der sogenannte Abzinsungsfaktor als Dezimalzahl ausweisen. Für das Jahr t_1 beträgt dieser 0,9615 und berechnet sich: $1{,}04^{-1}$. Alternativ ist mathematisch auch eine Division des EZÜ durch $(1+i)^{\text{Laufzeitjahr}}$ möglich.

Analog dem Diesel-Pkw sind auch beim Benzin-Pkw die EZÜ zu ermitteln, die hier jedoch über die Laufzeit gleich sind.

Tab. 2.4: Kapitalwertermittlung für den Benzin-Pkw

Jahr	Einzahlungen	Auszahlungen		EZÜ	Diskontierungs-	BW
	UE	vK	FK		faktor	
1	28.800,00	12.800,00	1.600,00	14.400,00	$1{,}04^{-1}$	13.846,15
2	28.800,00	12.800,00	1.600,00	14.400,00	$1{,}04^{-2}$	13.313,61
3	28.800,00	12.800,00	1.600,00	14.400,00	$1{,}04^{-3}$	12.801,55
4	28.800,00	12.800,00	1.600,00	14.400,00	$1{,}04^{-4}$	12.309,18
5	28.800,00	12.800,00	1.600,00	14.400,00	$1{,}04^{-5}$	11.835,75
				Summe		64.106,24
				– Investitionsauszahlung		35.000,00
				= Kapitalwert		
						Beträge in €

Das Ergebnis ist eindeutig: der absolute Kapitalwert des Diesel-Pkw ist höher und damit vorzuziehen. Ist diese Schlussfolgerung aber wirklich zweifelsfrei möglich?

Was bei dem Vergleich verloren geht, ist die unterschiedliche *Laufzeit*. Da die Zahlungsströme auf Annahmen beruhen, bedeutet eine längere Nutzungsdauer auch, dass die Parameter für eine größere Zeitspanne als zutreffend angenommen werden (müssen). Die Gefahr, dass Entwicklungen unzutreffend unterstellt sind, erhöht sich. Da die hier verwendeten Rechnungen *Funktionen höherer Ordnung* sind, ist eine Division des Benzin-Pkw-Kapitalwertes durch die eigene Laufzeit und die Multiplikation mit der längeren Laufzeit des Diesel-Pkw nicht sachgerecht. Eine Möglichkeit diese Fragestellung zu lösen, zeigt das Folgekapitel.

Bearbeitungs-Tipps für eine erfolgreiche Umsetzung und Interpretation:
- Handwerklich ist mit dem richtigen Zinssatz zu arbeiten: der Diskontierungsfaktor errechnet sich aus dem dezimalen Zinssatz + 1. Bei Zinssätzen kleiner 10 Prozent kommt es vor, dass bei dem Diskontierungsfaktor eine Null vergessen wird. So wird beispielsweise nicht 1,08, sondern 1,8 verwendet.
- Auch die Einbeziehung des Restwertes für das korrekte Jahr seines Anfalls und entsprechende Diskontierung, ist zwingende Voraussetzung, um das richtige Ergebnis zu ermitteln!
- Wird eine ursprünglich *statische* Analyse in eine *dynamische* Analyse *überführt*, sind zusätzliche Aspekte zu beachten:
  - Die *Zinskosten* sind zu *eliminieren*, da diese bereits durch die Diskontierung – inklusive Zinseszinsen – berücksichtigt sind.
  - Die *Abschreibungen* sind ebenfalls zu *entfernen*, da es sich hier um zahlungsUNwirksame Kosten handelt, die in der Dynamik ohne Ansatz bleiben.
  - Variable Kosten und Umsatzerlöse, die im Rahmen der statischen Betrachtung dieses Buchs unter der Annahme der Vollauslastung einbezogen sind, müssen gemäß der *vorgegebenen Auslastung* angepasst werden. Dies gilt selbstredend **NICHT** für die Fixkosten, da diese annahmegemäß auf Auslastungsschwankungen nicht reagieren.

2.1.2 Annuität

2.1.2.1 Darstellung

In Fortführung der Ausgangskonstellation aus Kapitel 2.1.1.1 zeigt die nachfolgende Abbildung 2.2 die Erweiterung um die *Annuität*.

2.1 Grundlagen

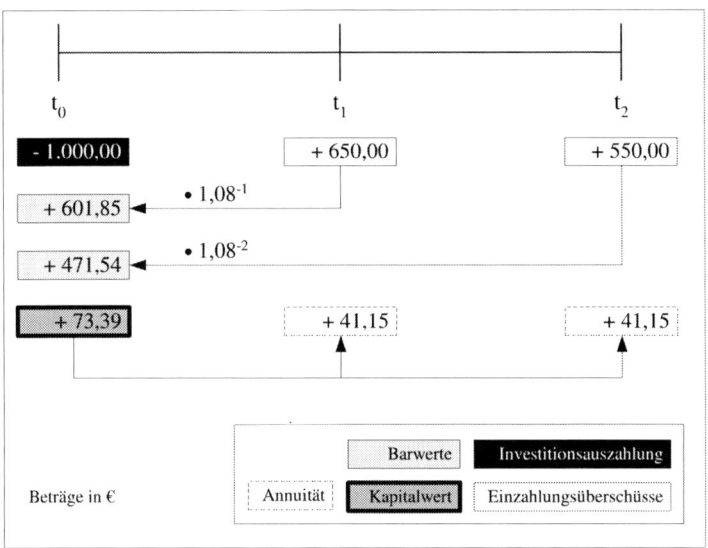

Abb. 2.2: Einbeziehung der Annuität in den Sachverhalt aus Abbildung 2.1

Der Kapitalwert in Höhe von 73,39 € wird auf die beiden Laufzeitjahre in eine **gleichbleibende Zahlung** für die (gesamte) hier zweijährige Laufzeit in Höhe von 41,15 € transferiert. Den Wirkungszusammenhang visualisiert Abbildung 2.3.

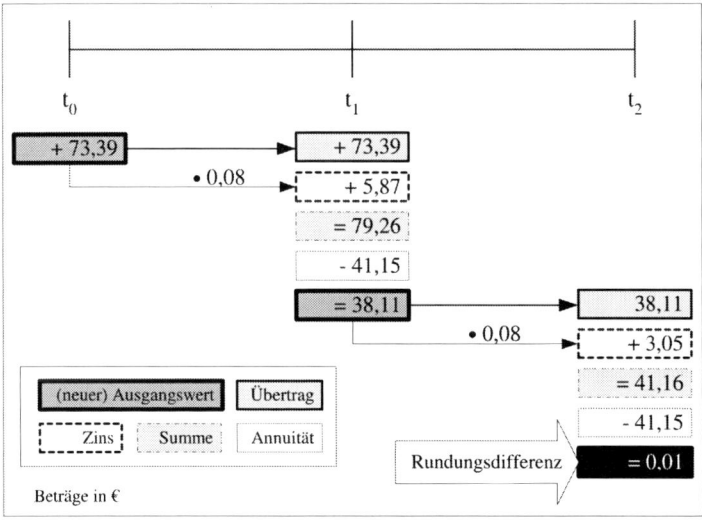

Abb. 2.3: Wirkungszusammenhang der Annuität

2 Dynamische Verfahren der Investitionsrechnung

Ausgangspunkt ist der **Kapitalwert**, der in den Abbildungen 2.2 und 2.3 identisch ist. Die Annuität unterstellt, dass dieser in t_0 **nicht entnommen**, sondern zum hier *geltenden Kalkulationszinssatz* von 8 % angelegt wird. Folglich steht zum Ende von t_1 der Ursprungsbetrag von 73,39 € und der Zinsertrag von 5,87 € (in Summe: 79,26 €) zur Verfügung. Diese Summe verringert sich durch die **Entnahme** der Annuität in Höhe von 41,15 €, sodass ein Restbetrag von 38,11 € verbleibt. Dieser wird bis zum Ende von t_2 angelegt. Neben dem verbleibenden Kapital aus t_1 stehen in t_2 folglich auch die **verdienten Zinsen** (3,05 €) zur Verfügung. Diese werden jetzt durch die Annuität komplett aufgebraucht. Die Rundungsdifferenz resultiert durch die auf zwei Nachkommastellen beschränkte Betrachtung und ist zu ignorieren. Zum Ende der Betrachtung hat der Investor folglich nicht über seinen Kapitalwert im Zeitpunkt der Investition verfügt, sondern hat diesen unter Nutzung des **Zinseszinseffektes** über die Laufzeit verteilt.

Für die Berechnung des **Annuitätenfaktors** ist folgende Formel zu verwenden

$$\textit{Annuitätenfaktor} = \frac{(1+i)^n \cdot i}{(1+i)^n - 1}$$

Für das bisherige Betrachtungsobjekt lautet die Berechnung folglich:

$$\text{Annuitätenfaktor} = \frac{(1+0{,}08)^2 \cdot 0{,}08}{(1+0{,}08)^2 - 1} = 0{,}5607$$

Der korrekte Annuitätenfaktor hat (wesentlich) mehr als vier Nachkommastellen. In Prüfungssituationen wird meist auf 4 Nachkommastellen – teilweise auch nur auf zwei Nachkommastellen – gerundet. In den nachfolgenden Rechnungen sind jeweils die gerundeten Werte verwendet. Soweit die Rechnungen mittels Taschenrechner oder Tabellenkalkulation geprüft werden, ist die Rundung zu berücksichtigen. Der Annuitätenfaktor ist eine **Konstante**, die immer gilt, wenn die Parameter gleich ausgeprägt sind. Durch die Erweiterung mit dem konkreten Kapitalwert ermittelt sich die fallspezifische **Annuität**. Konkret sind die 0,5607 mit den 73,39 € zu multiplizieren.

Bei der Annuität wird der Kapitalwert unter Einbeziehung der Zinseszinsen in eine **gleichbleibende Zahlung** über die Laufzeit transformiert.

2.1.2.2 Anwendung

In Fortführung des Pkw-Beispiels sind zwei Annuitätenfaktoren zu bilden, einer über fünf und einer über sechs Jahre. Bei einem Zinssatz von 4 % beträgt der Annuitätenfaktor für den

- Benzin-Pkw: $0{,}2246 = \dfrac{(1+0{,}04)^5 \cdot 0{,}04}{(1+0{,}04)^5 - 1}$

- Diesel-Pkw: $0{,}1908 = \dfrac{(1+0{,}04)^6 \cdot 0{,}04}{(1+0{,}04)^6 - 1}$

Durch die Multiplikation mit den bereits bekannten Kapitalwerten errechnen sich die konkreten Annuitäten im Beispiel:

- Benzin-Pkw: 6.537,26 € = 0,2246 · 29.106,24 €
- Diesel-Pkw: 6.927,85 € = 0,1908 · 36.309,50 €

Im Ergebnis bleibt festzuhalten, dass der Benzin-Pkw pro Laufzeitjahr erfolgreicher ist als der Diesel-Pkw, obwohl der Diesel-Pkw den höheren Kapitalwert erwirtschaftet. Dies ist der Erkenntnisgewinn der Annuitätsbetrachtung.

Bearbeitungs-Tipps für eine erfolgreiche Umsetzung und Interpretation:

- Handwerklich ist es wichtig, die Formel korrekt anzuwenden, um richtige Ergebnisse zu erzielen.
- Auch die Verwendung des vorgegebenen Zinssatzes und der richtigen Laufzeit sind bedeutsam.
- Wenn die Annuität interpretiert werden soll, ist es wichtig, sich das Konstrukt dahinter zu verdeutlichen. Die *EZÜ* der *Perioden* werden auf den Zeitpunkt t_0 *diskontiert* und mit der Investitionsauszahlung verrechnet. Der *Überschuss* (= Kapitalwert) wird mit Hilfe des *Annuitätenfaktors* auf die Laufzeit *verteilt*. Es handelt sich hierbei folglich um *keine Cashflows* aus dem Markt, sondern eine *Erfolgsverteilung* über die Laufzeit unter Berücksichtigung des Zinseszinseffektes.

2.1.3 Dynamische Amortisationszeit

2.1.3.1 Darstellung

Die Amortisation war bereits Thema in der statischen Betrachtung. Bei der dynamischen Sichtweise gilt es, die gleiche Fragestellung zu beantworten: Wie lange benötigt das Unternehmen, um die Investitionssumme wieder einzuspielen?

Bei der statischen Betrachtung ist der Gewinn um die Abschreibungen zu ergänzen. In der Dynamik ist der Gewinn als Erfolgsgröße unbekannt, stattdessen werden die EZÜ verwendet, die abgezinst jährlich von der Investitionssumme abzuziehen sind. Somit stellen die *EZÜ* die richtige *Flussgröße* dar. Ein weiterer Unterschied ist bei der Behandlung des *Restwertes* zu beachten. In der Statik wird der Restwert, soweit seine Rettung angenommen wird, mit dem *Nominalwert* von der Investitionssumme abgezogen. In der Dynamik wird der Anfall des Restwertes zum Ende der Laufzeit durch die *Diskontierung* für das betreffende Laufzeitjahr berücksichtigt.

Amortisieren sich zwei analysierte Investitionsobjekte im gleichen Jahr, so ist das Ergebnis für die Entscheidungsfindung nicht hinreichend, da die Vorteilhaftigkeit noch verborgen ist. In dieser Konstellation bietet sich eine *unterjährige Betrachtung* an. Hierzu ist das noch *offene Kapital* des letzten Jahres vor der Amortisation durch den *Barwert*, der im Amortisationsjahr generiert wird, zu teilen. Hiermit wird der *Prozentwert* des *Barwertes* ermittelt, der zur *finalen Rückführung* der Investitionssumme erforderlich ist. Dieser Prozentwert ist in einen Zeitpunkt überführbar. Bei beispielsweise 25 % wäre die Amortisation am 31.03. erreicht. Diese Überlegung ist zielführend, um für zwei Investitionen mit Amortisationszeitpunkten in der gleichen Zeitscheibe ein *Ranking* zu erzeugen. Gleichzeitig ist auch die Gefahr zu betonen, da ein solches Datum eine *Scheingenauigkeit* vermittelt, denn die EZÜ beruhen auf (groben) **Schätzungen** und die Dynamik kennt keine unterjährigen Zahlungen.

2.1.3.2 Anwendung

Auch hier dient das Pkw-Beispiel der Illustration des Vorgehens. Strukturell steigt mit jedem Laufzeitjahr die *Anzahl* der zu *berücksichtigenden EZÜ*. Gleichzeitig nimmt der *Barwert* des *Restwertes* durch die größere Distanz zum Investitionszeitpunkt permanent ab. Die Werte finden sich in der Tabelle 2.5.

Tab. 2.5: Dynamische Amortisationszeiten beider Pkw

Jahr	Diesel-Pkw			Benzin-Pkw	
	Barwert operativ	Barwert Restwert	Offener Betrag	Barwert operativ	Offener Betrag
0			–50.000,00		–35.000,00
1	7.692,31	4.807,69	–37.500,00	13.846,15	–21.153,85
2	7.396,45	4.622,78	–30.288,46	13.313,61	–7.840,24
3	13.334,95	4.444,98	–17.131,32	12.801,55	4.961,31
4	12.822,06	4.274,02	–4.480,21		
5	20.959,14	4.109,64	16.314,54		
					Beträge in €

2.1 Grundlagen

Materiell ist das Ergebnis eindeutig zu interpretieren. Der Benzin-Pkw ist vorteilhafter, hat er doch bereits nach drei Jahren seine **Investitionssumme eingespielt**. Um die Analyse vollständig durchzuführen, ist der *unterjährige Zeitpunkt* – trotz aller Vorbehalte – zu berechnen. Hierzu ist der offene Betrag des zweiten Jahres durch den Barwert des dritten Jahres zu teilen. Im Ergebnis werden **61 %** des **Barwertes** benötigt, sodass der **Amortisationszeitpunkt** (theoretisch) Mitte Juli des dritten Jahres erreicht ist.

Der Diesel-Pkw schneidet schlechter ab. Erst nach fünf Jahren ist die **Investitionssumme eingespielt**. Um den *unterjährigen Zeitpunkt* zu berechnen, ist das Vorgehen aufwendiger. Der offene Betrag des vierten Jahres enthält den diskontierten Restwert, wenn er im vierten Jahr anfällt. Diese 4.274,02 € reduzieren sich jedoch durch den späteren Anfall auf 4.109,64 €. Die Differenz (= 164,39 €) mindert die

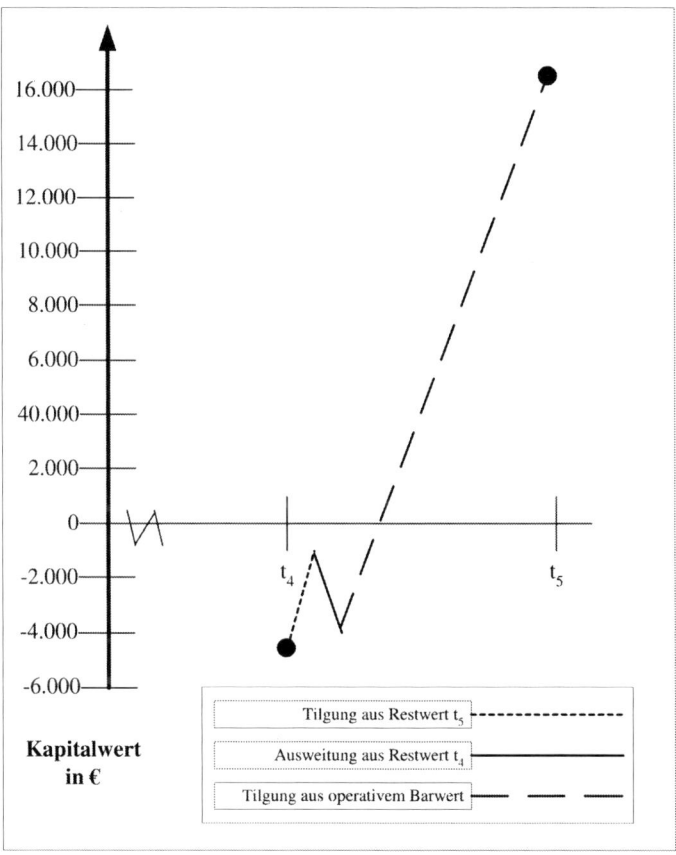

Abb. 2.4: Amortisationswirkung unter Berücksichtigung eines konstanten Restwertes

Tilgungskraft der operativen Zahlung auf 20.794,76 €. Einen schematischen Überblick vermittelt Abbildung 2.4. Die Rückführungswirkung entspricht der Differenz zwischen –4.480,21 € und 16.314,54 €. Teilt man die –4.480,21 € durch den zufließenden Barwert, ergibt sich ein Wert von 22 %. Der **Amortisationszeitpunkt** ist (theoretisch) Mitte März des fünften Jahres erreicht.

In der Realität ist es bei vielen Wirtschaftsgütern nicht plausibel, dass der **Restwert** im Zeitverlauf **gleich bleibt**. Basiert er auf Rohstoffen kann er im Zeitverlauf zu- oder abnehmen oder auch **schwanken**. Bei Gebrauchsgütern wie Pkw nimmt der Restwert im Zeitverlauf ab, da der Gebrauch **Nutzenbündel entnimmt**. Diese Fragestellung wird im nächsten Kapitel behandelt.

Bearbeitungs-Tipps für eine erfolgreiche Umsetzung und Interpretation:

- Soweit der Kapitalwert und die dynamische Amortisationszeit zu berechnen sind, kann es handwerklich hilfreich sein, beide Rechnungen **parallel durchzuführen**. Der einmal ermittelte Barwert kann von der Investitionssumme bzw. dem noch offenen Restrisiko abgezogen werden.
- Soweit ein **konstanter Restwert** zur Prüfung der Amortisationszeit in den einzelnen Jahren einzubeziehen ist, **verringert** sich dessen **Wert** mit jedem **Laufzeitjahr** und ist entsprechend verringert zu berücksichtigen (vgl. das Diesel-Pkw Beispiel).
- Bei der Verwendung **unterjähriger Investitionszeitpunkte** ist es wichtig, deren **praktische Grenzen** bewusst zu behalten.
  - Die EZÜ werden **kaum exakt** in der erwarteten Höhe generiert, wie verlässlich ist ein unterjährig ermittelter Zeitpunkt wirklich?
  - Die Dynamik kennt **keine unterjährigen Zahlungen**, somit ist der unterjährige Zeitpunkt streng genommen ein Regelverstoß.

2.1.4 Optimale Nutzungsdauer

2.1.4.1 Darstellung

Gebrauchsgüter sind während der Nutzung einer **Trade-off-Beziehung** unterworfen. Mit jedem Jahr der Nutzung generiert das Gut einen **weiteren EZÜ**, der ein Jahr später anfällt als sein Vorgänger und damit eine höhere Abzinsungslast zu tragen hat. Gleichzeitig **verringert** sich der zu erwartende **Restwert**. Es gehört zu den allgemeinen Lebenserfahrungen, dass der Autohändler den Jahreswagen zu einem höheren Kurs zurückkauft als das Fahrzeug, welches zwei Jahre im Gebrauch war. Den grundlegenden Zusammenhang verdeutlicht Abbildung 2.5. Hierbei sind gleichbleibende

2.1 Grundlagen

EZÜ im Zeitverlauf unterstellt, die natürlich auch in Abhängigkeit von der erwarteten Auslastung variieren können. Gleichzeitig muss dem Entscheider klar sein, dass mit der **Generierung** des **Restwertes** alle ***folgenden EZÜ entfallen*** wie die Abbildungen 2.6 bis 2.8 verdeutlichen. Natürlich ist für die unterschiedlichen Laufzeiten mit einem konstanten Zinssatz zu arbeiten, dieser beträgt hier 8 %. Plakativ wird der Sachverhalt an einem Beispiel der Landwirtschaft deutlich:
Geschlachtete Hühner legen keine Eier!

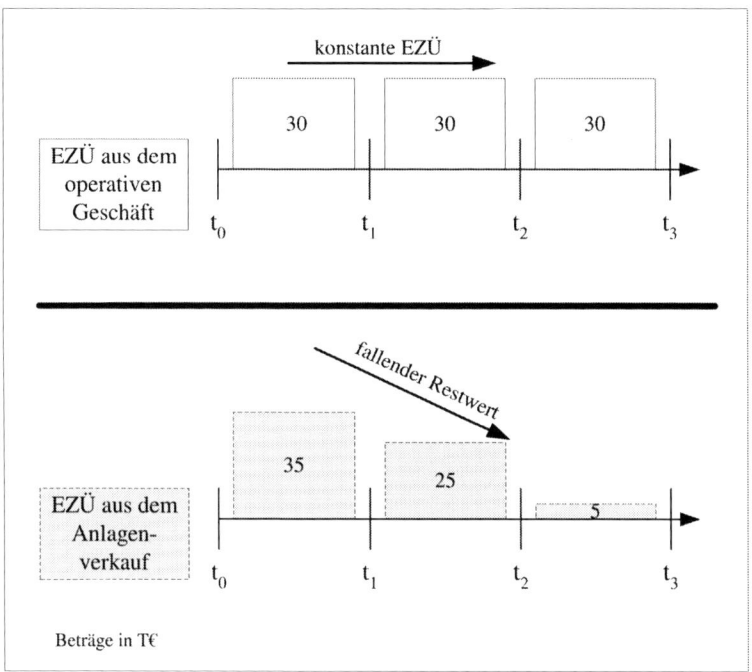

Abb. 2.5: Differenzierung zwischen operativen EZÜ und Restwert

Für das Unternehmen ist es am Ende des Tages egal aus welcher Quelle die EZÜ stammen, denn bei der Diskontierung erfolgt bekanntlich keine Differenzierung.

Dem Unternehmen fließt der **operative Überschuss** der Periode in Höhe von 30 T€ zu. Der **Restwert** beträgt 35 T€ – nach einem Jahr Entnahme der Nutzenbündel (wie Kilometer) – und ist noch vergleichsweise hoch. Beide Zahlungen zusammen ergeben den EZÜ von 65 T€, der für eine Periode abzuzinsen ist und beim gegebenen Kalkulationszinssatz einem Barwert von 60,19 T€ entspricht. Verrechnet mit der Investitionsauszahlung in t_0 von 50 T€ ergibt sich ein **Kapitalwert** von

2 Dynamische Verfahren der Investitionsrechnung

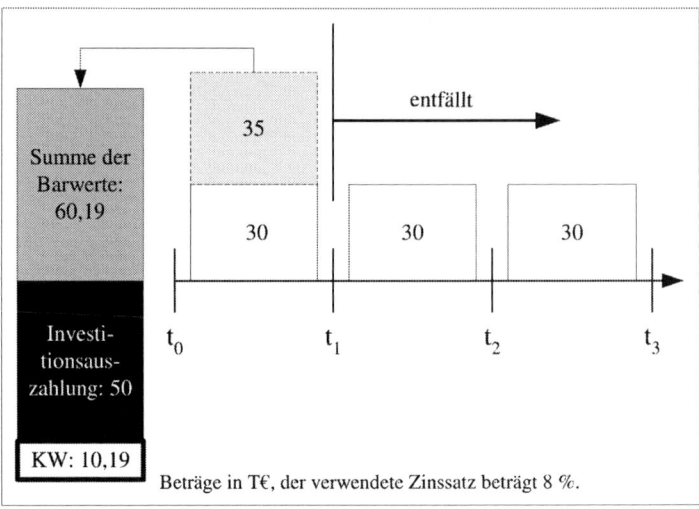

Abb. 2.6: Kapitalwertbestimmung bei einer Restwertliquidation im ersten Laufzeitjahr

10,19 T€. Mit der Generierung des Restwertes in t_1 hat das Unternehmen auf alle weiteren operativen Zuflüsse verzichtet.

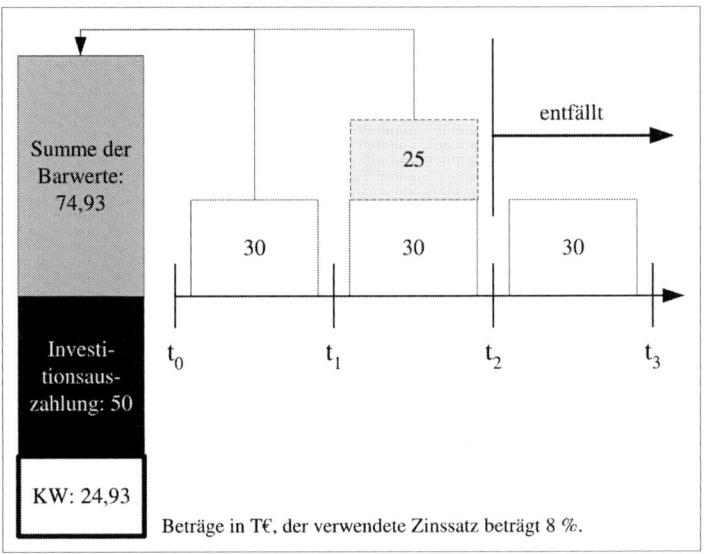

Abb. 2.7: Kapitalwertbestimmung bei einer Restwertliquidation im zweiten Laufzeitjahr

Bei einer zweijährigen Laufzeit, liegt auch ein Verzicht vor: auf den Restwert des ersten Jahres. Hiermit wird neben dem *laufenden Überschuss* aus t_1 auch der aus t_2

2.1 Grundlagen

ermöglicht. Der *Liquidationserlös* sinkt annahmegemäß auf 25 T€. Da die Zahlungen in unterschiedlichen Zeitscheiben anfallen, können die Nominalwerte nicht miteinander verrechnet werden. Vielmehr ist der EZÜ aus dem ersten Jahr (= 30 T€) für eine Periode und der EZÜ der zweiten Periode für zwei Jahre zu diskontieren. Der EZÜ der zweiten Periode beträgt 55 T€ und setzt sich aus dem operativen Überschuss des zweiten Jahres sowie dem Restwert zum Ende von t_2 zusammen. Die Summe der Barwerte beträgt 74,93 T€ und führt nach Abzug der Investitionsauszahlung zu einem *Kapitalwert* von 24,93 T€. Zahlungen der weiteren Zukunft bleiben unberücksichtigt, da mit dem Restwert das Ende des Investitionsprozesses erreicht ist.

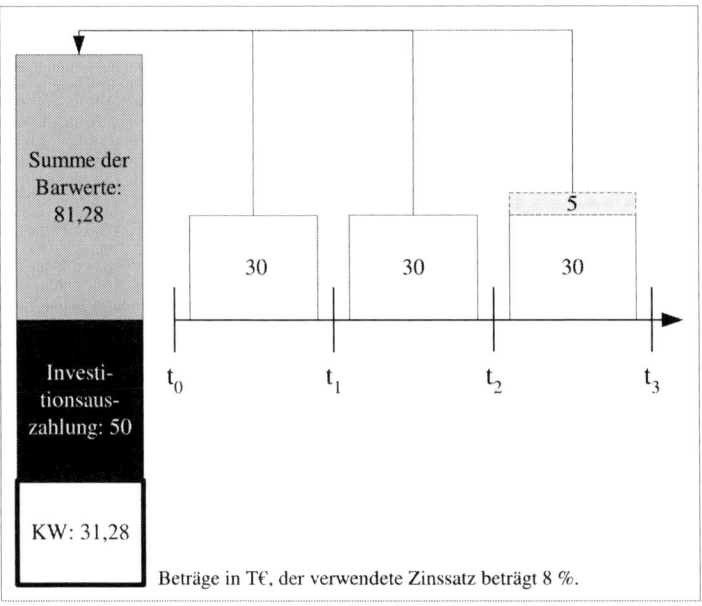

Abb. 2.8: Kapitalwertbestimmung bei einer Restwertliquidation im dritten Laufzeitjahr

In dieser Ausprägung generiert das Unternehmen in drei aufeinanderfolgenden Jahren jeweils den *operativen EZÜ* von 30 T€. Diese sind entsprechend ihrem Anfall mit dem jeweiligen Faktor zu diskontieren. Im dritten Jahr wird die operative Zahlung noch durch den *Liquidationserlös* von 5 T€ ergänzt, die natürlich auch für drei Jahre abzuzinsen ist. Auf alle weiteren (potentiellen) Zahlungen würde durch die Liquidation verzichtet. Die Summe der Barwerte erreicht einen Gesamtbetrag von 81,28 T€ und kann durch Abzug der Investitionsauszahlung in einen *Kapitalwert* von 31,28 T€ überführt werden.

So eingängig die Darstellung mit den Abbildungen auch ist, eignet sie sich doch nicht für Gremienvorlagen. Stattdessen bietet sich hierfür eine tabellarische Darstellung an, wie nachfolgend gezeigt.

Tab. 2.6: Laufzeitabhängige Kapitalwerte bei abnehmendem Restwert

Investitions-Laufzeit (Jahre)	Zahlungsströme der Zeitscheiben				Barwerte	Kapitalwerte
	t_0	t_1	t_2	t_3		
1	–50	65			60	10
2	–50	30	55		75	25
3	–50	30	30	35	81	31
						Beträge in T€

Bei *gleichbleibenden* EZÜ und einem linear abnehmenden Restwert ist die *maximale Laufzeit* auch die ökonomisch attraktivste Laufzeit. Das Ergebnis kann anders ausfallen, wenn die *EZÜ schwankend* sind, der *Restwert in Sprüngen* abnimmt, und / oder für das Investitionsgut nach einem gewissen Zeitraum *negative Restwerte* (= *Entsorgungskosten*) anfallen.

2.1.4.2 Anwendung

Um das hier behandelte Thema auf die beiden Pkw anzuwenden ist es erforderlich den Verlauf der Restwerte zu ergänzen. Die Informationen befinden sich in der Tabelle 2.7. Hiermit wird der Sachverhalt zu den bisherigen Fragestellungen modifiziert.

Tab. 2.7: Restwertverläufe der beiden Pkw

Laufzeitjahr	Restwert Diesel-Pkw	Restwert Benzin-Pkw
1	35.000	30.000
2	25.000	30.000
3	20.000	30.000
4	15.000	0
5	10.000	0
6	5.000	0
		Beträge in €

Der „eigenwillige" Verlauf des Restwertes hat keinen Realitätsanspruch, sondern dient der Veranschaulichung, dass die technisch *maximale Laufzeit* nicht immer die kaufmännisch sinnvollste ist. Der Ergebnisüberblick für den Benzin-Pkw findet sich in der Tabelle 2.8.

2.1 Grundlagen

Tab. 2.8: Ermittlung der optimalen Nutzungsdauer für den Benzin-Pkw

Investitions-Laufzeit (Jahre)	Zahlungsströme der Zeitscheiben						Barwerte	Kapitalwerte
	t_0	t_1	t_2	t_3	t_4	t_5		
1	–35.000	44.400					42.692,31	7.692,31
2	–35.000	14.400	44.400				54.896,45	19.896,45
3	–35.000	14.400	14.400	44.400			66.631,20	31.631,20
4	–35.000	14.400	14.400	14.400	14.400		52.270,49	17.270,49
5	–35.000	14.400	14.400	14.400	14.400	14.400	64.106,24	29.106,24
								Beträge in €

In dem letzten verarbeiteten Zufluss in den Jahren eins bis drei ist der Restwert von 30 T€ jeweils berücksichtigt und die Summe in der Tabelle grau hinterlegt. Die Berechnung erfolgt indem die Beträge zeilenweise diskontiert werden. Als Ausprägung für den negativen Exponenten ist jeweils das Laufzeitjahr aus der Kopfzeile zu verwenden. Für die dreijährige Laufzeit ermittelt sich der Gesamtbarwert wie folgt:

$$14.400 \text{ €} \cdot 1{,}04^{-1} + 14.400 \text{ €} \cdot 1{,}04^{-2} + 44.400 \text{ €} \cdot 1{,}04^{-3} = 66.631{,}20 \text{ €}$$

Wird von der Summe der Barwerte die Investitionsauszahlung abgezogen, ergibt sich der Kapitalwert der Tabelle.

In der praktischen Umsetzung – soweit keine Tabellenkalkulation genutzt werden darf – hat sich der Einsatz einer **Hilfsrechnung** bewährt. Diese kann unterstützen, wird aber selten von Prüfern verlangt. In Tabelle 2.9 finden sich die Zahlenwerte für das Beispiel. Es wird noch einmal deutlich, aus welcher Quelle die Liquidität fließt und wie hoch der Barwert des operativen EZÜ ist. Hiermit lässt sich bei geschicktem Agieren Rechenzeit minimieren. Der Barwert ab zwei Jahren Investitionslaufzeit basiert immer auf dem Barwert des operativen EZÜ des ersten Jahres. In Abhängigkeit von der Laufzeit sind die entsprechenden EZÜ der weiteren Jahre zu ergänzen.

Bei gleichbleibenden EZÜ, sowohl aus dem operativen Geschäft, als auch aus dem Liquidationserlös, ist der Erkenntniswert der Hilfstabelle überschaubar, zur Strukturnachvollziehung aber geeignet. Die Berechnung des operativen Barwertes macht für das fünfte Jahr natürlich keinen Sinn mehr, weil dieser nicht weiter verwendet wird. Zur Tabellenvervollständigung ist er jedoch enthalten.

Materiell ergibt sich durch die spezifische Ausprägung des Restwertverlaufes eine optimale Nutzungsdauer von 3 Jahren, die unter der maximal technisch möglichen Nutzungsdauer liegt. Mit dieser Laufzeit lässt sich der Kapitalwert maximieren.

Tab. 2.9: Rechenvereinfachungen für den Benzin-Pkw

EZÜ bestehend aus	t_1	t_2	t_3	t_4	t_5
Liquidationserlös	30.000	30.000	30.000		
operativem Ergebnis	14.400	14.400	14.400	14.400	14.400
Barwert aus operativem Ergebnis	13.846	13.314	12.802	12.309	11.836

Beträge in €

Die Ergebnisse für den Diesel-Pkw zeigt Tabelle 2.10. Strukturell sind die Tabellen identisch, jedoch ist sowohl der Verlauf des operativen EZÜ sowie des Restwertes variantenreicher. Zudem ist die Hilfstabelle mit in die Lösungstabelle integriert. Die Berechnung erfolgt schematisch analog dem Benzin-Pkw.

Tab. 2.10: Ermittlung der optimalen Nutzungsdauer für den Diesel-Pkw einschließlich Hilfswerte

Investitions-Laufzeit (Jahre)	t_0	t_1	t_2	t_3	t_4	t_5	t_6	Bar-werte	Kapital-werte
1	–50.000	43.000						41.346	–8.654
2	–50.000	8.000	33.000					38.203	–11.797
3	–50.000	8.000	8.000	35.000				46.204	–3.796
4	–50.000	8.000	8.000	15.000	30.000			54.068	4.068
5	–50.000	8.000	8.000	15.000	15.000	35.500		70.424	20.424
6	–50.000	8.000	8.000	15.000	15.000	25.500	30.500	86.309	36.309
EZÜ bestehend aus									
Liquidationserlös		35.000	25.000	20.000	15.000	10.000	5.000		
operativem Ergebnis		8.000	8.000	15.000	15.000	25.500	25.500		
Barwert operat. Erg.		7.692	7.396	13.335	12.822	20.959	20.153		

Beträge in €

Materiell ist zu erkennen, dass die zweijährige Nutzungsdauer den größten Schaden verursacht und das der Kapitalwert bei einer Laufzeit von sechs Jahren maximal ausgeprägt ist.

2.1 Grundlagen

> **Bearbeitungs-Tipps für eine erfolgreiche Umsetzung und Interpretation:**
> - Bei dieser Fragestellung ist es wichtig, die Zahlungen exakt den einzelnen *Zeitscheiben* zuzuordnen und zwischen operativem EZÜ und dem Restwert zu unterscheiden, um die Zahlungsreihen korrekt zu modellieren.
> - Auch bei der aufwendigen Ermittlung der Barwerte ist es erforderlich, die Investitionsauszahlung von der Summe der Barwerte abzuziehen, um den Kapitalwert zu ermitteln.

2.1.5 Interner Zinsfuß

2.1.5.1 Darstellung

Vergleicht man die Analysen in der Statik mit denen in der Dynamik, so entspricht der Gewinn dem Kapitalwert insofern, dass es sich um **absolute Erfolgsgrößen** handelt, auch wenn (hoffentlich) deutlich geworden ist, dass die beiden Werte *unterschiedlich* zu *ermitteln* sind und eine (komplett) *andere Aussage* beinhalten.

Mit der **Annuität** wird der **Kapitalwert** auf die **Laufzeit verteilt**, sodass Investitionen mit unterschiedlichen Nutzungsdauern vergleichbar sind. In der Statik kann dieser Effekt mit Hilfe einer **Differenzinvestition** erfolgen, die eine kürzere Laufzeit ausgleicht.

Die Amortisationsrechnungen haben die gleiche Intention – auch wenn sich die Berechnungen natürlich unterscheiden – und zielen darauf ab, die Dauer des Risikos bis zur vollständigen Rückführung der Investitionssumme zu messen.

Mit der **optimalen Nutzungsdauer** eines Investitionsobjektes erfolgt eine Modifikation, zu der es in der Statik keine Äquivalenz gibt: Es wird das Optimum in der **Trade-off-Beziehung** zwischen abnehmenden Restwert und operativem EZÜ ermittelt.

Mit dem **Internen Zinsfuß** erfolgt wieder der Brückenschlag zu einem Thema der Statik, der Rentabilität. So stellt der Interne Zinsfuß die **Rentabilität** der Investition in der Dynamik dar. Die grundlegende Fragestellung vermittelt die Abbildung 2.9. Ausgangspunkt ist die Investition, die bereits in Abbildung 2.1 Inhalt war und die bei einem Zinssatz von 8 % einen Kapitalwert von 73,39 € erwirtschaftet. Die Frage die sich hier ergibt, ist auch Inhalt der Abbildung und lautet: Wie hoch darf der **Diskontierungsfaktor** und damit der Zinssatz sein, um mit der Investition einen Kapitalwert von Null zu erwirtschaften?

2 Dynamische Verfahren der Investitionsrechnung

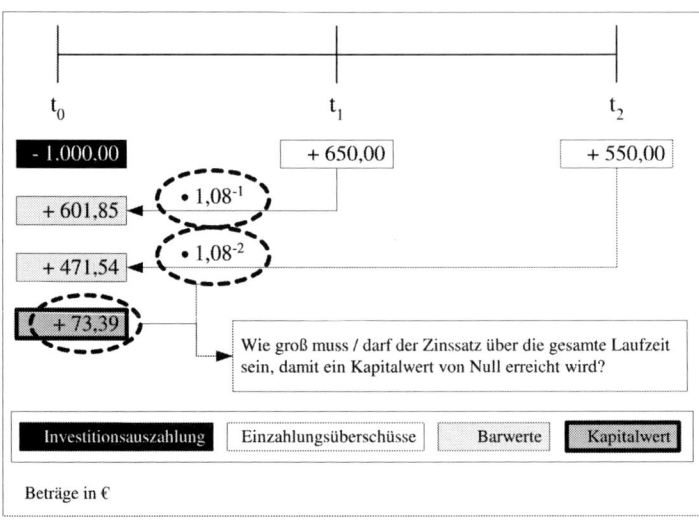

Abb. 2.9: Fragestellung des Internen Zinsfußes

Die Idee dahinter ist, dass ein Zinssatz der Bank in dieser Höhe den Kapitalwert auf Null reduziert und somit die **maximale Leistungsfähigkeit** der *Investition* darstellt. Abbildung 2.10 visualisiert die Aufteilung der EZÜ in Zins- und Tilgungsteile.

- In t_0 wird ein **Kredit** in Höhe von 1.000 € aufgenommen, der bis zu t_1 mit einem Zinssatz von 13,4707 %, einen **Aufwand** von 134,707 € verursacht.
- Der *Mittelzufluss* in t_1 dient zuerst zur Abdeckung des *Zinsanteils*, ist damit aber noch nicht komplett verbraucht. Die verbleibenden 515,293 € werden als *Tilgung* verarbeitet. Somit ergibt sich in t_1 eine verbleibende Schuld in Höhe von 484,707 €, welche bis zu t_2 einen Zinsaufwand von 65,293 € verursacht.
- Analog Periode 1 wird der EZÜ in t_2 (= 550 €) zuerst zur Abdeckung der *Zinslast* verwendet. Im zweiten Schritt erfolgt die *Tilgung* des noch offenen Betrages von 484,707 €, sodass der gesamte Kredit getilgt ist.

Mathematisch handelt es sich bei der Ermittlung des Internen Zinsfußes um keinen **linearen Funktionszusammenhang**, somit ist die Lösung nicht trivial. Eine Möglichkeit stellt die sogenannte **Näherungsformel** dar. Hierbei ist das Ziel, den echten Zinsfuß mittels zwei Versuchszinssätzen quasi „zu umzingeln". Im Ideal wählt man einen Zinssatz, der einen **positiven** Kapitalwert hervorbringt und einen Zinssatz, der einen **negativen Kapitalwert** generiert. Diese beiden Punkte werden mathematisch mit einer Geraden verbunden und man erhält den **näherungsweisen** Internen Zinsfuß. Für den ersten Versuchszinssatz von 8 % liegt der Kapitalwert mit 73,39 € bereits vor (vgl. Abb. 2.2). Für den zweiten Versuchszinssatz, der mit 15 % angenom-

2.1 Grundlagen

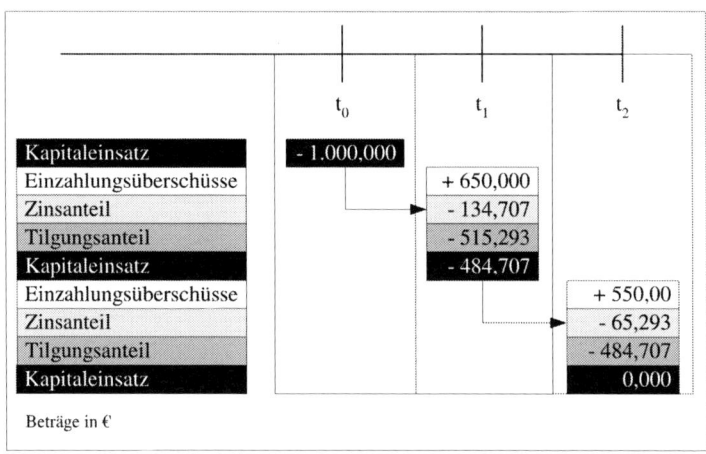

Abb. 2.10: Wirkung des Internen Zinsfußes

men wird, ist die bekannte Rechnung vorzunehmen: $-1.000\,€ + 650\,€ \cdot 1{,}15^{-1} + 550\,€ \cdot 1{,}15^{-2} = -18{,}90\,€$.

Dieser Sachverhalt ist in Abbildung 2.11 visualisiert.

Die Kapitalwertentwicklung in Abhängigkeit vom Zinssatz wird mit der durchgezogenen und gebogenen Linie schematisch dargestellt. Bei 13,47 % wird ein Kapitalwert von Null erreicht. Die gestrichelte Gerade verbindet (linear) die beiden Kapitalwerte der verwendeten Versuchszinssätze und schneidet die Nulllinie bei 13,57 %. Bei genauer Betrachtungsweise ist die (kleine) Differenz in der Abbildung erkennbar. Angesichts des Deltas der beiden Versuchszinssätze ist die Abweichung gering, was auch durch die kurze Laufzeit von zwei Jahren verursacht ist. Die **Schnittstelle der Geraden** und damit dem näherungsweisen Internen Zinsfuß kann man mit einer schematischen Näherungsformel errechnen, diese lautet:

$$\textit{Interner Zinsfuß} = \textit{Zinssatz 1. Versuch} - \frac{\textit{Kapitalwert 1. Versuch} \cdot (\textit{Zinssatz 2. Versuch} - \textit{Zinssatz 1. Versuch})}{\textit{Kapitalwert 2. Versuch} - \textit{Kapitalwert 1. Versuch}}$$

In der Anwendung der Beispiel-Investition ergibt sich:

$$\textit{Interner Zinsfuß} = 0{,}08 - \frac{73{,}39 \cdot (0{,}15 - 0{,}08)}{-18{,}90 - 73{,}39}$$

$$\textit{Interner Zinsfuß} = 0{,}08 - \frac{73{,}39 \cdot 0{,}07}{-92{,}29}$$

$$\text{Interner Zinsfuß} = 0{,}08 - \frac{5{,}137174}{-92{,}29}$$

$$\text{Interner Zinsfuß} = 0{,}08 - (-0{,}055662307)$$

$$\text{Interner Zinsfuß} = 0{,}135662307 \Leftrightarrow 13{,}57\,\%$$

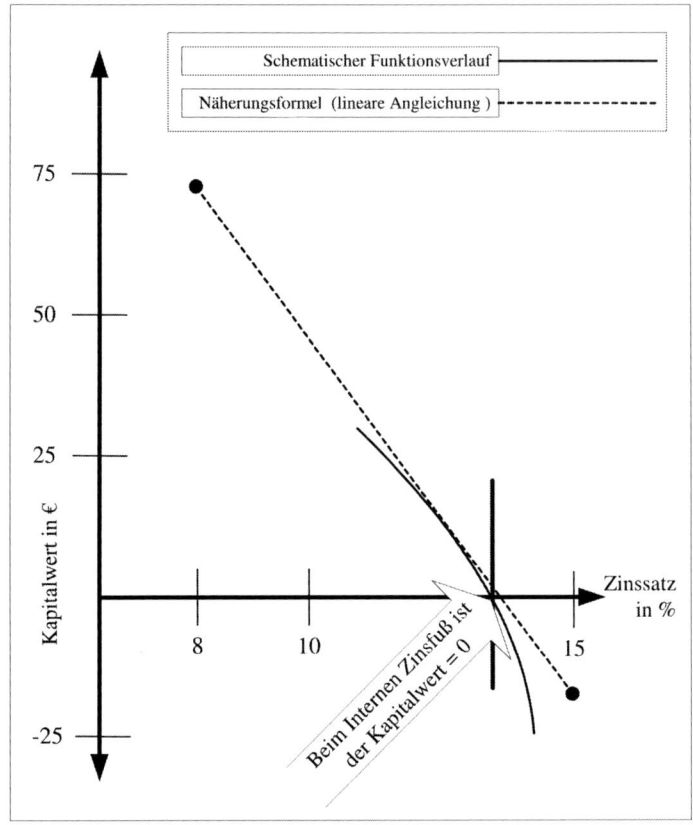

Abb. 2.11: Annäherung an den Internen Zinsfuß

Es ist auch unerheblich, welcher Zinssatz als erster Versuchszinssatz bezeichnet wird. Das materielle Ergebnis ist in beiden Fällen gleich, wie die Anwendung verdeutlicht.

$$\text{Interner Zinsfuß} = 0{,}15 - \frac{-18{,}90 \cdot (0{,}08 - 0{,}15)}{73{,}39 + 18{,}90}$$

$$\text{Interner Zinsfuß} = 0{,}15 - \frac{-18{,}90 \cdot (-0{,}07)}{92{,}29}$$

2.1 Grundlagen

$$\text{Interner Zinsfuß} = 0{,}15 - \frac{1{,}323251418}{92{,}29}$$

$$\text{Interner Zinsfuß} = 0{,}15 - (0{,}014337693)$$

$$\text{Interner Zinsfuß} = 0{,}135662307 \Leftrightarrow 13{,}57\,\%$$

2.1.5.2 Anwendung

Analog dem bisherigen Vorgehen wird auch der **Interne Zinsfuß** mit den beiden Pkw geübt. In Tabelle 2.11 finden sich die Werte für den Diesel-Pkw. Gemessen an der Tabelle 2.3 wurden Modifikationen vorgenommen. So erfolgt für das sechste Jahr der Ausweis des kompletten Mittelflusses aus dem operativen Geschäft und dem Restwert. Auch ist der jeweilige Multiplikator nicht mehr aufgenommen, da er bei einem gegebenen Zinssatz immer gleich ist und sich lediglich der Exponent in Abhängigkeit vom Laufzeitjahr verändert. Der Kapitalwert bei 4 % ist bereits aus Tabelle 2.3 bekannt. Der zweite Versuchszins beträgt 20 %. Grundsätzlich ist die **Spanne** eher als sehr groß zu kennzeichnen, für das Training der Methodik jedoch auf jeden Fall geeignet.

Tab. 2.11: Kapitalwertermittlung für den Diesel-Pkw mit zwei Versuchszinssätzen

Jahr	EZÜ[6]	BW bei 4 %	BW bei 20 %
1	8.000,00	7.692,31	6.666,67
2	8.000,00	7.396,45	5.555,56
3	15.000,00	13.334,95	8.680,56
4	15.000,00	12.822,06	7.233,80
5	25.500,00	20.959,14	10.247,88
6	30.500,00	24.104,59	10.214,39
Summe		86.309,50	48.598,84
Investitionsauszahlung		50.000,00	50.000,00
Kapitalwert		36.309,50	-1.401,16
			Beträge in €

Inhaltlich ist offensichtlich, dass der Zinsfuß relativ nahe bei 20 % liegt. Gleichzeitig liegen alle Werte vor, die zur Nutzung der Näherungsformel erforderlich sind. Eingesetzt ergibt sich:

---

[6] In Periode t_6 wird – hier und in den folgenden Tabellen – der operative EZÜ gemeinsam mit dem Liquidationserlös ausgewiesen, wenn der Fokus nicht auf der EZÜ-Entstehung liegt.

$$\text{Interner Zinsfuß} = 0{,}04 - \frac{36.309{,}5 \cdot (0{,}20 - 0{,}04)}{-1.401{,}16 - 36.309{,}5}$$

$$\text{Interner Zinsfuß} = 0{,}04 - \frac{36.309{,}5 \cdot 0{,}16}{-37.710{,}66}$$

$$\text{Interner Zinsfuß} = 0{,}04 - \frac{5.809{,}52}{-37.710{,}66}$$

$$\text{Interner Zinsfuß} = 0{,}04 - (-0{,}154055)$$

$$\text{Interner Zinsfuß} = 0{,}194055 \Leftrightarrow 19{,}41\,\%$$

Jetzt hängt es von der Aufgabenstellung ab: reicht ein *einmaliger Durchlauf* mit zwei Versuchszinssätzen? Materiell ist mit einer erheblichen Abweichung des hier ermittelten Ergebnisses und des wirklichen Zinsfußes zu rechnen. Eine geeignete Ausgangsbasis für eine zweite Rechnung ist der näherungsweise ermittelte Versuchszins. Bei der Diskontierung der bekannten EZÜ mit 19,41 % ergibt sich ein Kapitalwert von –477,58 €. Diskontiert man die EZÜ ein weiteres Mal mit 19 % und wendet die Näherungsformel an, so erzielt man einen Näherungszinssatz von 19,11 %, der dem echten Internen Zinssatz von 19,11117 % schon sehr nahe kommt.

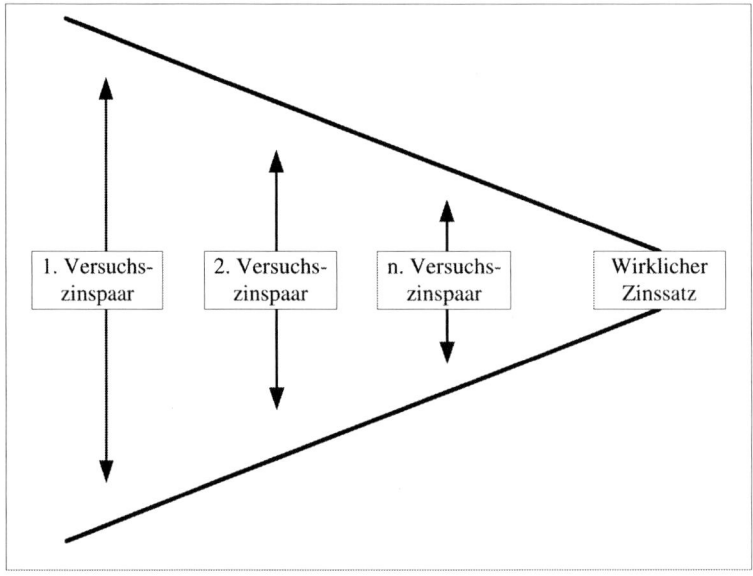

Abb. 2.12: Schrittweise Annäherung an den echten Internen Zinsfuß

2.1 Grundlagen

Das prozessuale Vorgehen visualisiert Abbildung 2.12. Es ist zu erkennen, dass man sich mittels der Näherungsformel schrittweise dem echten Internen Zinsfuß nähern kann, bis das geforderte Niveau erreicht ist.

Die Daten für den Benzin-Pkw finden sich in Tabelle 2.12. Auch hier sind der originäre Zinssatz für die Ermittlung des Kapitalwertes sowie 20 % als zweiter Versuchszinssatz zum Einsatz gekommen.

Tab. 2.12: Kapitalwertermittlung für den Benzin-Pkw mit zwei Versuchszinssätzen

Jahr	EZÜ	BW bei 4 %	BW bei 20 %
1	14.400,00	13.846,2	12.000,00
2	14.400,00	13.313,6	10.000,00
3	14.400,00	12.801,5	8.333,33
4	14.400,00	12.309,2	6.944,44
5	14.400,00	11.835,750	5.787,04
	Summe	64.106,24	43.064,81
Investitionsauszahlung		35.000,00	35.000,00
	Kapitalwert	29.106,24	8.064,81
			Beträge in €

Es ist offensichtlich, dass die Auswahl nicht ideal ist, da beide Versuchszinssätze einen positiven Kapitalwert generieren. Methodisch sind die Werte trotzdem verwendbar. Eingesetzt in die Näherungsformel ergibt sich:

$$\text{Interner Zinsfuß} = 0{,}04 - \frac{29.106{,}24 \cdot (0{,}20 - 0{,}04)}{8.064{,}81 - 29.106{,}24}$$

$$\text{Interner Zinsfuß} = 0{,}04 - \frac{29.106{,}24 \cdot 0{,}16}{-21.041{,}43}$$

$$\text{Interner Zinsfuß} = 0{,}04 - \frac{4.657{,}00}{-21.041{,}43}$$

$$\text{Interner Zinsfuß} = 0{,}04 - (-0{,}221325)$$

$$\text{Interner Zinsfuß} = 0{,}261325 \Leftrightarrow 26{,}13\,\%$$

Analog den Ausführungen beim Diesel-Pkw ist auch bei dem Benzin-Pkw aufgrund der großen **Spanne** zwischen den beiden Zinssätzen zu rechen. Hinzu kommt, dass beide Versuchszinssätze einen positiven Kapitalwert erzielen. Wenn man auch hier das Ergebnis verbessern möchte, bietet es sich an, 26 % als neuen ersten Versuchszinssatz zu nehmen und die EZÜ erneut zu diskontieren. Im Ergebnis ergibt sich ein positiver Kapitalwert von 2.945,02 €. Nun ist ein höherer Zinssatz zu wählen, um auch einen negativen Kapitalwert zu erzielen. Bei 33 % beträgt der Kapitalwert −1.849,17 €. Mit diesen Parametern kann die Formel erneut befüllt werden und es ergibt sich ein (näherungsweise) Interner Zinssatz von 30,3 %. Dieses Verfahren ist **beliebig oft wiederholbar** und führt im Ergebnis zu einem Zinssatz von 30,10765 %. Die Abweichung zu den 30,3 % erscheint vertretbar zu sein.

Bearbeitungs-Tipps für eine erfolgreiche Umsetzung und Interpretation:

- Bei dieser Fragestellung ist es wichtig, neben den operativen EZÜ den **Restwert** – natürlich nur soweit vorhanden – im letzten Jahr der Nutzung ebenfalls einzubeziehen.
- Die Anwendung der **Näherungsformel** ist nur erfolgreich, wenn die Definition, welcher Zinssatz als erster und welcher als zweiter Versuchszinssatz eingestuft ist, durchgehalten wird. Andernfalls entsteht ein Zahlenchaos.
- Die **Vorzeichenregel** gilt es auch bei der Näherungsformel korrekt anzuwenden.
- Sollte nur ein Versuchszins vorgegeben sein, so ist der zweite Versuchszinssatz immer **höher zu wählen**, wenn der erste einen **positiven Kapitalwert** hervorgebracht hat. So wird der Schrumpf der EZÜ vergrößert und der Kapitalwert sinkt im zweiten Durchlauf. Das Ausmaß der Zinssatzsteigerung hängt von der Investitionssumme der Laufzeit und der absoluten Ausprägung des Kapitalwertes ab. Liegt ein **negativer Kapitalwert** vor, ist die Argumentation zu drehen.
- Selbst wenn ein **positiver** und ein **negativer** Kapitalwert der Näherungsberechnung zugrunde liegen, das **Zins-Intervall** klein ist und nur EZÜ aus **wenigen Jahren** zu berücksichtigen sind, wird der exakte Interne Zinsfuß kaum mit einem **Durchlauf** ermittelbar sein. Hier ist die Berücksichtigung des gestellten Genauigkeitsanspruchs entscheidend.

2.1.6 Prämissen der Dynamik und kritische Würdigung

Die Prämissen der Dynamik sind im Rahmen der einzelnen Kapitel diskutiert worden. Diese sind:

2.1 Grundlagen

- Die **Investitionsauszahlung** findet im Zeitpunkt t_0 statt.
- Alle Ein- und Auszahlungen, die mit der Investition verbunden sind, fallen **zum Jahresende** des individuellen Laufzeitjahres an.
- Etwaige **Restwerte** fließen zum Jahresende der letzten Nutzungsperiode zu.
- Die **Zahlungsströme** werden als sicher angenommen.
- **Soll- und Habenzinssatz** sind gleich ausgeprägt.
- Die Investition wird ohne Berücksichtigung von **Erfolgssteuern** betrachtet.
- Die **Finanzierung** gilt als gesichert.

Glückwunsch!!!

Hiermit haben Sie sich auch die Grundlagen der Dynamik erarbeitet. Sie verfügen über ein **solides Verständnis** zu dieser Thematik. In Anhängigkeit vom Anspruch ihres geplanten Abschlusses, sind Sie in der Lage, Prüfungen zu diesem Thema **komplett** zu bearbeiten.

Geht der Anspruch Ihrer Ausbildung **über** den bisher diskutierten **Level** hinaus, so sind Sie zumindest in der Lage die Basics erfolgreich zu bearbeiten. In diesem Fall stehen Ihnen drei Wege offen:

- **Übung** der erarbeiteten Inhalte: Hierzu stehen offen gestellte Fragen, programmierte Aufgaben und Anwendungen im **Übungsbuch** bereit.
- Soweit Ihr Lehrplan **weitere Inhalte** zu dynamischen Verfahren vorsieht, können Sie diese Inhalte auch (selektiv) erarbeiten. Die Erweiterungsmöglichkeiten finden sich in Abbildung 2.13.
- Sie wechseln in den Bereich der **Unsicherheitsberücksichtigung** und erarbeiten sich dort die Grundlagen. In den Basics wird dort mit Annahmen gearbeitet und erneut Kapitalwerte berechnet, sodass sich dieses Kapitel auch noch einmal zur Übung und Vertiefung eignet.

Ein Modell hat niemals das Ziel, die Wirklichkeit korrekt abzubilden. Trotzdem werden einige Kritikpunkte aufgegriffen:

- So differenziert die **Endwertbetrachtung** unterschiedliche Zinssätze für die Geldaufnahme und -anlage (Kapitel 2.2.6).
- Die **Steuereinbeziehung** berücksichtigt die Erfolgssteuerpflicht des Investors (Kapitel 2.2.7).
- Die **Sicherheit** der **Zahlungsströme** ist in der Realität selten gegeben. Für den Umgang mit dieser Thematik existieren unterschiedliche Ansätze (Kapitel 3).

Neben der Behebung der Kritikpunkte gibt es noch weitere Möglichkeiten, die Grundlagen zu modifizieren. So werden die fünf inhaltlichen Themengebiete der Grundlagen in der Erweiterung fortgeführt.

2 Dynamische Verfahren der Investitionsrechnung

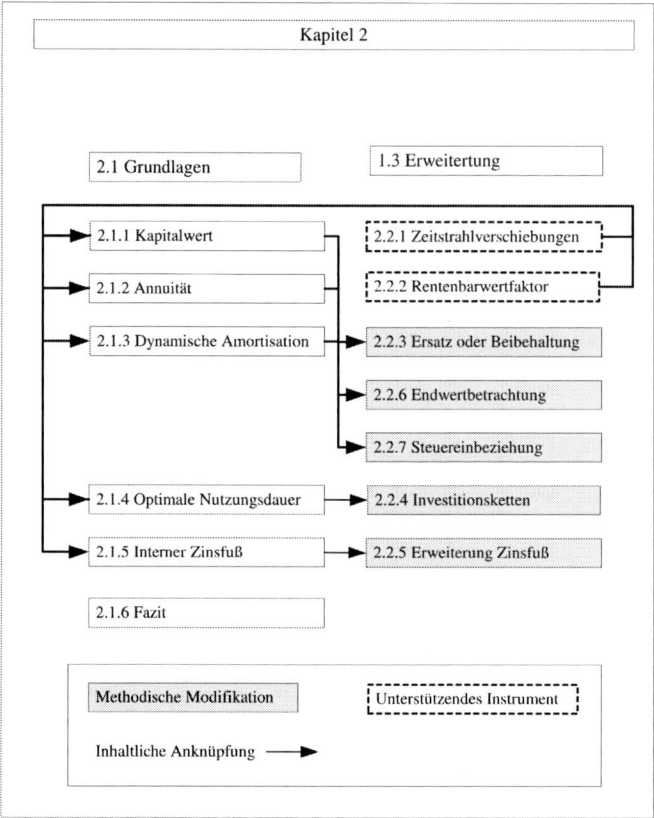

Abb. 2.13: Zusammenhang zwischen Grundlagen und Erweiterungen im Dynamik-Kapitel

- Alle Analysen können durch
  - *Zeitstrahlverschiebungen* und
  - den *Rentenbarwertfaktor* unterstützt werden.
- Zudem lassen sich Kapitalwert, Annuität und dynamische Amortisation mit den Fragestellungen
  - *Ersatz* oder *Beibehaltung*
  - *Endwertbetrachtung* und / oder der
  - *Steuereinbeziehung* kombinieren bzw. modifizieren.
- Das Thema der *optimalen Nutzungsdauer* erfährt seine Fortsetzung in der Erweiterung um *Investitionsketten*.
- Der *Interne Zinsfuß* kann methodisch anders ermittelt und inhaltlich modifiziert werden.

2.2 Erweiterung

2.2.1 Variationen am Zeitstrahl

2.2.1.1 Darstellung

Für den Kapitalwert ist t_0 der Bewertungsmaßstab, die Beträge sind auf diesen Zeitpunkt zu diskontieren. Im Rahmen der Dynamik gibt es jedoch weitergehende Fragestellungen, für die Zahlungen in anderen Zeitpunkten betrachtet und somit verschoben werden müssen.

Aufgrund der Prämisse, dass sowohl für die **Geldaufnahme** als auch für die **-anlage** ein **identischer Zinssatz** gilt, sind die Betrachtungszeitpunkte am Zeitstrahl – unter Berücksichtigung des **Zinseffektes** – beliebig verschiebbar, ohne dass sich das Ergebnis materiell verändert. So ist eine Erfolgsmessung nicht nur (wie üblich) zum Startzeitpunkt der Investition erfassbar, sondern an jedem beliebigen Zeitpunkt möglich. Für das Ausgangsbeispiel aus Abbildung 2.1 zeigt die Abbildung 2.14 den Erfolg im Zeitpunkt t_1.

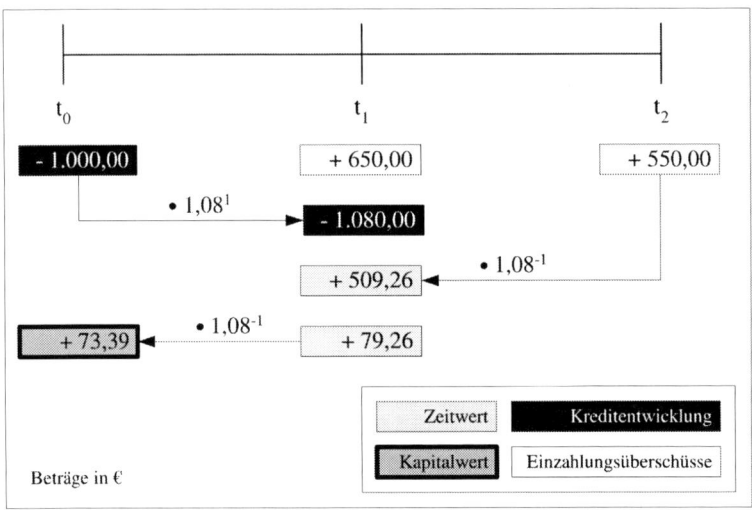

Abb. 2.14: Erfolg des Ausgangsbeispiels (Abb. 2.1) zum Zeitpunkt t_1

Im Zeitpunkt t_1 ist die **Kreditsumme** aus t_0 durch Aufzinsung auf 1.080 € angewachsen. Die 650 €, die in t_1 anfallen, können als **Nominalbetrag** verarbeitet werden, da t_1 der Betrachtungszeitpunkt ist. Die 550 € aus der zweiten **Zeitscheibe** sind für eine Periode zu diskontieren, da dies die zeitliche Differenz zwischen dem Anfallsjahr und dem **Betrachtungszeitpunkt** ist. Ihr Wert entspricht 509,26 €. Verrechnet man sämtliche Größen im Zeitpunkt t_1, so erhält man einen Überschuss in

Höhe von 79,26 €. Dieser lässt sich durch die **Diskontierung** für eine Periode in die 73,39 € – dem **Kapitalwert** aus dem Ursprungsbeispiel – überführen. Es ist somit offensichtlich, dass eine Verschiebung am Zeitstrahl das Ergebnis materiell nicht verändert.

Die Betrachtung des Erfolges einer Investition auf einen Zeitpunkt während der Laufzeit ist selten eine eigenständige Fragestellung, jedoch wird das Wissen über den Zusammenhang für andere Berechnungen, wie der **optimalen Nutzungsdauer** der **Ketteninvestition**, benötigt. Anders sieht es beim **Endwert** aus, dieser wird für verschiedene Fragestellungen wie

- den optimalen Laufzeiten bei Investitionsketten (Kapitel 2.2.4)
- dem **Internen Zinsfuß** nach **Baldwin** (Kapitel 2.2.5) und
- dem originären **Endwert** (Kapitel 2.2.6)

explizit benötigt. Einen Überblick über den Wirkungszusammenhang vermittelt die Abbildung 2.15.

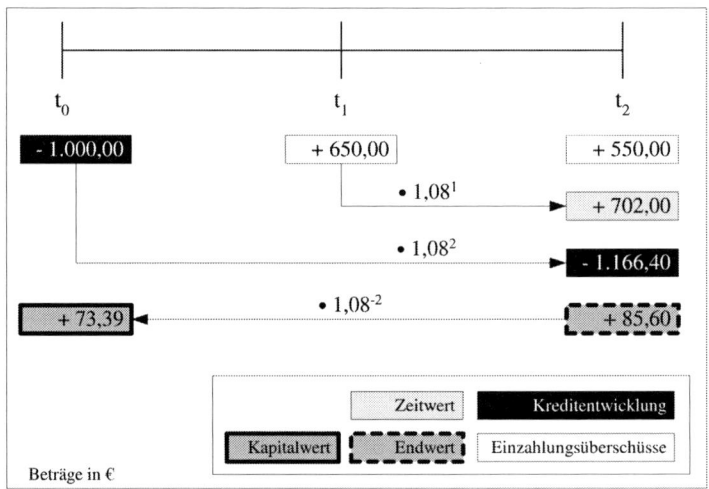

Abb. 2.15: Erfolg des Ausgangsbeispiels (Abb. 2.1) zum Ende der Investition (t_2)

Die Betrachtungsgrundlage ist die bekannte Investition mit zweijähriger Laufzeit. Bei der Endwertbetrachtung wird der **letzte Zahlungszeitpunkt** der Investition als **Maßstab** verwendet. Die Auszahlung in t_0 wird für zwei Jahre **aufgezinst**. Analog der Wirkung bei der Diskontierung ist auch hier ein **Zinseszinseffekt** wirksam. Aus dem Anfangsbetrag entsteht eine Verbindlichkeit gegenüber der Bank von –1.166,40 €. Dieser stehen die EZÜ aus t_1 gegenüber, die für eine Periode ebenfalls aufgezinst zu verarbeiten sind und sich auf 702,00 € beziffern. Die Zahlung aus

t_2 – dem Endzeitpunkt – ist **nominell** zu verarbeiten, da sie in der „richtigen" Zeitscheibe angefallen ist. Verrechnet man die drei Beträge, so erhält man einen **Endwert** von 85,60 € der den Erfolg der Investition zum Laufzeitende repräsentiert. Dieser lässt sich durch **Diskontierung** auf den Zeitpunkt t_0 in den bereits bekannten Kapitalwert von 73,39 € überführen. Auch hier wird deutlich, dass die Betrachtungen beliebig variierbar sind und dieses Vorgehen materiell zu keinem Unterschied führt.

2.2.1.2 Anwendung

Als Ausgangsbasis sind wieder die beiden Pkw-Varianten im Einsatz. Als beliebiger Zeitpunkt wird t_3 gewählt, das Endwertjahr ergibt sich selbstredend und unterscheidet sich, wie bekannt, bei den beiden Fahrzeugen. Einen Ergebnisüberblick vermittelt Tabelle 2.13.

Tab. 2.13: Diesel- und Benzin-Pkw bewertet in t_3 und zum jeweiligen Laufzeitende

Jahr	Diesel-Pkw Zahlungen	Benzin-Pkw Zahlungen	Diesel-Pkw Werte bei 4 % und Bezug auf t_3	Benzin-Pkw Werte bei 4 % und Bezug auf t_3	Diesel-Pkw Werte bei 4 % und Endbezug	Benzin-Pkw Werte bei 4 % und Endbezug
0	–50.000,00	–35.000,00	–56.243,20	–39.370,24	–63.265,95	–42.582,85
1	8.000,00	14.400,00	8.652,80	15.575,04	9.733,22	16.845,96
2	8.000,00	14.400,00	8.320,00	14.976,00	9.358,87	16.198,04
3	15.000,00	14.400,00	15.000,00	14.400,00	16.872,96	15.575,04
4	15.000,00	14.400,00	14.423,08	13.846,15	16.224,00	14.976,00
5	25.500,00	14.400,00	23.576,18	13.313,61	26.520,00	14.400,00
6	30.500,00		27.114,39		30.500,00	
		Summe	40.843,25	32.740,56	45.943,10	35.412,19
		Kapitalwert	36.309,50	29.106,24	36.309,50	29.106,24
						Beträge in €

In den mittleren beiden Spalten sind die auf- bzw. abgezinsten Werte mit Bezugspunkt t_3 abgebildet. In Summe ergibt sich für den Diesel-Pkw ein Wert von 40.843,25 € und für den Benzin-Pkw 32.740,56 €. Das Ranking hinsichtlich der absoluten Vorteilhaftigkeit ist unverändert geblieben. Diskontiert man die beiden Werte für drei Jahre, so ergeben sich die bereits bekannten Kapitalwerte. Diese kann man ebenfalls ermitteln, indem man die Summe der Endwerte – für den Diesel-Pkw 45.943,10 € und für den Benzin-Pkw 35.412,19 € – für sechs bzw. fünf Jahre diskontiert.

Die **Beliebigkeit** des **Betrachtungszeitpunktes** ist damit auch für die beiden Beispielinvestitionen dokumentiert.

> **Bearbeitungs-Tipps für eine erfolgreiche Umsetzung und Interpretation:**
> - Bei dieser Fragestellung ist es wichtig, sich zu vergegenwärtigen, dass auch hier die Prämisse gilt: *Gleichheit* von *Soll-* und *Habenzinssatz*. Diese kann bei anderen Modifikationen, die später thematisiert werden, abweichen.
> - Zudem beziehen sich weder ein Endwert noch ein zwischenzeitlicher Erfolgswert auf t_0 als Referenzzeitpunkt. Somit sind diese Ergebnisse mit Kapitalwerten erst durch eine weitere Diskontierung mit dem Kapitalwert vergleichbar.

2.2.2 Kapitalwertermittlung mit Hilfe des Rentenbarwertfaktors

2.2.2.1 Darstellung

In der Gegenwart lassen sich auch lange Zeiträume mittels gängiger Tabellenkalkulationsprogramme unproblematisch ermitteln. In der Vergangenheit standen weder diese Programme noch Taschenrechner zur Verfügung, sodass die Ermittlung sehr zeit- und fehleranfällig war. Solange die EZÜ eine **konstante Höhe** aufweisen und **in t_1 beginnen**, kann deren Wert unter Einbeziehung des *Rentenbarwertes* (= RBW) ermittelt werden. Einen Vergleich der beiden Vorgehensweisen vermittelt Abbildung 2.16.

Der obere Teil der Abbildung zeigt, die bislang praktizierte individuelle Diskontierung, bei der die einzelnen EZÜ mit dem Faktor $(1+i)^{-n}$ zu multiplizieren sind. Der untere Teil der Abbildung zeigt das Vorgehen mittels des *Rentenbarwertfaktors* (= RBF): alle Zahlungen werden pauschal mit diesem einen – vorher zu ermittelnden Faktor – multipliziert. In Abhängigkeit von der Länge der Zahlungsreihe kann die Rechenvereinfachung deutlich sein. Der RBF berechnet sich wie folgt:

$$Rentenbarwertfaktor = \frac{(1+i)^n - 1}{(1+i)^n \cdot i}$$

Hierbei ist **i** nach wie vor der (Kalkulations-)Zinssatz und **n** die Gesamtlaufzeit.

Zur Ermittlung des Kapitalwertes ist der gleichbleibende(!) EZÜ mit dem RBW zu multiplizieren und die Investitionssumme abzuziehen, wie die nachfolgende Formel zeigt:

$$Kapitalwert = EZÜ \cdot Rentenbarwert - I_0$$

Solange tatsächlich gleichbleibende EZÜ vorliegen, stellt die Verwendung des Rentenbarwertfaktors auch eine *mathematische Vereinfachung* dar. Aus einer *Funktion*

2.2 Erweiterung

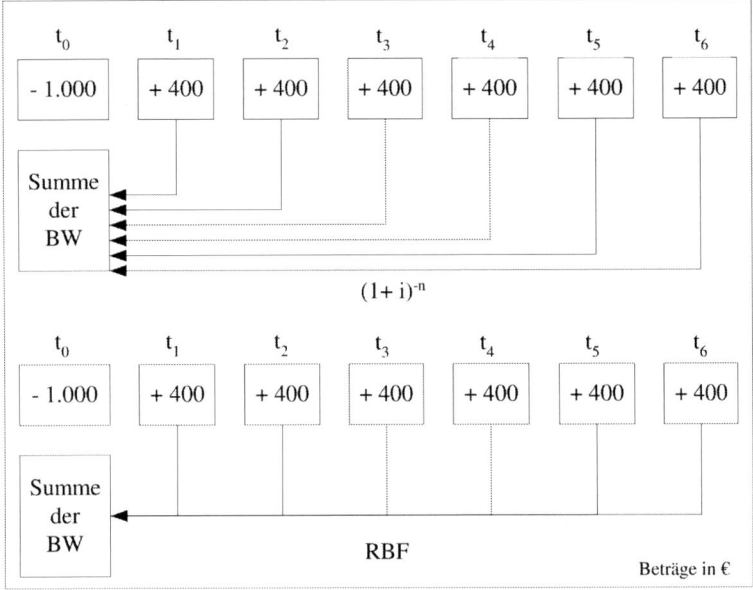

Abb. 2.16: Einzeldiskontierung und Diskontierung mit dem Rentenbarwertfaktor im systematischen Vergleich

höherer Ordnung wird eine **lineare Funktion**, da der Rentenbarwertfaktor bei gleicher Laufzeit und gleichem Zinssatz eine Konstante darstellt.

2.2.2.2 Anwendung

Der Benzin-Pkw ist für diese Rechenvereinfachung prädestiniert, da er einen gleichbleibenden EZÜ generiert. Setzt man die Parameter in die Rentenbarwertformel ein, so gilt:

$$\text{Rentenbarwert} = \frac{(1+0,04)^5 - 1}{(1+0,04)^5 \cdot 0,04} = 4,4518$$

Das Ergebnis ist auf vier Nachkommastellen gerundet. Diese Genauigkeit hat sich bewährt, um Rundungsdifferenzen zur individuellen Abzinsung der EZÜ zu vermeiden und wird auch teilweise in Aufgabenstellungen eingefordert.

Multipliziert man diesen Wert mit dem gleichbleibenden – bereits bekannten – EZÜ von 14.400 €, so erhält man die Summe der Barwerte von 64.105,92 €. Nach Abzug der Investitionsauszahlung von 35.000 € ergibt sich wieder der Kapitalwert von 29.105,92 €, der dem bereits ermittelten Wert entspricht.

2 Dynamische Verfahren der Investitionsrechnung

Die EZÜ für den Diesel-Pkw sind für die Anwendung des Rentenbarwertfaktors ungeeignet, sodass ihr Einsatz in einer Prüfungssituation nicht zielführend ist, sondern nur unnötig viel Zeit verwendet.

ABER um die Methodik zu verinnerlichen, wie man Zahlungsströme mittels RBW verarbeiten kann, ist das Beispiel hilfreich. Es können unterschiedliche Vorgehensweisen genutzt werden.

Weg 1

Man nimmt den EZÜ des ersten Jahres als konstant für die ganze Laufzeit an, somit ist für die Ermittlung des RBF die Zahl 6 in den Exponenten aufzunehmen und es ergibt sich folgendes Bild:

$$\text{Rentenbarwertfaktor} = \frac{(1+0{,}04)^6 - 1}{(1+0{,}04)^6 \cdot 0{,}04} = 5{,}2421$$

Multipliziert man diesen RBF mit den 8.000 €, so erhält man eine Summe der Barwerte von 41.936,80 €, nach Abzug der Investitionssumme ergibt sich ein (vorläufiger) ***Kapitalwert*** von –8.063,20 €. Damit ist eine deutliche Abweichung zum bisherigen Ergebnis feststellbar. Die Ursache ist in Tabelle 2.14 analysiert.

Tab. 2.14: Differenzanalyse Einzeldiskontierung zur Verwendung des RBF bei 8.000 € EZÜ

Jahr	Richtige EZÜ	Unterstellte EZÜ	Korrekturbedarf	Zusätzlicher Barwert
1	8.000,00	8.000,00	0	
2	8.000,00	8.000,00	0	
3	15.000,00	8.000,00	7.000,00	6.222,97
4	15.000,00	8.000,00	7.000,00	5.983,63
5	25.500,00	8.000,00	17.500,00	14.383,72
6	30.500,00	8.000,00	22.500,00	17.782,08
Summe	102.000,00	48.000,00	54.000,00	44.372,41
				Beträge in €

Die ersten beiden Jahre sind mit dem RBF korrekt abgegriffen, sodass hier keine Anpassung erforderlich ist. Ab dem Laufzeitjahr drei kommt es jedoch zu Abweichungen, die in der Spalte „Korrekturbedarf" aufgeführt sind. Die Spaltensumme „Unterstellte EZÜ" und „Korrekturbedarf" addieren sich zusammen auf die Spaltensumme „Richtige EZÜ".

Diese Differenz-EZÜ sind ebenfalls zu diskontieren. Das Ergebnis findet sich in der Spalte „Zusätzlicher Barwert", dessen Summe 44.372,41 € ist.

2.2 Erweiterung

Verrechnet man den vorläufigen Kapitalwert von –8.063,20 € mit den zusätzlich zu berücksichtigenden Barwerten, erzielt man den bereits ermittelten **Kapitalwert** von 36.309,21 €.

Dieses Vorgehen ist natürlich bei dem hier vorliegenden Beispiel zu umständlich, kann aber einen Berechnungsvorteil ergeben, wenn die Zahlungsreihe sehr lang ist und nur eine (bis sehr wenige) Zahlung(en) abweicht(en).

Weg 2

Unterstellt ebenfalls eine sechsjährige Laufzeit, verwendet aber die 15.000 € als konstante Zahlung, die natürlich auch falsch sind.

Multipliziert man den RBF von 5,2421 mit den 15.000 € so erhält man eine Summe der Barwerte von 78.631,50 €, nach Abzug der Investitionssumme ergibt sich ein (vorläufiger) **Kapitalwert** von 28.631,50 €. Die Abweichung zum bisherigen Ergebnis ist deutlich geringer, jedoch ist der Wert nach wie vor falsch. Die Ursache ist in Tabelle 2.15 analysiert.

Tab. 2.15: Differenzanalyse Einzeldiskontierung zur Verwendung des RBF bei 15.000 € EZÜ

Jahr	Richtige EZÜ	Unterstellte EZÜ	Korrekturbedarf	Zusätzlicher Barwert
1	8.000,00	15000	–7.000,00	–6.730,77
2	8.000,00	15000	–7.000,00	–6.471,89
3	15.000,00	15000	0	0
4	15.000,00	15000	0	0
5	25.500,00	15000	10.500,00	8.630,23
6	30.500,00	15000	15.500,00	12.249,88
Summe	102.000,00	90.000,00	12.000,00	7.677,45
				Beträge in €

Das Analyseergebnis ähnelt dem Weg 1. Die beiden mittleren Jahre sind mit dem RBF korrekt abgegriffen, sodass hier keine Korrektur erforderlich ist. Die Laufzeitjahre eins und zwei weisen negative und die Jahre fünf und sechs positive Korrekturbedarfe auf, die in der Spalte „Korrekturbedarf" zu finden sind. Die Spaltensumme „Unterstellte EZÜ" und „Korrekturbedarf" addieren sich zusammen auf die Spaltensumme „Richtige EZÜ".

Diese Differenz-EZÜ sind auch zu diskontieren und erringen sowohl die negativen als auch die positiven Abweichungen. Das Ergebnis findet sich in der Spalte „Zusätzlicher Barwert", dessen Summe 20.880,11 € beträgt.

Verrechnet man den vorläufigen Kapitalwert von 28.631,50 € mit den zusätzlich zu berücksichtigenden Barwerten, erzielt man den bereits ermittelten **Kapitalwert** von 36.309,21 €.

Auch dieser Weg ist natürlich bei dem hier vorliegenden Beispiel nicht wirklich hilfreich, kann aber einen Berechnungsvorteil ergeben, wenn die Zahlungsreihe sehr lang ist und nur die EZÜ in der Anfangsphase, beispielsweise bei einer Produkteinführung, abweichen. Methodisch könnte man diesen Weg auch für die Laufzeitjahre fünf und sechs anwenden, die den gleichen operativen EZÜ erwirtschaften. Jedoch weichen die Jahre durch den zum Ende der Laufzeit anfallenden Restwert voneinander ab, sodass hier fünf Korrekturen vorzunehmen sind.

Weg 3
Dieser ist methodisch der anspruchsvollste und bietet sich immer dann an, wenn eine Investition in den ersten Jahren weder EZÜ noch **Auszahlungsüberschüsse** (AZÜ) generiert. Diese Konstellation liegt hier offensichtlich nicht vor, soll aber auch noch einmal umgesetzt werden.

Ausgangspunkt sind die Zahlungen von t_3 bis t_6, die mit 15.000 € unterstellt sind. Der Zeitraum beträgt vier Jahre, somit ist der Exponent auf vier zu ändern. Die Formel ist entsprechend anzupassen:

$$\text{Rentenbarwertfaktor} = \frac{(1+0,04)^4 - 1}{(1+0,04)^4 \cdot 0,04} = 3,6299$$

Es ist offensichtlich, dass der Wert kleiner werden muss. Er beträgt 54.448,50 € und führt zu einem (vorläufigen) **Kapitalwert** von 4.448,50 €. Auch hier soll die Analyse mit den Werten der nachfolgenden Tabelle erfolgen.

Tab. 2.16: Differenzanalyse Einzeldiskontierung zur Verwendung des RBF bei 15.000 € EZÜ ab t_3

Jahr	Richtige EZÜ	Unterstellte EZÜ	Korrekturbedarf	Zusätzlicher Barwert
1	8.000,00	–	8.000,00	7.692,31
2	8.000,00	–	8.000,00	7.396,45
3	15.000,00	15.000,00	–	–
4	15.000,00	15.000,00	–	–
5	25.500,00	15.000,00	10.500,00	8.630,23
6	30.500,00	15.000,00	15.500,00	12.249,88
Summe	102.000,00	60.000,00	42.000,00	35.968,87
				Beträge in €

2.2 Erweiterung

Auch hier ist die Ähnlichkeit zur vorherigen Tabelle offensichtlich, da die Jahre eins und zwei nicht einbezogen sind, ergibt sich hier ein größerer Korrekturbedarf. In Summe sind 35.968,87 € an zusätzlichem Barwert in der Tabelle ausgewiesen. In Ergänzung zum (vorläufigen) Kapitalwert ergibt sich jedoch ein – zu den bisherigen Ergebnissen – abweichender **Kapitalwert** von 40,417,37 €.

Jetzt stellt sich die Frage: Wo ist der **Fehler**?

Der Fehler resultiert aus einer falschen Verwendung des RBF. Dieser unterstellt, dass die Zahlungen ab t_1 anfallen. Hier sind aber Zahlungen verarbeitet, die ab t_3 anfallen. Diese Differenz gilt es bei den ermittelten Barwerten zur korrigieren indem der Wert für die Differenz zu t_0 (hier 2 Perioden) abgezinst wird. Hiermit erfolgt die **Verschiebung** auf dem **Zeitstrahl** wie sie im Vorkapitel gezeigt wurde.

Die Investitionsauszahlung darf nicht abgezinst werden, da sie nach wie vor in t_0 anfällt. Setzt man dieses Vorgehen um, so sind die 54.448,50 € mit $1{,}04^{-2}$ zu multiplizieren und ergeben einen Barwert von 50.340,70 €. Ergänzt man jetzt den Summenwert aus der Spalte „Zusätzlicher Barwert" aus Tabelle 2.15 und zieht die Investitionsauszahlung ab, ergibt sich erneut der Kapitalwert von 36.309,57 €.

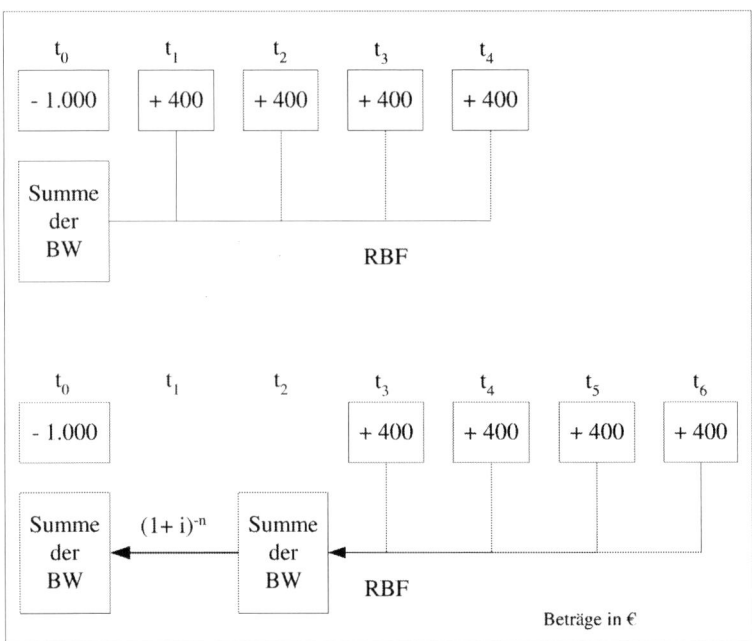

Abb. 2.17: Rentenbarwertfaktor im Einsatz bei unterschiedlichen Startzeitpunkten

In Abbildung 2.17 ist der systematische Unterschied mit den Zahlen aus Abbildung 2.16 noch einmal offengelegt. Der Rentenbarwert unterstellt eine Zahlungsreihe, die in t_0 beginnt. Ist der Start der Zahlungsreihe später, so ist diese Zeitdifferenz zwischen t_0 und dem berechneten **Barwertzeitpunkt** durch einen weiteren Diskontierungsschritt zu berücksichtigen. In der Abbildung beträgt diese Differenz ebenfalls, wie bei dem Diesel-Pkw, zwei Jahre.

> **Bearbeitungs-Tipps für eine erfolgreiche Umsetzung und Interpretation:**
> - Für die Formel des **Rentenbarwertfaktors** gilt genauso wie bei der Annuität, dass der richtige Zinssatz zu verwenden ist. Gerade Zinssätze < 10 % können zu handwerklichen Fehlern führen, wenn ein Zinssatz von 8 % (= 0,08) als Zinssatz von 80 % (0,80) verwendet wird, ist das falsche Ergebnis unvermeidbar.
> - Der richtige Einsatz des RBF – es handelt sich um den **Kehrwert** der **Annuitätenformel** – ist auch hier elementar. Bei Unsicherheit in Prüfungssituationen hilft es sich zu vergegenwärtigen: Mit dem RBF muss der Wert größer werden als der EZÜ-Wert. Bei der Annuität, geht es gedanklich um eine **Aufteilung**, folglich muss der Betrag kleiner werden.
> - Soweit der **RBF-Einsatz** zur Aufgabenstellung gehört, ist sein Einsatz gesetzt. Bei einer freien Verwendung ist er immer dann vorteilhaft, wenn Zahlungsreihen von mindestens drei (besser vier) Jahren, die in t_0 anfallen, zu verarbeiten sind.
> - Ob der Einsatz bei (sehr) langen **Zahlungsreihen**, die unterbrochen sind, lohnt, ist situativ zu entscheiden. Welche Schritte ggf. erforderlich sind, um unterbrochene Zahlungsreihen mittels des RBF zu verarbeiten, wurde hier gezeigt.

2.2.3 Ersatz oder Beibehaltung als Fragestellung der Dynamik

2.2.3.1 Darstellung

Die Fragestellung entspricht der Thematik, die bereits in Kapitel 1.3.2 Gegenstand war. Der Unterschied besteht natürlich darin, dass es sich in diesem Kapitel um eine Fragestellung der Dynamik handelt, bei der keine **GuV-Größen** betrachtet werden, sondern **Zahlungsströme**. Die grundlegende Problemstellung ist in Abbildung 2.18 mit einem freien Beispiel aufbereitet.

Im oberen Teil der Abbildung erkennt man die ursprünglich sechsjährige Laufzeit. Pro Jahr werden annahmegemäß konstante EZÜ von 400 € erwartet, die der

2.2 Erweiterung

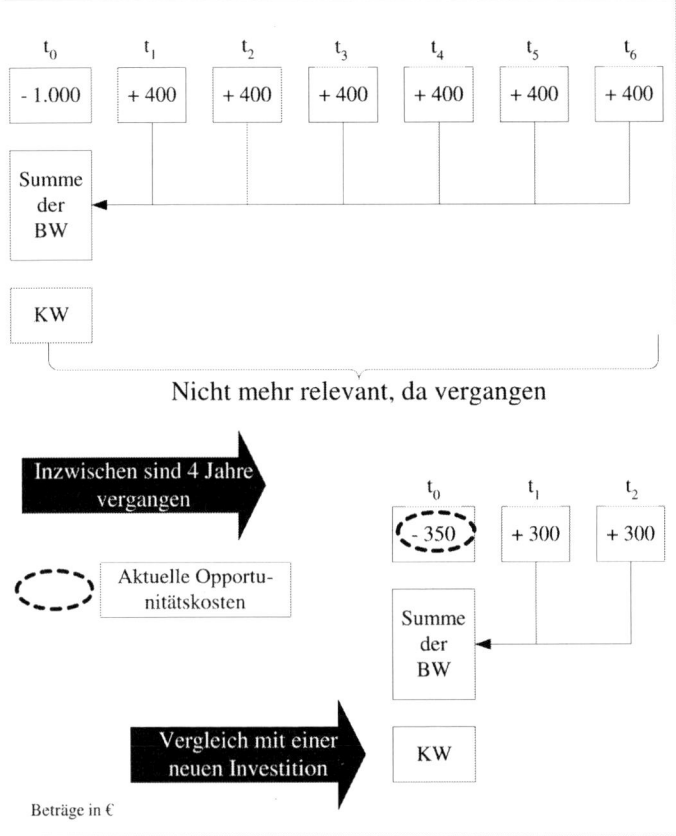

Abb. 2.18: Veränderte Parameter einer Investition im Zeitverlauf

Investitionsauszahlung gegenüberstehen. Durch die Diskontierung der EZÜ und deren Verrechnung mit der Auszahlung in t_0 ergibt sich der **Kapitalwert**, dessen Höhe für die Systematik irrelevant ist, da auch der Kalkulationszins nicht definiert ist. Der untere Teil der Abbildung zeigt die neue Situation. Die verbleibende **Laufzeit** beträgt nur noch zwei Jahre, da bereits vier Jahre vergangen sind. Die Welt hat sich in diesem Zeitraum weiter gedreht und die erwarteten EZÜ haben sich auf 300 € in den beiden Folgejahren reduziert. Wenn das Unternehmen diese Investition weiterführt, riskiert es den aktuellen Liquidationserlös von 350 €. Diese bilden die **Opportunitätskosten**, wie auch in der Abbildung 2.18 gezeigt. Auf Basis der neuen Zahlen kann jetzt ein neuer Kapitalwert berechnet werden. Dieser ist mit einer, neu zu erwerbenden, Alternative zu vergleichen, da die ehemaligen Daten nicht mehr relevant sind. Die Reduzierung der EZÜ und die Entwicklung des Restwertes sind Themen der

Vergangenheit, die für die neue Entscheidungssituation nicht sinnvoll nutzbar sind. Die Methodik der Kapitalwertermittlung ist vom gewählten Zeitpunkt unabhängig, sodass hier keine neuen Herausforderungen entstehen.

2.2.3.2 Anwendung

Analog dem Vorgehen in der Statik erfolgt auch hier eine Betrachtung des Diesel-Pkw zum Ende von t_4 aus der ursprünglichen Betrachtungsweise. Annahmegemäß beträgt der aktuelle **Marktwert** noch 6.000 €. Die EZÜ werden mit 17.000 € jährlich erwartet. Ein **Restwert** zum Ende der Nutzungsdauer ist nicht mehr anzunehmen. Der Elektro-Pkw als **Alternativinvestition** hat eine erwartete Laufzeit von vier Jahren, erwirtschaftet jährlich 39.000 € an EZÜ und kann nach heutiger Einschätzung am Ende der Laufzeit kostenfrei entsorgt werden. Zudem ist ein Kalkulationszinssatz von 6 % im Zeitpunkt t_4 zu berücksichtigen. Die Zahlungen und Kapitalwerte sind in der Tabelle 2.17 zusammengeführt. Die ausgewiesene Auszahlung für den Diesel-Pkw stellt keine wirkliche Cash-Wirkung für das Unternehmen dar, sondern repräsentiert die **Opportunitätskosten**, die mit dem Nicht-Verkauf des Diesel-Pkw entstehen.

Tab. 2.17: Gebrauchter Diesel-Pkw im dynamischen Vergleich zum Elektro-Pkw

Urspr. Jahre	Urspr. EZÜ Diesel-Pkw	Neue Zeitrechnung	Diesel-Pkw Neue Zahlungen	Barwerte	Elektro-Pkw Zahlungen	Barwerte
0	–50.000,00					
1	8.000,00					
2	8.000,00					
3	15.000,00					
4	15.000,00	0	–6.000,00	–6.000,00	–70.000,00	–70.000,00
5	25.500,00	1	17.000,00	16.037,74	39.000,00	36.792,45
6	30.500,00	2	17.000,00	15.129,94	39.000,00	34.709,86
		3			39.000,00	32.745,15
		4			39.000,00	30.891,65
Kapitalwert	36.309,50			25.167,68		65.139,12
						Beträge in €

Das Ergebnis ist eindeutig: der Elektro-Pkw generiert den wesentlich höheren Kapitalwert und ist somit aus dieser Perspektive vorteilhafter. Der Diesel-Pkw profitiert von den vergleichsweise geringen **Opportunitätskosten**. Im Vergleich zum kalkulierten Restwert von ursprünglich 5 T€ erscheint der aktuelle Restwert – zwei Jahre vor dem Ende der Nutzungsdauer – eher gering. Aber auch sorgfältige Planungen erfül-

2.2 Erweiterung

len sich nicht immer und wenn ein Werteverlust in der Vergangenheit stattgefunden hat, ist dies für eine aktuelle Entscheidung irrelevant. Der Schaden ist eh eingetreten!

In Abhängigkeit von der konkreten Aufgabenstellung kann noch eine andere Lösung in Betracht kommen. Innerhalb der nächsten beiden Jahre generiert der Elektro-Pkw nur einen Kapitalwert von 1.502,31 €, da er seine hohe **Anschaffungsauszahlung** erst langsam einspielt. In Abhängigkeit von den gesetzten Prämissen und Erwartungen kann auch eine Beibehaltung die beste Option sein, um nach zwei Jahren den Elektro-Pkw zu erwerben.

Steuert ein Unternehmen nicht nach dem *Kapitalwert* sondern nach der (dynamischen) *Amortisationsdauer* oder dem *Internen Zinsfuß*, so ist auch ohne konkrete Rechnung klar, dass der Diesel-Pkw zu wählen ist: so braucht er kein Jahr, um sein investiertes Kapital einzuspielen und generiert in zwei Jahren einen Kapitalwert der die Investitionssumme um mehr als das Vierfache übersteigt.

Bearbeitungs-Tipps für eine erfolgreiche Umsetzung und Interpretation:
- Die grundlegenden Hinweise für die Verbarwertung von EZÜ gelten natürlich auch für dieses Thema.
- Zusätzlich ist zu berücksichtigen, dass sich (meist) die **EZÜ verändert** haben und diese auf jeden Fall auf einen **neuen Zeitpunkt** zu beziehen sind. Somit ist immer der Exponent anzupassen.
- Im Einzelfall kann auch die Anpassung des **Zinssatzes** Teil der Aufgabenstellung sein.

2.2.4 Optimale Nutzungsdauer von Investitionsketten

Im Kapitel 2.1.4 wurden die Grundlagen gelegt, indem implizit eine einmalig durchzuführende Investition unterstellt wurde. In der Realität dürften jedoch viele *Investitionsobjekte* als *Kette* zum Einsatz kommen. So wird ein Taxiunternehmen seine Tätigkeit nicht einstellen, wenn ein Fahrzeug auszumustern ist. Vielmehr wird das alte Fahrzeug (meist) ersetzt (= *Ersatzinvestition*). Dieser Umstand ist in der Kalkulation entsprechend zu berücksichtigen. Hierzu gibt es grundsätzlich vier Vorgehensweisen:

2 Dynamische Verfahren der Investitionsrechnung

1. Unterstellung einer **unendlichen, konstanten** Investitionskette
2. Unterstellung einer **konstanten** Investitionskette für einen „**überschaubaren**" Zeitraum
3. Unterstellung einer Investitionskette, die sich in **Abhängigkeit** von der **Marktentwicklung** voraussichtlich verändert und einen **begrenzten** Zeitraum umfasst
4. Kombination von **verschiedensten** Investitionen in einem Zeitraum, die auch **bezugslos** zueinander stehen können

Die Ansätze eins bis drei werden nachfolgend erarbeitet. Ansatz vier ist letztendlich nichts anderes als ein **Budget** über einen gegebenen Zeitraum in verschiedenen Investitionen zu verwenden und stellt von daher keinen weiteren Erkenntniswert dar.

2.2.4.1 Darstellung

Eine **unendliche Investitionskette** im wahrsten Sinne des Wortes kann es natürlich nicht geben. Das ist aber auch unproblematisch, denn meist wird dieser Ansatz genutzt, um zu **verifizieren** ob die Einmalinvestition und die Investitionskette bei der gleichen Nutzungsdauer ihre **maximalen Ausprägungen** haben. Den grundlegenden Zusammenhang vermittelt die Abbildung 2.19.

Ausgangsbasis ist das Beispiel aus dem Grundlagenteil, welches in der Abbildung 2.6 für die **einjährige Laufzeit** visualisiert ist. Um den größeren Zusammenhang nicht zu verlieren, kommt die Abbildung entsprechend modifiziert zum Einsatz, indem Investitionsauszahlung, EZÜ, Bar- und Kapitalwert als Kästchen aufbereitet sind. Die hier abgebildeten **Ausprägungen** werden **dupliziert**. Zum Ende von t_1 werden erneut 50 T€ investiert, die im Folgejahr zu EZÜ in Höhe von 65 T€ führen. Durch die Diskontierung für ein Jahr – Timelag zwischen Investition und Zahlungseingang – wird wieder ein Barwert von 60,2 T€ und in Folge ein Kapitalwert von 10,2 T€ generiert, der sich auf das Jahr t_1 bezieht. In den **Folgeperioden** wird immer wieder der gleiche **Zyklus** durchlaufen, der gedanklich bis unendlich fortgeführt wird.

Würden jetzt die einzelnen Kapitalwerte mit ihren **Nominalwerten** addiert, wäre dies ein Verstoß gegen den Gedanken der Dynamik. Der Kapitalwert der in t_0 anfällt, ist für den Investor natürlich wertvoller als der Kapitalwert zu einem späteren Zeitpunkt. Folglich müssen auch die Kapitalwerte verbarwertet werden. Dies ist für einen Zeitraum der bis nach unendlich reicht praktisch nicht händisch umsetzbar. Jedoch kann der Barwert einer Zahlung die in t_1 beginnt und bis **unendlich** fortgeführt wird, formelmäßig ermittelt werden:

$$Barwert\ unendliche\ Rate = \frac{Rate}{Zinssatz}$$

2.2 Erweiterung

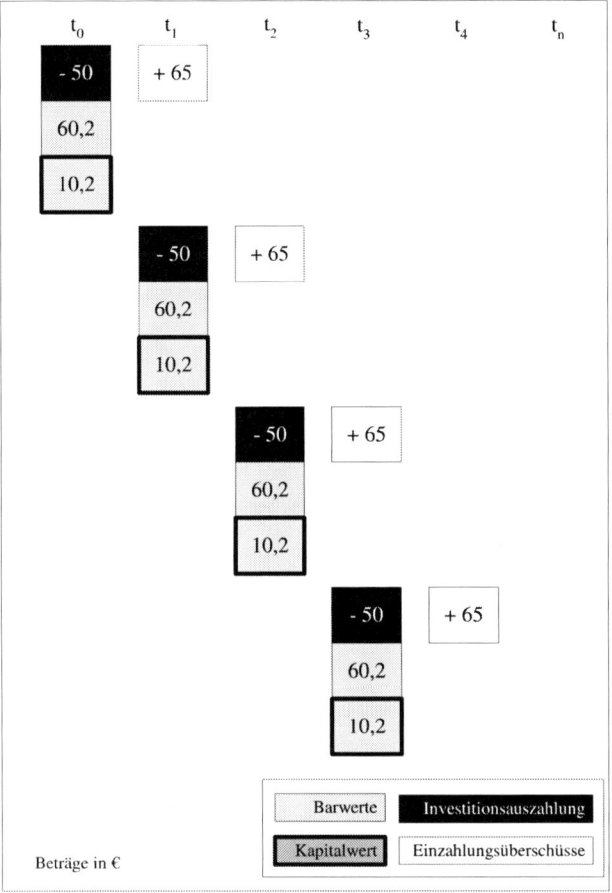

Abb. 2.19: Schematische Struktur einer Ketteninvestition bei einjähriger Laufzeit der Basisinvestition

Mit der unendlichen Investitionskette liegt eine unendliche Zahlungsreihe vor, die jedoch in t_0 beginnt. Um diese Zahlungsreihe für die **Formel verwendbar** zu machen, werden alle Kapitalwerte für eine Periode in die Zukunft verschoben. Dies geschieht mit Hilfe des bekannten **Annuitätenfaktors** (Kapitel 2.1.2), der für eine einjährige Laufzeit die Ausprägung $(1 + i)^1$ hat (konkret = 1,08). Durch die Multiplikation des Kapitalwertes mit dem Annuitätenfaktor ergibt sich die **Annuität** von 11,0 T€, die das erste Mal in t_1 anfällt und bis nach unendlich fortläuft. Hiermit liegt genau die Struktur vor, die zur Ermittlung des Barwertes der **unendlichen Rate** erforderlich ist. Teilt man 11,0 T€ durch den Zinssatz von 8 % (= 0,08), so erhält man einen Kettenwert von 137,5 T€. Die Visualisierung findet sich in Abbildung 2.20.

2 Dynamische Verfahren der Investitionsrechnung

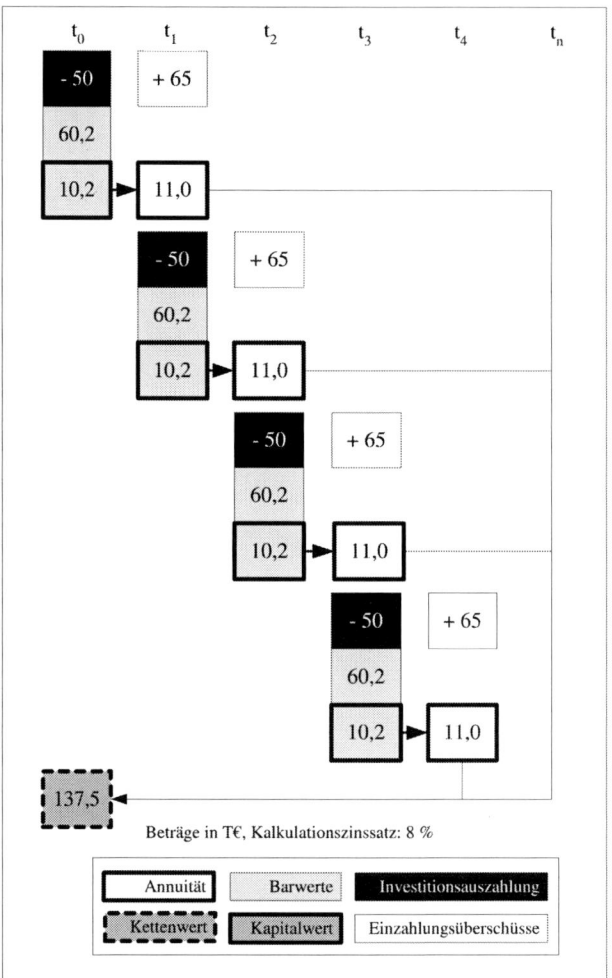

Abb. 2.20: Schematische Struktur einer Ketteninvestition bei einjähriger Laufzeit der Basisinvestition einschließlich Annuität und Kettenwert

Interpretiert man diesen Wert, so ist das der auf den Gegenwartszeitpunkt komprimierte Erfolg einer Investition von 50 T€ die in t_0 beginnt, jeweils eine einjährige Laufzeit aufweist und bis unendlich immer wieder unter **konstanten Parametern** wiederholt wird.

Bei Investitionen, deren Laufzeit größer ein Jahr ist, muss der Kapitalwert auf **mehrere Laufzeitjahre aufgeteilt** werden. Mathematisch geschieht dies auch durch Multiplikation mit dem **Annuitätenfaktor**. Bei dessen Ermittlung sind die Exponenten

2.2 Erweiterung

auf die jeweilige Laufzeit anzupassen. Die Umsetzung für das Ausgangsbeispiel und einer zweijährigen Nutzungsdauer zeigt die Abbildung 2.21.

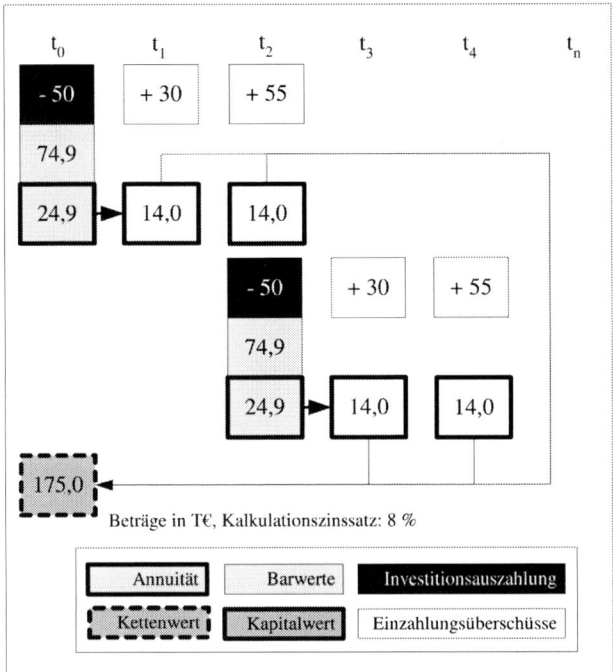

Abb. 2.21: Schematische Struktur einer Ketteninvestition bei zweijähriger Laufzeit der Basisinvestition einschließlich Annuität und Kettenwert

Die erste Zeile zeigt die **nominellen Zahlungsströme**, die aus Abbildung 2.7 bekannt sind. In der folgenden Zeile ist der ebenfalls bereits **erarbeitete Barwert** aufgezeigt. Zeile drei beginnt mit dem **Kapitalwert**. Dieser ist in eine gleichbleibende Zahlung für die beiden Laufzeitjahre überführt. Durch Einsetzen des Laufzeitjahres in den Exponenten der Annuitätenformel ergibt sich ein **Annuitätenfaktor** von 0,5608. Wird der Kapitalwert mit dem Annuitätenfaktor multipliziert, so ergibt sich die **Annuität** von 14,0 T€, welche die Zeile drei für die Jahre t_1 und t_2 komplettieren. Zeile vier entspricht der Zeile eins, beginnt jedoch in t_2. Zeile fünf weist den Barwert analog Zeile zwei aus. In Zeile sechs wird der Kapitalwert aus t_2 auf die Perioden t_3 und t_4 mittels Annuität verteilt. Die letzte Zeile sieben weist den **Kapitalwert der Kette** aus, der sich natürlich nicht nur aus den vier abgebildeten Annuitäten, sondern allen (bis unendlich) anfallenden ergibt. Handwerklich ist die Annuität von 14 T€ durch den Zinssatz von 8 % dividiert.

Analog der Einzelinvestition gilt auch hier: die grafische Aufbereitung ist für das Verständnis hilfreich, für Entscheidungsvorlagen jedoch wenig geeignet. Für Gremien oder auch in Klausuren kommen regelmäßig Tabellen zum Einsatz, welche die Ergebnisse komprimiert zeigen. Für das diskutierte Ausgangsbeispiel sind die relevanten Werte in Tabelle 2.18 zusammengefasst.

Tab. 2.18: Ergebnisse unendlicher Investitionsketten der Basisinvestition

Laufzeit der Investition	Kapitalwerte	Annuitäten-faktor	Annuität	Divisor	Kapitalwerte der Kette
1	10,2	1,0800	11,0	0,08	137,5
2	24,9	0,5608	14,0	0,08	175,0
3	31,3	0,3880	12,1	0,08	151,3
					Beträge in T€

Es wird deutlich, dass **Einzelinvestition** und **Investitionskette** bei **unterschiedlichen Laufzeiten** ihre **maximalen Werte** erzielen. Hiermit hat die Überprüfung des Sachverhalts mit der unendlichen Laufzeit bereits einen Erkenntnisfortschritt erzielt. Kommen hingegen beide Analysen zum Ergebnis, dass die Einzel- und dieKetteninvestition bei gleicher Laufzeit ihren maximalen Erfolg generieren, ist eine weitere Analyse (meist) entbehrlich.

Will man das Ergebnis realistischer gestalten, ist statt der **unendlichen** Investitionskette eine **Investitionskette** mit einer **begrenzten Laufzeit** zu wählen, für die angenommen wird, dass alle Parameter weitgehend gleich bleiben. Für das hier vorliegende Beispiel sei ein **Planungshorizont** von sechs Jahren angenommen. Die Ergebnisse sind in Tabelle 2.19 aufgezeigt.

Tab. 2.19: Unterschiedliche Investitionsketten der Basisinvestition bei einem sechsjährigen Betrachtungszeitraum

Laufzeit		t_0	t_1	t_2	t_3	t_4	t_5	Kettenkapitalwert
1 Jahr	KW	10,2	10,2	10,2	10,2	10,2	10,2	
	BW	10,2	9,4	8,7	8,1	7,5	6,9	50,9
2 Jahre	KW	24,9		24,9		24,9		
	BW	24,9		21,3		18,3		64,5
3 Jahre	KW	31,3			31,3			
	BW	31,3			24,8			56,1
								Beträge in T€

2.2 Erweiterung

Die Kopfzeile weist die **Anfallszeitpunkte** der Kapitalwerte auf. Der erste Kapitalwert wird in t_0 generiert. Der letztmögliche Zeitpunkt bei einer einjährigen Laufzeit ist t_5, da die EZÜ aus t_6 mit der Anschaffungsauszahlung in t_5 verrechnet den Kapitalwert ergeben wie Abbildung 2.22 auch noch einmal verdeutlicht.

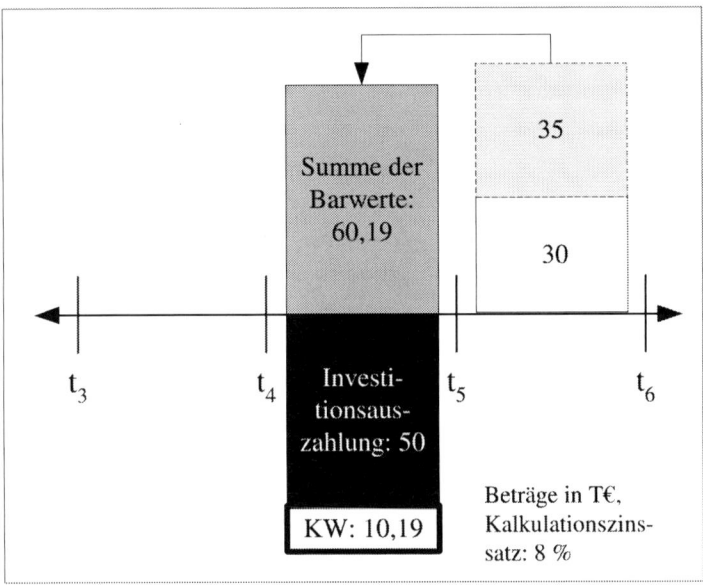

Abb. 2.22: Differenzierung zwischen Planungshorizont und Anfall des letztmöglichen Kapitalwertes

Bei einer einjährigen Laufzeit fallen in allen Zeitpunkten von t_0 bis t_5 die Kapitalwerte in Höhe von 10,2 T€ an. Analog der unendlichen Kette können auch hier die Kapitalwerte, die zu unterschiedlichen Zeitpunkten anfallen, **nicht nominell** miteinander verrechnet werden. Somit sind sie auf den Zeitpunkt t_0 zu **diskontieren**. Der Kapitalwert aus t_0 hat hierbei immer eine Sonderstellung, da er bereits im richtigen Zeitpunkt anfällt. Bei der einjährigen Laufzeit ergibt sich die Summe der **verbarwerteten Kapitalwerte** von 50,9 T€.

Wird das Investitionsgut alle zwei Jahre ausgetauscht, so fallen die Kapitalwerte in den Zeitpunkten t_0, t_2 und t_4 an. Wobei t_4 die diskontierten EZÜ aus den Zeitpunkten t_5 und t_6 mit der Anschaffungsauszahlung aus t_4 verrechnet. Auch hier erfolgt in der Zeile BW die **Verbarwertung** der **Kapitalwerte** auf den Zeitpunkt t_0. In Summe ergibt sich ein **Kettenkapitalwert** von 64,5 T€.

Eine Verwendung des Investitionsgutes über drei Jahre führt zu zwei Ergebnissen in t_0 und in t_3. Auch hier umfasst der letzte Kapitalwert die diskontierten EZÜ bis zum Ende des Betrachtungszeitraumes in t_6. Die Systematik findet erneut Anwendung, dass der Kapitalwert, der nicht in t_0 anfällt, auf diesen Zeitpunkt zu **diskontieren** ist. Bezogen auf den Gegenwartszeitpunkt ergibt sich ein **Gesamtkapitalwert** von 56,1 T€.

Inhaltlich wird hiermit das Ergebnis der **unendlichen Kette** bestätigt, die für eine zweijährige Laufzeit den höchsten Gesamtwert ausgewiesen hat. In Abhängigkeiten vom Planungshorizont und den individuellen Gegebenheiten des Sachverhaltes sind hier auch andere Ergebnisse vorstellbar.

Die letzte Variante kann in der Praxis interessante Ergebnisse liefern, indem statt der konstanten Investition **einzelne Parameter** entsprechend den Erwartungen des Managements angepasst werden. Im Rahmen des Lehrprozesses ist dieses Thema von untergeordneter Relevanz, da eine vergleichende Analyse schnell eine solche **Komplexität** erlangt, dass sie für (sehr viele) Prüfungssituationen ungeeignet ist. Um zumindest die Systematik einmal aufzuzeigen, erfolgt hier eine ganz einfache Modifikation des Sachverhaltes: die operativen EZÜ[7] reduzieren sich in Abhängigkeit vom Kalenderjahr jedes Jahr um 1 T€, wie Tabelle 2.20 verdeutlicht.

Tab. 2.20: Fallende EZÜ in Abhängigkeit vom Kalenderjahr

Kalenderjahr	20X0	20X1	20X2	20X3	20X4	20X5	20X6
Operative EZÜ in T€		30	29	28	27	26	25

Frühe Investitionen oder kurze Laufzeiten werden von diesem Effekt natürlich weniger tangiert als längere Laufzeiten der Investition. Das Ergebnis für diesen EZÜ-Verlauf und einer jeweils einjährigen Nutzungsdauer ist in Tabelle 2.21 zusammengefasst.

---

[7] Statt des EZÜ in Summe können die **Ein- oder Auszahlungen** als Parameter verändert werden. Noch aufwendiger ist es, wenn stattdessen die Höhe der **Umsatzerlöse**, der **variablen Kosten** und / oder der **Absatzzahlen** angepasst werden. Zudem bilden die **Anschaffungsauszahlung** und der **Restwert** weitere Parameter, die variierbar sind.

2.2 Erweiterung

Tab. 2.21: Investitionskette: einjährige Einzelinvestition, fallende EZÜ und 6-jähriger Planungshorizont

Jahr	20X0	20X1	20X2	20X3	20X4	20X5	20X6	Σ
	t_0	t_1	t_2	t_3	t_4	t_5	t_6	
Operative EZÜ		30	29	28	27	26	25	
Restwert		35	35	35	35	35	35	
EZÜ		65	64	63	62	61	60	
Barwert		60,2	59,3	58,3	57,4	56,5	55,6	
Kapitalwert	10,2	9,3	8,3	7,4	6,5	5,6		
KW verbarwertet	10,2	8,6	7,1	5,9	4,8	3,8		40,3
							Beträge in T€	

Die Werte aus t_1 sind bekannt und führen zum Kapitalwert von 10,2 T€ in t_0. Der fallende **operative Überschuss** führt zu einer fallenden **Zahlungsreihe**, deren Einzelwerte analog der ersten Periode diskontiert und mit der konstanten Anschaffungsauszahlung von 50 T€ zum jeweiligen Kapitalwert verrechnet werden. Analog der bisherigen Logik sind die unterschiedlichen Kapitalwerte *nominell* nicht addierbar, da sie sich auf unterschiedliche **Zeitpunkte** beziehen. Durch eine erneute **Verbarwertung** werden diese egalisiert. Das Ergebnis findet sich in der Zeile „KW verbarwertet", in Summe (40,3 T€) als Kapitalwert der Kette, bezogen auf den Betrachtungszeitpunkt t_0, repräsentiert.

Tabelle 2.22 zeigt die Umsetzung der pro Kalenderjahr fallenden EZÜ in Kombination mit einer zweijährigen Laufzeit der jeweiligen Einzelinvestition.

Tab. 2.22: Investitionskette: zweijährige Einzelinvestition, fallende EZÜ und 6-jähriger Planungshorizont

Jahr	20X0	20X1	20X2	20X3	20X4	20X5	20X6	Σ
	t_0	t_1	t_2	t_3	t_4	t_5	t_6	
Operative EZÜ		30	29	28	27	26	25	
Restwert			25		25		25	
EZÜ		30	54	28	52	26	50	
Barwert		27,8	46,3	25,9	44,6	24,1	42,9	
Kapitalwert	24,1		20,5		16,9			
KW verbarwertet	24,1		17,6		12,5			54,1
							Beträge in T€	

Für die erste Investition entsprechen EZÜ und Barwert in t_1 noch der Ausgangssituation, der gesamte EZÜ im Zeitpunkt t_2 ist bereits um 1 T€ verringert und führt zu einem leicht kleineren Barwert. Der erste **Kapitalwert** ist mit 24,1 T€ statt 24,9 T€ im Ausgangsbeispiel nur geringfügig kleiner. Auch hier wird die Systematik für den Betrachtungszeitraum (noch zwei Mal) durchgeführt und realisiert entsprechende Kapitalwerte. Analog dem bisherigen Vorgehen, sind die später anfallenden Kapitalwerte durch **Verbarwertung** auf den **Zeitpunkt t_0** zu egalisieren. Der Kapitalwert der Kette beträgt 54,1 T€.

Tabelle 2.23 zeigt die Umsetzung der pro Kalenderjahr fallenden EZÜ in Kombination mit einer dreijährigen Laufzeit der jeweiligen Einzelinvestition.

Tab. 2.23: Investitionskette: dreijährige Einzelinvestition, fallende EZÜ und 6-jähriger Planungshorizont

Jahr	20X0	20X1	20X2	20X3	20X4	20X5	20X6	Σ
Position / Laufzeit	t_0	t_1	t_2	t_3	t_4	t_5	t_6	
Operative EZÜ		30	29	28	27	26	25	
Restwert				5			5	
EZÜ		30	29	33	27	26	30	
Barwert		27,8	24,9	26,2	25,0	22,3	23,8	
Kapitalwert	28,8			21,1				
KW verbarwertet	28,8			16,8				45,6
								Beträge in T€

Systematisch entspricht auch hier das Vorgehen der Umsetzung im Ausgangsfall. Die abnehmenden EZÜ führen dazu, dass der Kapitalwert der ersten drei Jahre lediglich bei 28,8 T€ liegt. Gemessen an den 31,3 T€ aus dem Ursprungsbeispiel ist dies eine deutliche Reduzierung. Angesichts des gegebenen Planungshorizonts ist die Investition nur noch einmal durchzuführen und generiert in t_3 einen Kapitalwert von 21,1 T€. Auf t_0 bezogen ergibt sich ein **Kettenwert** von 45,6 T€.

Materiell ist bei den hier gesetzten Parametern nach wie vor die zweijährige Laufzeit der Investition diejenige, die am attraktivsten ist. Dieses Ergebnis ist natürlich nicht zu verallgemeinern, denn EZÜ können im Zeitverlauf auch steigen oder schwanken genauso wie sich Restwerte im Zeiterlauf verändern können. Hier ist jedes Mal eine individuelle Prüfung erforderlich.

2.2.4.2 Anwendung

2.2.4.2.1 Perspektive des Benzin-Pkw

Analog dem Darstellungsteil erfolgt auch hier im ersten Schritt die Ermittlung des *Kapitalwertes* für die **unendliche Investitionskette**. Ausgangspunkt der Betrachtung für den Benzin-Pkw sind die Kapitalwerte der Tabelle 2.8, welche auf den jeweiligen Nutzungsdauern basieren und jeweils eine Einmalinvestition unterstellen. Diese Ausgangssituation gilt es weiter zu entwickeln. Für jeden *Kapitalwert* ist der entsprechende *Annuitätenfaktor* in Abhängigkeit von der Laufzeit zu errechnen. Aus Multiplikation von Annuitätenfaktor und Kapitalwert ergibt sich die *Annuität*. Dividiert man die Annuität durch den *Kalkulationszinssatz*, der hier mit 4 % angenommen ist, erhält man den *Kapitalwert* der *Kette*. Den Ergebnisüberblick vermittelt die Tabelle 2.24.

Tab. 2.24: Vom Kapitalwert zum Kettenkapitalwert bei unendlichem Planungshorizont, operationalisiert für den Benzin-Pkw

Investitionslaufzeit	Kapitalwert	Annuitäten-Faktor	Annuität	Kapitalwert der Kette
1	7.308	1,040	7.600	190.000
2	19.142	0,5302	10.149	253.727
3	30.521	0,3603	10.997	274.919
4	15.819	0,2755	4.358	108.950
5	27.326	0,2246	6.137	153.433
				Beträge in €

Materiell zeigt sich, dass sowohl die **Ketten**- als auch die **Eimalinvestition** bei einer dreijährigen Laufzeit ihr Maximum erreichen. Jedoch hat sich der relative Abstand zwischen der zwei- und dreijährigen Laufzeit deutlich verringert. Bei einem *Planungshorizont* von zehn Jahren könnte es zu Verschiebungen kommen, da der geringere Kapitalwert der zweijährigen Laufzeit öfter generiert wird. Die Investitionslaufzeiten über vier und fünf Jahre sind nicht interessant, da die Kapitalwerte kleiner sind und seltener anfallen. Aus Übersichterwägungen ist die einjährige Laufzeit ebenfalls in der Ergebnistabelle 2.25 aufgenommen.

Tab. 2.25: Vom Kapitalwert zum Kettenkapitalwert bei 10-jährigem Planungshorizont, operationalisiert für den Benzin-Pkw

Laufzeit		t_0	t_1	t_2	t_3	t_4	t_5	t_6	t_7	t_8	t_9	Ketten-kapitalwert
1 Jahr	KW	7,7	7,7	7,7	7,7	7,7	7,7	7,7	7,7	7,7	7,7	
	BW	7,7	7,4	7,1	6,8	6,6	6,3	6,1	5,9	5,6	5,4	65,0
2 Jahre	KW	19,9		19,9		19,9		19,9		19,9		
	BW	19,90		18,40		17,0		15,73		14,54		85,6
3 Jahre	KW	31,6			31,6			31,6			7,3	
	BW	31,6			28,1			25,0			5,1	89,8
	Beträge in T€ gerundet dargestellt, die Berechnungen basieren auf den Originalzahlen.											

Das Ergebnis ist nicht eindeutig!

Bei einer Investitionslaufzeit von einem Jahr ergibt sich über den 10-jährigen Betrachtungszeitraum ein Kettenkapitalwert von 65,0 T€. Dieser Wert ist unstrittig. Genauso unstrittig ist der Wert von 85,6 T€ für die zweijährige Laufzeit, weil auch hier die Laufzeit der Einzelinvestitionen ohne Rest die Gesamtlaufzeit ausfüllt. Kritisch ist der Wert für die dreijährige Laufzeit. Dieser hat mit 89,8 T€ die höchste Ausprägung der drei Alternativen. Gleichzeitig ist hier eine Prämisse verarbeitet. Eine Investition mit einer Laufzeit von drei Jahren die in t_6 startet umfasst die Perioden t_7 bis t_9. Trotzdem wird in t_9 noch ein Kapitalwert in Höhe von 7,3 T€ ausgewiesen. Dieser basiert auf einer einjährigen Laufzeit, die das verbleibende Zeitbudget noch nutzt. Durch dessen Barwert in Höhe von 5,1 T€ erlangt die dreijährige Laufzeit in dieser Betrachtung den Spitzenplatz. Wenn die einjährige Investitionslaufzeit einen negativen Kapitalwert generiert, würde sich ihr Einsatz verbieten und die zweijährige Laufzeit wäre über den Betrachtungszeitraum von zehn Jahren die vorteilhafteste Alternative.

Die Überprüfung der Vorteilhaftigkeit einer Investitionskette mit begrenzter Laufzeit und im Zeitablauf veränderlichen Parametern bedarf der **Definition** der **Parameter**. Abweichend zum Darstellungsfall erfolgt hier nicht die Definition der EZÜ, sondern der Größen, die den EZÜ verursachen. Annahmegemäß betragen die Umsatzerlöse im ersten Jahr 28.800 € und steigen ab dem Folgejahr pro Periode um 5 %. Die variablen Kosten starten mit 12.800 € und steigen ab t_2 jährlich um 10 %. Die Fixkosten, die Restwerte sowie die Anschaffungskosten des Benzin-Pkw bleiben annahmegemäß unverändert. Einen Ergebnisüberblick für den Betrachtungszeitraum von zehn Jahren liefert Tabelle 2.26.

2.2 Erweiterung

Tab. 2.26: EZÜ-Entwicklung des Benzin-Pkw im Zeitverlauf bei veränderlichen Parametern

Position / Laufzeit	t_1	t_2	t_3	t_4	t_5	t_6	t_7	t_8	t_9	t_{10}
Umsatzerlöse	28,8	30,2	31,8	33,3	35,0	36,8	38,6	40,5	42,6	44,7
Variable Kosten	12,8	14,1	15,5	17,0	18,7	20,6	22,7	24,9	27,4	30,2
Fixkosten	1,6	1,6	1,6	1,6	1,6	1,6	1,6	1,6	1,6	1,6
Operativer EZÜ	14,4	14,6	14,7	14,7	14,7	14,5	14,3	14,0	13,5	12,9
Beträge in T€ gerundet dargestellt, die Berechnungen basieren auf den Originalzahlen.										

Die steigenden Umsatzerlöse lassen aufgrund des höheren Ausgangswertes zu Beginn der Betrachtung die EZÜ steigen. Im weiteren Zeitverlauf überkompensiert der prozentual stärkere Anstieg der variablen Kosten diesen Effekt, sodass die EZÜ ab t_6 sinken.

Die operativen EZÜ sind im nächsten Schritt wieder um die Restwerte zu ergänzen, als Summe zu diskontieren und mit den Investitionsauszahlungen zu Kapitalwerten zu verdichten. Die einzelnen Kapitalwerte sind entsprechend ihrem Anfall auf t_0 zu diskontieren, um den Kapitalwert der *Gesamtkette* zu ermitteln. Eine Ergebnisübersicht für die einjährige Investitionslaufzeit vermittelt Tabelle 2.27.

Tab. 2.27: Investitionskette: einjährige Einzelinvestition, variierende EZÜ und 10-jähriger Planungshorizont für den Benzin-Pkw

Jahr	20X0	20X1	20X2	20X3	20X4	20X5	20X6	20X7	20X8	20X9	20X10	Σ
Position / Laufzeit	t_0	t_1	t_2	t_3	t_4	t_5	t_6	t_7	t_8	t_9	t_{10}	
Op. EZÜ		14,4	14,6	14,7	14,7	14,7	14,5	14,3	14,0	13,5	12,9	
RW		30,0	30,0	30,0	30,0	30,0	30,0	30,0	30,0	30,0	30,0	
EZÜ		44,4	44,6	44,7	44,7	44,7	44,5	44,3	44,0	43,5	42,9	
BW		42,7	42,8	42,9	43,0	42,9	42,8	42,6	42,3	41,8	41,2	
KW	7,7	7,8	7,9	8,0	7,9	7,8	7,6	7,3	6,8	6,2		
KW verb.	7,7	7,5	7,3	7,1	6,8	6,4	6,0	5,5	5,0	4,4		63,9
Beträge in T€ gerundet dargestellt, die Berechnungen basieren auf den Originalzahlen.												

Im Ergebnis werden 63,9 T€ für die gesamte Kette ausgewiesen. Für die zweijährige Laufzeit bilden auch wieder die EZÜ aus Tabelle 2.26 die Basis und werden alle zwei Jahre um den Restwert ergänzt, wie Tabelle 2.28 verdeutlicht.

Tab. 2.28: Investitionskette: zweijährige Einzelinvestition, variierende EZÜ und 10-jähriger Planungshorizont für den Benzin-Pkw

Jahr	20X0	20X1	20X2	20X3	20X4	20X5	20X6	20X7	20X8	20X9	20X10	Σ
	t_0	t_1	t_2	t_3	t_4	t_5	t_6	t_7	t_8	t_9	t_{10}	
Op. EZÜ		14,4	14,6	14,7	14,7	14,7	14,5	14,3	14,0	13,5	12,9	
RW			30,0		30,0		30,0		30,0		30,0	
EZÜ		14,4	44,6	14,7	44,7	14,7	44,5	14,3	44,0	13,5	42,9	
BW		13,8	41,2	14,1	41,3	14,1	41,2	13,8	40,7	13,0	39,7	
KW	20,0		20,4		20,3		19,4		17,7			
KW verb.	20,0		18,9		17,3		15,4		12,9			84,5
Beträge in T€ gerundet dargestellt, die Berechnungen basieren auf den Originalzahlen.												

Erwartungsgemäß erwirtschaftet die zweijährige Laufzeit einen höheren Kettenwert analog den bisherigen Ergebnissen. Die Anwendung auf die dreijährige Investitionsdauer erfordert die Variation der Restwerte vom zwei- auf den dreijährigen Rhythmus. Das Ergebnis ist in Tabelle 2.29 festgehalten.

Tab. 2.29: Investitionskette: dreijährige Einzelinvestition, variierende EZÜ und 10-jähriger Planungshorizont für den Benzin-Pkw

Jahr	20X0	20X1	20X2	20X3	20X4	20X5	20X6	20X7	20X8	20X9	20X10	Σ
	t_0	t_1	t_2	t_3	t_4	t_5	t_6	t_7	t_8	t_9	t_{10}	
Op. EZÜ		14,4	14,6	14,7	14,7	14,7	14,5	14,3	14,0	13,5		
RW				30,0			30,0			30,0		
EZÜ		14,4	14,6	44,7	14,7	14,7	44,5	14,3	14,0	43,5		
BW		13,8	13,5	39,7	14,1	13,6	39,6	13,8	12,9	38,7		
KW	32,0			32,3			30,4					
KW verb.	32,0			28,7			24,0					84,7
Beträge in T€ gerundet dargestellt, die Berechnungen basieren auf den Originalzahlen.												

Unter den hier gesetzten Prämissen ist die dreijährige Laufzeit mit einem **Kettenkapitalwert** von 84,7 T€ die vorteilhafteste Variante. Dies gilt, obwohl das letzte Jahr gar nicht genutzt wird. Wollte man den verbarwerteten Kapitalwert für eine einjährige Laufzeit bei einem Startzeitpunkt in t_9 noch ergänzen, so wäre ein Wert von 4,4 T€ (vgl. Tabelle 2.27) noch ergänzbar, und ein Kettenwert von 89,1 T€ das Ergebnis.

2.2.4.2.2 Perspektive des Diesel-Pkw

Auch beim Diesel-Pkw ist im ersten Schritt der **Kapitalwert** der **unendlichen Investitionskette** zu berechnen. Die Ausgangsdaten finden sich in der Tabelle 2.10. Im

2.2 Erweiterung

Unterschied zum Benzin-Pkw, der in allen betrachteten Nutzungsdauern einen positiven Kapitalwert erwirtschaftet, benötigt der Diesel-Pkw mindestens vier Jahre um diesen Erfolg zu generieren. Wenn eine Einmalinvestition Geld vernichtet, ist eine Fortführung sinnfrei, und somit sind nur die Laufzeiten von vier bis sechs Jahren für die weitere Analyse relevant. Die Annuitätenfaktoren für die Laufzeiten von vier und fünf Jahren sind bereits ermittelt und können wieder verwendet werden. Der Annuitätenfaktor für sechs Jahre errechnet sich analog und findet sich in Tabelle 2.30. Hier ist auch die Fortführung hin bis zum Kapitalwert der unendlichen Kette hinterlegt.

Tab. 2.30: Vom Kapitalwert zum Kettenkapitalwert bei unendlichem Planungshorizont, operationalisiert für den Benzin-Pkw

Investitionslaufzeit	Kapitalwert	Annuitäten-Faktor	Annuität	Kapitalwert der Kette
4 Jahre	4.068	0,2755	1.121	28.016
5 Jahre	20.424	0,2246	4.588	114.696
6 Jahre	36.309	0,1908	6.928	173.196
				Beträge in €

Inhaltlich entspricht das Ranking der Ketteninvestition dem der Einzelinvestition. Eine Investitionsdauer von vier Jahren ist ökonomisch so weit abgeschlagen, dass eine weitere Betrachtung nicht sinnvoll ist. Analog dem Benzin-Pkw soll auch hier ein **10-jähriger Planungshorizont** zum Einsatz kommen. Ob die Investition über fünf Jahre durch die doppelte Generierung die Vorteilhaftigkeit drehen kann, gilt es herauszufinden. Die Ergebnisse finden sich in der Tabelle 2.31.

Tab. 2.31: Vom Kapitalwert zum Kettenkapitalwert bei 10-jährigem Planungshorizont operationalisiert für den Diesel-Pkw

Laufzeit		t_0	t_1	t_2	t_3	t_4	t_5	t_6	t_7	t_8	t_9	Kettenkapitalwert
5 Jahre	KW	20,4					20,4					
	BW	20,4					16,8					37,2
6 Jahre	KW	36,3						4,1				
	BW	36,3						3,2				39,5
	Beträge in T€ gerundet dargestellt, die Berechnungen basieren auf den Originalzahlen.											

Auch hier dominiert die längere Laufzeit mit 39,5 T€ **Kettenkapitalwert**. Ursache ist die Besonderheit des Beispiels: ohne die Ergänzung der ersten Investition um die 4-jährige Variante, die 3,2 T€ zum Kettenkapitalwert beisteuert, wären zwei Investitionen mit fünf Jahren Laufzeit vorteilhafter.

2 Dynamische Verfahren der Investitionsrechnung

Die Prämissen für den Diesel-Pkw sind anders gesetzt als für den Benzin-Pkw. Die EZÜ ab dem Jahr sieben betragen konstant 30 T€, die laufzeitabhängigen Restwerte bleiben unverändert. Ab dem Jahr fünf ist das **Nachfolgemodell** nur noch für (einheitlich) 75 T€ verfügbar. Der Betrachtungshorizont von zehn Jahren ist jedoch konstant. Um die Darstellung nicht zu überfrachten, erfolgt eine Begrenzung der Analyse auf die Laufzeiten der Einzelinvestitionen von fünf und sechs Jahren. Die Ergebnisse sind in den Tabellen 2.32 und 2.33 zusammengefasst.

Tab. 2.32: Investitionskette: fünfjährige Einzelinvestition, variierende EZÜ und 10-jähriger Planungshorizont für den Diesel-Pkw

Jahr	20X0	20X1	20X2	20X3	20X4	20X5	20X6	20X7	20X8	20X9	20X10	Σ
	t_0	t_1	t_2	t_3	t_4	t_5	t_6	t_7	t_8	t_9	t_{10}	
Op.EZÜ		8,0	8,0	15,0	15,0	25,5	25,5	30,0	30,0	30,0	30,0	
RW						10,0					10,0	
EZÜ		8,0	8,0	15,0	15,0	35,5	25,5	30,0	30,0	30,0	40,0	
BW		7,7	7,4	13,3	12,8	29,2	24,5	27,7	26,7	25,6	32,9	
KW	20,4					62,4						
KW verb.	20,4					51,33						71,8

Werte sind auf T€ gerundet dargestellt, die Berechnungen basieren auf den Originalzahlen.

Tab. 2.33: Investitionskette: sechsjährige Einzelinvestition, variierende EZÜ und 10-jähriger Planungshorizont für den Diesel-Pkw

Jahr	20X0	20X1	20X2	20X3	20X4	20X5	20X6	20X7	20X8	20X9	20X10	Σ
	t_0	t_1	t_2	t_3	t_4	t_5	t_6	t_7	t_8	t_9	t_{10}	
Op. EZÜ		8,0	8,0	15,0	15,0	25,5	25,5	30,0	30,0	30,0	30,0	
RW							5,0				15,0	
EZÜ		8,0	8,0	15,0	15,0	25,5	30,5	30,0	30,0	30,0	45,0	
BW		7,7	7,4	13,3	12,8	21,0	24,1	28,8	27,7	26,7	38,5	
KW	36,3						46,7					
KW verb.	36,3						36,9					73,2

Werte sind auf T€ gerundet dargestellt, die Berechnungen basieren auf den Originalzahlen.

In der vorliegenden Konstellation sind beide Ergebnisse (nahezu) gleichwertig, da der Unterschied angesichts der Planungslänge und des Investitionsvolumens gering ist. Wobei auffällt, dass mehr als 50 % des **Kettenkapitalwertes** aus der vierjährigen **Anschlussinvestition** generiert wird. Ein Vorziehen der vierjährigen Investition ist nicht wirklich zielführend, da der höhere Kapitalwert nicht durch die Laufzeit,

2.2 Erweiterung

sondern durch die Position im Zeitverlauf (= höhere EZÜ) verursacht wird. Wie erfolgreich dieKetteninvestitionen bei einem Planungshorizont von 10 Jahren mit den nicht betrachteten Laufzeiten (= 1 bis 4 Jahre) bei den angepassten Parametern ausfallen, bedürfte einer separaten Betrachtung.

Die Prämissen für die beiden Pkw sind zur Darstellung verschiedener Verläufe variiert, um ein breites **Spektrum** abzubilden. Im Unternehmen ist es wichtig, realistische Entwicklungen der Annahmen abzuleiten und diese – soweit möglich – auf alle Varianten gleich anzuwenden.

Die Ergebnisse der Ketteninvestitionen lassen sich natürlich in jeder Ausprägung auch mit den anderen **Instrumenten** der **Dynamik** (Amortisationszeit, Interner Zinsfuß etc.) weiter analysieren, sind aber in Prüfungssituationen aufgrund des zeitlichen Rahmens eher zu vernachlässigen.

Bearbeitungs-Tipps für eine erfolgreiche Umsetzung und Interpretation:

- Bei der Annuitätenformel gilt genauso wie beim Rentenbarwert, dass der *richtige Zinssatz* zu verwenden ist. Gerade Zinssätze < 10 % können zu handwerklichen Fehlern führen: wenn ein Zinssatz von 8 % (= 0,08) als Zinssatz von 80 % (0,80) verwendet wird, ist das falsche Ergebnis unvermeidbar.
- Der richtige Einsatz der Formel für den *Annuitätenfaktor* – es handelt sich um den *Kehrwert* der *Rentenbarwertformel* – ist auch hier elementar. Bei Unsicherheit in Prüfungssituationen hilft es sich zu vergegenwärtigen: Mit dem RBF muss der Wert größer werden als der EZÜ-Wert. Bei der Annuität, geht es gedanklich um eine Aufteilung, folglich muss der Betrag kleiner werden.
- Einen *unendlichen* Betrachtungszeitraum gibt es natürlich nicht, die Nutzung der unendlichen Investitionskette ist mehr ein *Quick-Test*, ob Ketten- und Einmalinvestition bei der gleichen Laufzeit das Maximum ausweisen.
- Bei der Verwendung konkreter Betrachtungszeiträume kann es im *letzten Betrachtungsjahr* niemals einen Kapitalwert geben. Selbst eine einjährige Investition würde ihre EZÜ im anschließenden Zeitraum generieren.

2.2.5 Ergänzende Aspekte zu Zinsfüßen

2.2.5.1 Darstellung

Mit der **Näherungsformel** steht ein verlässliches Verfahren zur Verfügung, um den Internen Zinsfuß zu ermitteln. Als laufzeitunabhängige Alternative existiert noch das *iterative Verfahren*, welches das Vorgehen der Näherungsformel „händisch" nachvollzieht.

Das zweijährige *Ausgangsbeispiel* war durch eine Auszahlung in t_0 in Höhe von 1.000 € und 650 € Einzahlung in t_1 sowie 550 € in t_2 geprägt. Mit diesen Informationen lässt sich der Kapitalwert bei einem Kalkulationszinssatz von 8 % (= 73,99 €) bzw. 15 % (= –18,90 €) ermitteln: Die Ergebnisse sind 73,99 € und –18,90 € und entsprechen den Werten aus dem Grundlagenteil. Ohne Einsatz der Näherungsformel kann das **Delta der Zinssätze** (= 7 Prozentpunkte) dem **Delta der Kapitalwerte** in Höhe von 92,29 € [= 73,39 € – (–18,90 €)] gegenübergestellt werden. Wenn eine Veränderung von 7 Prozentpunkten zu einer Kapitalwertänderung von 92,29 € führt, entfallen durchschnittlich auf eine Änderung von einem **Prozentpunkt** 13,84 € Kapitalwert.

Nun ist der Kapitalwert zu nutzen, der *näher* an das **Nullergebnis** reicht: 15 % mit –18,90 € Kapitalwert. Teilt man den Kapitalwert durch 13,84 €, so sind 1,43 Prozentpunkte (18,90 € ÷ 13,84 €) erforderlich, um bei *linearem Funktionsverlauf* einen Kapitalwert von Null zu erreichen. Da der wirkliche Verlauf nicht linear ist, bietet es sich an mit 13,5 % (= 15,0 % – 1,5 %) einen neuen Kapitalwert zu berechnen. Es ergibt sich ein Kapitalwert von –0,37 €, der schon auf einem akzeptablen Niveau liegt.

Wenn man einen noch höheren **Genauigkeitsgrad** wünscht, ist der nächste **Versuchzins** somit (leicht) zu reduzieren. Bei einem Zinssatz von 13,4 % ergibt sich ein Kapitalwert von 0,89 €. Mit anderen Worten: eine **Reduzierung des Kalkulationszinssatzes** um 0,1 Prozentpunkte führt zu einem **Kapitalwertanstieg** von 1,26 €. Mit –0,37 € ist der Kapitalwert mit dem **Versuchszins** von 13,5 % näher an Null. 0,37 € entsprechen 0,2937 % von 1,26 €, somit ist das Zinsdelta von 0,1 Prozentpunkten mit 29,36 % zu multiplizieren (= 0,02936 %) und von 13,5 % zu subtrahieren. Der neue **Versuchszins** beträgt somit 13,4706 % und ergibt einen Kapitalwert von 0,00 €.

In der Tabelle 2.34 sind die Ergebnisse der hier durchgeführten Rechnungen noch einmal zusammengefasst.

2.2 Erweiterung

Tab. 2.34: Zwischenergebnisse des iterativen Verfahrens im Ausgangsbeispiel

	Überschuss	Barwerte bei ... %	8	15	13,40	13,50	13,4706
t_1	650		601,85	565,22	573,19	572,69	572,84
t_2	550		471,54	415,88	427,70	426,94	427,17
		Summe	1.073,39	981,10	1.000,89	999,63	1.000,00
		Investition	−1.000				
		Kapitalwert	73,39	−18,90	0,89	−0,37	0,00

Beträge in €

Es ist offensichtlich, dass dieser Weg gangbar ist und ebenfalls zum richtigen Ergebnis führt. Auch hier gilt: bei zunehmender Investitionsdauer steigt regelmäßig die **Anzahl** der **Durchläufe**, um ein (annähernd) korrektes Ergebnis zu erreichen.

Soweit die Investition nur eine 2-jährige Laufzeit hat, besteht die Möglichkeit, die sogenannte *p/q-Formel* einzusetzen – diese lautet:

$$x_{1,2} = -\frac{p}{2} \pm \sqrt{\left(\frac{p}{2}\right)^2 - q}$$

Die Anwendung auf die Beispiel-Investition lässt sich wie folgt entwickeln.

1	1.000	$= 650\,X^{-1} + 550\,X^{-2}$	$\mid -1.000$
2	0	$= 650\,X^{-1} + 550\,X^{-2} - 1.000$	$\mid \cdot (-1)$
3	0	$= 1.000 - 650\,X^{-1} - 550\,X^{-2}$	$\mid \cdot X^2$
4	0	$= 1.000\,X^2 - 650\,X^1 - 550\,X^0$	$\mid \div 1.000$
5	0	$= X^2 - 0{,}65\,X - 0{,}55$	in p/q-Formel einsetzen
6	$X_{1,2}$	$= -(-0{,}65) \div 2 \pm \sqrt{\left(\frac{-0{,}65}{2}\right)^2 - (-0{,}55)}$	p und Klammer ausrechnen
7	$X_{1,2}$	$= 0{,}325 \pm \sqrt{(-0{,}325)^2 + 0{,}55}$	Wurzel ausrechnen
8	$X_{1,2}$	$= 0{,}325 \pm 0{,}8097067$	Entscheidung treffen und Addition durchführen
9	X	$= 1{,}1347067$	−1 und in Prozentschreibweise überführen
10	X	$= 13{,}47067\,\%$	

Die einzelnen Schritte basieren auf folgenden Überlegungen:
1. 1.000 € heute sollen
   a. 650 € multipliziert mit dem Diskontierungsfaktor hoch −1 zuzüglich
   b. 550 € multipliziert mit dem Diskontierungsfaktor hoch −2 entsprechen. Die Hochzahlen sind bekannt, der Multiplikator gesucht. Die 1.000 € werden auf beiden Seiten abgezogen.

2 Dynamische Verfahren der Investitionsrechnung

2. Auf einer Seite verbleibt Null, auf der anderen Seite die Zahlenwerte. Die ganze Gleichung ist mit –1 zu multiplizieren.
3. Null bleibt natürlich unverändert, die andere Seite der Gleichung ist von der Reihenfolge her sortiert. Nun wird mit X^2 multipliziert.
4. Hier greift die Exponenten-Regel: diese besagt, dass die Exponenten zu addieren sind:
   a. aus 1.000 werden 1.000 X^2
   b. aus 650 X^{-1} werden 650 X^1 und
   c. aus 550 X^{-2} werden 550 X^0 ⇔ X^0 entspricht 1 und kann somit entfallen.
5. Bei der Division durch 1.000 können auch die Hochzahlen „bereinigt" werden:
   a. Die X^2 sind nicht weiter zu kommentieren.
   b. Die 0,65 X^1 entsprechen 0,65 X, der Exponent bei hoch 1 ist nicht separat zu führen.
   c. Die 0,55 X^0 sind 0,55 da X^0 dem Wert 1 entspricht.
6. Bei der Anwendung der p/q-Formel gilt:
   a. 0,65 X ⇔ p und
   b. 0,55 ⇔ q
7. Die negative Ausprägung
   a. der 0,65 vor der Wurzel führt mit dem negativen Vorzeichen aus der Formel zu einem positiven Wert.
   b. der 0,55 in der Wurzel führt mit dem negativen Vorzeichen aus der Formel zu einem positiven Wert.
   c. von 0,325 wird durch das Quadrieren ebenfalls zu einem positiven Wert.
8. Solange die Zahlungen in der Zukunft nominell größer der Investitionsauszahlung in der Gegenwart sind, muss ein positiver Zinssatz vorliegen. In der Anwendung führt nur die Addition zu diesem Ergebnis.
9. Das Resultat stellt den Multiplikator dar, der die Konstante (= 1) enthält. Diese ist abzuziehen.
10. Das Ergebnis kann durch Ermittlung des Kapitalwertes überprüft werden, der Interne Zinsfuß ist korrekt ermittelt.

Der Interne Zinsfuß einer Investition, die dadurch gekennzeichnet ist, dass es nur **eine Ein-** und **Auszahlung** gibt, kann sowohl mit dem iterativen Verfahren als auch mit der Näherungsformel errechnet werden. Alternativ gibt es die Möglichkeit eine spezifische Formel anzuwenden, diese lautet:

$$\textit{Interner Zinsfuß für eine Einzahlung} = \sqrt[n]{\frac{Zahlung_{t_n}}{Zahlung_{t_0}}} - 1$$

2.2 Erweiterung

Typische Beispiele für diese Investitionsarten sind der Erwerb von **Edelmetallen**, die auszahlungsfrei zuhause gelagert werden, **Zerobonds**[8], oder **Immobilien**, bei denen sich während der Laufzeit (theoretisch) die Ein- und Auszahlungen auf Null saldieren.

Um diese Formel anwenden zu können, ist das Ausgangsbeispiel anzupassen: Statt der Zahlungen in t_1 und t_2 soll angenommen werden, dass beide Einzahlungen gemeinsam in t_3 anfallen. Der Interne Zinsfuß ermittelt sich folglich:

$$\text{Interner Zinsfuß} = \sqrt[3]{\frac{1200}{1000}} - 1 = 0{,}0626586 \Leftrightarrow 6{,}266\,\%$$

Konzeptionell ein ganz anderer Ansatz wird mit dem *Internen Zinsfuß nach Baldwin* verfolgt. Hier gilt die Prämisse, dass die Rückflüsse der Investition im Unternehmen angelegt werden können. Als Zinssatz für die Aufzinsung ist die Rendite des Gesamtunternehmens zu verwenden. Die Summe der aufgezinsten EZÜ werden durch die Anschaffungsauszahlung geteilt. Aus dem Ergebnis ist die n-te-Wurzel zu ziehen und das Ergebnis mit –1 zu verrechnen. Die dazugehörige Formel hat folgendes Aussehen:

$$\textbf{\textit{Interner Zinsfuß nach Baldwin}} = \sqrt[n]{\frac{\sum \textit{aufgezinster EZÜ}}{\textit{Zahlung}_{t_0}}} - 1$$

Für dieses Konzept erfolgt erneut der Einsatz der zweijährigen Investition, die bereits bekannt ist. Zusätzlich ist die Annahme über die Unternehmensrendite erforderlich, die annahmegemäß bei 15 % liegt. Die Auszahlung sowie die aufgezinsten Einzahlungen verdeutlicht Abbildung 2.23.

In der Abbildung wird deutlich, dass die Einzahlung aus t_1 auf den Endzeitpunkt der Investition *aufgezinst* wird. Die Zahlung in t_2, die in diesem Beispiel im Endzeitpunkt erfolgt, ist *nominell* verwendbar, da sie in der richtigen Zeitscheibe anfällt. Die Summe von 1.297,50 € wird in der durch die Anschaffungskosten von 1.000 € dividiert. Da die Investition eine Laufzeit von zwei Jahren aufweist, ist aus dem Ergebnis die Quadratwurzel zu ziehen und mit – 1 zu verrechnen. Das Ergebnis zeigt die nachfolgende Formel.

$$\text{Interner Zinsfuß nach Baldwin} = \sqrt[2]{\frac{1.297{,}50}{1.000{,}00}} - 1 = 0{,}13907 \Leftrightarrow 13{,}91\,\%$$

Methodisch ist es wichtig, sich die unterschiedlichen Prämissen des „normalen" Internen Zinsfußes und des *Internen Zinsfußes nach Baldwin* zu verdeutlichen: Der

---
[8] Vgl. hierzu Perridon et al. (2022), 477f. und Ostendorf (2023), S. 210ff.

2 Dynamische Verfahren der Investitionsrechnung

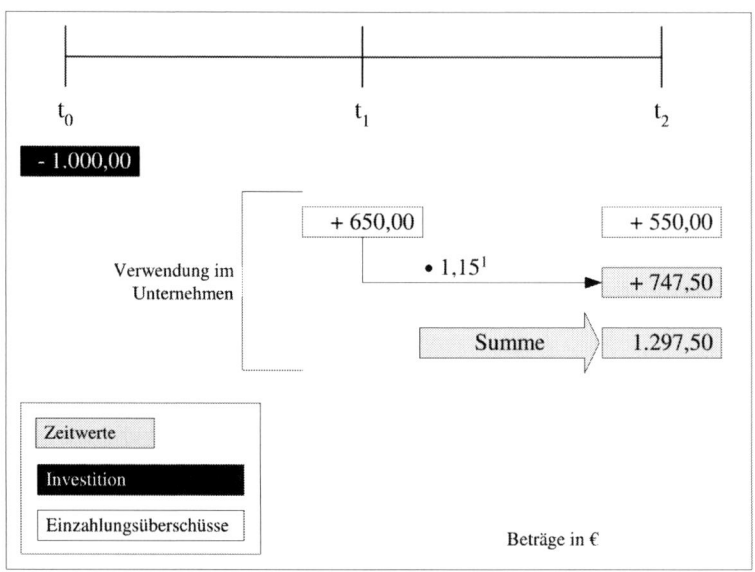

Abb. 2.23: Aufbereitete Zahlungsströme zur Endwertberechnung

"normale" Interne Zinsfuß misst die originäre Rentabilität der Investition. Beim Baldwin-Ansatz wird die **Wiederanlageprämisse** im Unternehmen unterstellt. In Abhängigkeit davon, ob die **Unternehmensrendite** höher oder niedriger ist, verändert sich die Verzinsung der Investition. Dies ist für eine neutrale Bewertung problematisch, wenn ein und dieselbe Investition in zwei unterschiedlichen Unternehmen im Zweifel zwei deutlich unterschiedliche Zinsfüße erreicht. Baldwin arbeitet mit einer **Tendenz zur Mitte**, da er die Sphäre des Unternehmens und die der Investition vermengt. In dem verwendeten Beispiel ist der originäre Interne Zinssatz bei 13,47 % und in Anwendung der Baldwin-Annahme mit 15 % Wiederanlagemöglichkeit bei 13,91 %. Stellt man sich die Frage, worauf die Unternehmensrendite basiert, so ist sie letztendlich ein gewogener Durchschnitt aller Investitionen des Unternehmens. Ob der Aussagegehalt steigt, wenn eine Einzelinvestition mit dem Unternehmensdurchschnitt vermengt wird, ist zumindest fraglich.

2.2.5.2 Anwendung

Der wirkliche Zinssatz ist für beide Pkw bereits im Grundlagenteil berechnet worden. Unabhängig von dem Wissen, lässt sich der **Interne Zinsfuß** auch *iterativ* ermitteln. Der Kapitalwert für den **Diesel-Pkw** ist für den Zinssatz von 4 % (= 36.309,50 €) und bei 20 % (= –1.401,16 €) bereits bekannt. Eine Reduzierung des Kalkulationszinssatzes von 16 Prozentpunkten steigert den Kapitalwert absolut um 37.710,66 €

2.2 Erweiterung

[= 36.309,50 € − (−1.401,16 €)]. Bei einem *linearen Verlauf* verursacht ein Prozentpunkt 2.356,92 € Kapitalwertveränderung (= 37.710,66 € ÷ 16 %). Für die weitere Analyse wird der Versuchszins von 20 % betrachtet, da sein Kapitalwert wesentlich näher an Null ist (= −1.401,16 €). Dieser Kapitalwert entspricht 59,44 % (1.401,16 % ÷ 2.356,92 %) der einprozentigen Veränderung.

Somit ist der Kalkulationszinssatz von 20 % auf 19,4 % anzupassen. Der Kapitalwert ist mit −461,71 € erneut negativ. Eine Veränderung von 0,6 Prozentpunkten verändert den Kapitalwert um 939,45 € (= 1.401,16 € − 461,71 €). Der negative Kapitalwert von 461,71 € entspricht 49,14 % des betrachteten *Gesamtdeltas*. Diesen Prozentsatz auf die 0,60 Prozentpunkte Veränderung angewendet, führt bei Subtraktion zu einem neuen Kalkulationszins von 19,11 %. Diskontiert man alle EZÜ mit dem neuen Versuchszinssatz, errechnet sich der neue Kapitalwert von 1,88 €. Somit gilt: Eine Anpassung von 0,29 Prozentpunkten verändert den Kapitalwert um 463,59 € (= 1,88 € + 461,71 €). Die 1,88 € sind 0,40 % von den 0,29 Prozentpunkten. Bei *linearem Verlauf* müsste der Zinssatz um 0,40 % von 0,29 Prozentpunkten erhöht werden. Das entspricht einer Steigerung von 0,0012 Prozentpunkten, sodass die EZÜ mit 19,1112 % zu diskontieren sind. Es ergibt sich ein Kapitalwert von −0,05 €. Somit ist der echte Interne Zinsfuß (19,11117 %) bis auf 0,00003 Prozentpunkte genau ermittelt, was als hinreichend genau gelten kann.

An der Erfordernis der mehrfachen Anpassung wird deutlich, dass es sich um eine *Funktion höherer Ordnung* handelt. Mit weiteren iterativen Schritten errechnet sich final der Interne Zinsfuß von 19,11117 %. Die Bar- und Kapitalwerte für die sechs Durchläufe sind in Tabelle 2.35 festgehalten.

Tab. 2.35: Zwischenergebnisse des iterativen Verfahrens für den Diesel-Pkw

Überschuss	Barwert e bei … %	4	20	19,4	19,11	19,1112	19,11117
t_1 8.000,00		7.692,31	6.666,67	6.700,17	6.716,48	6.716,41	6.716,41
t_2 8.000,00		7.396,45	5.555,56	5.611,53	5.638,89	5.638,78	5.638,78
15.000,00		13.334,95	8.680,56	8.812,08	8.876,60	8.876,33	8.876,34
15.000,00		12.822,06	7.233,80	7.380,30	7.452,44	7.452,14	7.452,14
25.500,00		20.959,14	10.247,88	10.507,96	10.636,51	10.635,97	10.635,99
30.500,00		20.153,02	10.214,39	10.526,25	10.680,96	10.680,32	10.680,34
	Summe	86.309,50	48.598,84	49.538,29	50.001,88	49.999,95	50.000,00
	Investition	−50.000					
	Kapitalwert	36.309,50	−1.401,16	−461,71	1,88	−0,05	0,00
							Beträge in €

Auch für den *Benzin-Pkw* ist der Interne Zinsfuß bereits bekannt, was natürlich kein Hindernis darstellt, das *iterative Verfahren* anzuwenden. Für die Versuchszinssätze 4 % und 20 % liegen die Kapitalwerte vor. Für das iterative Vorgehen ist der erste Zinssatz ungeeignet, da der echte Zinssatz durch „einkreisen" ermittelt werden soll. Bei 20 % ist der Kapitalwert mit 8.064,91 € positiv, sodass ein größerer Zinssatz für den zweiten Versuch erforderlich ist.

Der neue Zinssatz soll 33 % betragen. In der Anwendung ergibt sich ein Kapitalwert von −1.849,17 €. Für die Analyse ist relevant, dass eine Steigerung des Kalkulationszinssatzes um 13 Prozentpunkte eine Kapitalwertverschlechterung von 9.913,98 € [= 8.064,91 € − (−1.849,17 €)] verursacht. Da beim Zinssatz von 33 % der Kapitalwert näher an Null heranreicht, ist dessen Ergebnis der Ausgangspunkt der weiteren Betrachtung. 1.849,17 € machen von dem *Gesamtdelta* einen Anteil von 18,65 % (= 1.849,17 € ÷ 9.913,98 €) aus. Bei einem linearen Verlauf müsste der Kalkulationszinssatz um 6,15 Prozentpunkte (= 33 · 18,65 %) reduziert werden, um einen Kapitalwert von Null zu erreichen.

Wenn mit 26,85 % der nächste *Durchlauf* erfolgt, erhält man einen positiven Kapitalwert von 2.302,05 €. Eine Zinssatzreduzierung von 6,15 Prozentpunkten führt durch die Diskontierung zu einer Steigerung des Kapitalwertes um 4.151,22 € [= 2.302,05 € − (−1849,17 €] . Auch hier bildet der Kapitalwert von −1.849,17 € den Ausgangspunkt, da er immer noch näher an Null liegt. 1.849,17 € machen 44,55 % des *Gesamtdeltas* (= 1.849,17 € ÷ 4.151,22 €) aus. Für eine Steigerung um 1.849,17 €, wäre der Zinssatz von 33 % um 2,74 Prozentpunkte (= 6,15 · 44,55 %) zu reduzieren.

Der neue Kalkulationszins liegt somit bei 30,26 %. Auf dieser Grundlage ergibt sich ein Kapitalwert von −101,74 €. Folglich führt eine Senkung des Kalkulationszinssatzes um 2,74 Prozentpunkte zu einer Senkung des Kapitalwertes um 1.950,91 €; hieran haben die 101,74 € einen Anteil von 5,22 % (= 101,74 € ÷ 1.950,91 €). Um den Kapitalwert von −101,74 € auszugleichen, würde bei einem *linearen Verlauf* eine Senkung des Kalkulationszinssatzes um 0,143 Prozentpunkte (5,22 % von 2,74 %) erforderlich sein. Der bisherige Kalkulationszinssatz von 30,26 % ist auf 30,12 % anzupassen.

Die Variation um 0,14 Prozentpunkte führt zu einem neuen Kapitalwert in Höhe von −8,26 € oder einer Steigerung von 93,48 €. Am *Gesamtdelta* hat der Kapitalwert von 8,26 € einen Anteil von 8,84 %. Folglich ist für die nächste Runde der Zinssatz um 8,84 % vom Zinsdelta von 0,14 % oder 0,0124 Prozentpunkte auf 30,1076 % zu reduzieren. In der Anwendung ergibt sich ein Kapitalwert von 0,04 €,

2.2 Erweiterung

sodass der Interne Zinsfuß ermittelt ist. Die Bar- und Kapitalwerte der einzelnen Durchläufe finden sich in der Tabelle 2.36.

Tab. 2.36: Zwischenergebnisse des iterativen Verfahrens für den Benzin-Pkw

Überschuss		Barwert e bei ... %	20	33	26,85	30,26	30,12	30,1076
t_1	14.400,00		12.000,00	10.827,07	11.351,99	8.505,00	11.066,71	11.067,76
t_2	14.400,00		10.000,00	8.140,65	8.949,15	6.536,28	8.505,00	8.506,62
t_3	14.400,00		8.333,33	6.120,79	7.054,90	5.023,27	6.536,28	6.538,14
t_4	14.400,00		6.944,44	4.602,10	5.561,61	3.860,49	5.023,27	5.025,18
t_5	14.400,00		5.787,04	3.460,22	4.384,40	11.066,71	3.860,49	3.862,33
		Summe	43.064,81	33.150,83	37.302,05	34.898,26	34.991,74	35.000,04
		Investition	−35.000					
		Kapitalwert	8.064,81	−1.849,17	2.302,05	−101,74	−8,26	0,04
								Beträge in €

Die *p/q-Formel* und die Formel für eine einzige Einzahlung lassen sich ohne Modifikation nicht auf die Pkw-Beispiele anwenden, da sie nicht die erforderlichen Strukturen aufweisen. Somit sind diese zu modifizieren. Hierdurch eröffnet sich die Möglichkeit der Übung, die Abweichung vom Originalsachverhalt ist diesem Ziel unterzuordnen. Die p/q-Formel erfordert eine Investition über zwei Jahre, aus diesem Grund wird die **zweijährige Laufzeit**, die bereits bei der Ermittlung der optimalen Nutzungsdauer betrachtet wurde, analysiert.

Die Anwendung für den Diesel-Pkw ist nachfolgend gezeigt.

1	$50.000 = 8.000\,X^{-1} + 33.000\,X^{-2}$	$\mid -50.000$
2	$0 = 8.000\,X^{-1} + 33.000\,X^{-2} - 50.000$	$\mid \cdot (-1)$
3	$0 = 50.000 - 8.000\,X^{-1} - 33.000\,X^{-2}$	$\mid \cdot X^2$
4	$0 = 50.000\,X^2 - 8.000\,X^1 - 33.000\,X^0$	$\mid \div 50.000$
5	$0 = X^2 - 0,16\,X - 0,66$	$\mid$ in p/q-Formel einsetzen
6	$X_{1,2} = -(-0,16) \div 2 \pm \sqrt{\left(\frac{-0,16}{2}\right)^2 - (-0,66)}$	$\mid$ p und Klammer ausrechnen
7	$X_{1,2} = 0,08 + \sqrt{0,0064 - (-0,66)}$	$\mid$ Wurzel ausrechnen
8	$X_{1,2} = 0,08 \pm 0,81633$	$\mid$ Entscheidung treffen und Addition durchführen
9	$X = 0,89633$	$\mid -1$ und in Prozentschreibweise überführen
10	$X = -10,366673\,\%$	

Die einzelnen Schritte basieren auf folgenden Überlegungen:

2 Dynamische Verfahren der Investitionsrechnung

1. 50.000 € heute sollen
   a. 8.000 € multipliziert mit dem Diskontierungsfaktor hoch −1 zuzüglich
   b. 33.000 € multipliziert mit dem Diskontierungsfaktor hoch −2 entsprechen. Die Hochzahlen sind bekannt, der Multiplikator gesucht. Die 33.000 € werden auf beiden Seiten abgezogen.
2. Auf einer Seite verbleibt Null, auf der anderen Seite die Zahlenwerte. Die ganze Gleichung ist mit −1 zu multiplizieren.
3. Null bleibt natürlich unverändert, die andere Seite der Gleichung ist von der Reihenfolge her sortiert. Nun wird mit X^2 multipliziert.
4. Hier greift die Exponenten-Regel: diese besagt, dass die Exponenten zu addieren sind:
   a. aus 50.000 werden 50.000 X^2
   b. aus 8.000 X^{-1} werden 8.000 X^1 und
   c. aus 33.000 X^{-2} werden 550 $X^0 \Leftrightarrow X^0$
5. Bei der Division durch 50.000 können auch die Hochzahlen „bereinigt" werden:
   a. Die X^2 sind nicht weiter zu kommentieren.
   b. Die 0,16 X^1 entsprechen 0,16 X, der Exponent bei hoch 1 ist nicht separat zu führen.
   c. Die 0,66 X^0 sind 0,66 da X^0 dem Wert 1 entspricht.
6. Bei der Anwendung der p/q-Formel gilt:
   a. 0,16 X $\Leftrightarrow$ p und
   b. 0,66 $\Leftrightarrow$ q
7. Die negative Ausprägung…
   a. der 0,16 vor der Wurzel führt mit dem negativen Vorzeichen aus der Formel zu einem positiven Wert.
   b. der 0,66 in der Wurzel führt mit dem negativen Vorzeichen aus der Formel zu einem positiven Wert.
   c. von 0,08 wird durch das Quadrieren ebenfalls zu einem positiven Wert.
8. Solange die Zahlungen in der Zukunft nominell größer der Investitionsauszahlung in der Gegenwart sind, muss ein positiver Zinssatz vorliegen. Dies ist in diesem Beispiel nicht gegeben. In der Anwendung führt die Addition zu einem positiven Ergebnis < 1 und die Subtraktion zu einem negativen Resultat. Es ist wichtig zu vergegenwärtigen, dass das Ergebnis der Multiplikator und noch nicht der Zinssatz ist. Somit ist die negative Ausprägung ungeeignet.

2.2 Erweiterung

9. Das Resultat stellt den Multiplikator dar, der die Konstante (= 1) enthält. Diese ist abzuziehen. Ein Interner Zinssatz von −10,66673 % erscheint bei den Zahlenwerten des Sachverhalts plausibel.
10. Das Ergebnis kann durch Ermittlung des Kapitalwertes überprüft werden, der Interne Zinsfuß ist korrekt ermittelt.

Die Anwendung für den Benzin-Pkw ist nachfolgend gezeigt.

1		35.000	$= 14.400 \, X^{-1} + 44.400 \, X^{-2}$	$\mid -35.000$
2		0	$= 14.400 \, X^{-1} + 44.400 \, X^{-2} - 35.000$	$\mid \cdot (-1)$
3		0	$= 35.000 - 14.400 \, X^{-1} - 44.400 \, X^{-2}$	$\mid \cdot X^2$
4		0	$= 35.000 \, X^2 - 14.400 \, X^1 - 44.400 \, X^0$	$\mid \div 35.000$
5		0	$= X^2 - 0{,}4114 \, X - 1{,}2686$	$\mid$ in p/q-Formel einsetzen
6	$X_{1,2}$		$= -(-0{,}4114) \div 2 \pm \sqrt{\left(\frac{-0{,}4114}{2}\right)^2 - 1{,}2686}$	$\mid$ p und Klammer ausrechnen
7	$X_{1,2}$		$= 0{,}2057 \pm \sqrt{0{,}04231 - (-1{,}2686)}$	$\mid$ Wurzel ausrechnen
8	$X_{1,2}$		$= 0{,}2057 \pm 1{,}145$	$\mid$ Entscheidung treffen und Addition durchführen
9	X		$= 1{,}3507$	$\mid -1$ und in Prozentschreibweise überführen
10	X		$= 35{,}07 \, \%^9$	

Die einzelnen Schritte basieren auf folgenden Überlegungen:
1. 35.000 € heute sollen
   a. 14.400 € multipliziert mit dem Diskontierungsfaktor hoch −1 zuzüglich
   b. 44.400 € multipliziert mit dem Diskontierungsfaktor hoch −2 entsprechen. Die Hochzahlen sind bekannt, der Multiplikator gesucht. Die 35.000 € werden auf beiden Seiten abgezogen.
2. Auf einer Seite verbleibt Null, auf der anderen Seite die Zahlenwerte. Die ganze Gleichung ist mit −1 zu multiplizieren.
3. Null bleibt natürlich unverändert, die andere Seite der Gleichung ist von der Reihenfolge her sortiert. Nun wird mit X^2 multipliziert.
4. Hier greift die Exponenten-Regel: diese besagt, dass die Exponenten zu addieren sind:
   a. aus 35.000 werden $35.000 \, X^2$
   b. aus $14.400 \, X^{-1}$ werden $14.400 \, X^1$ und

---

[9] Die Differenz zum echten Internen Zinsfuß von 35,066 % basiert auf Rundungen.

c. aus 44.400 X^{-2} werden 44.400 X^0 ⇔ X^0 entspricht 1 und kann somit entfallen
5. Bei der Division durch 35.000 können auch die Hochzahlen „bereinigt" werden:
   a. Die X^2 sind nicht weiter zu kommentieren.
   b. Die 0,4114 X^1 entsprechen 0,4114 X, der Exponent bei hoch 1 ist nicht separat zu führen.
   c. Die 1,2686 X^0 sind 1,2686 da X^0 dem Wert 1 entspricht.
6. Bei der Anwendung der p/q-Formel gilt:
   a. 0,4114 X ⇔ p und
   b. 1,2686 ⇔ q
7. Die negative Ausprägung …
   a. der 0,4114 vor der Wurzel führt mit dem negativen Vorzeichen aus der Formel zu einem positiven Wert.
   b. der 1,2686 in der Wurzel führt mit dem negativen Vorzeichen aus der Formel zu einem positiven Wert.
   c. von 0,2057 wird durch das Quadrieren ebenfalls zu einem positiven Wert.
8. Solange die Zahlungen in der Zukunft nominell größer der Investitionsauszahlung in der Gegenwart sind, muss ein positiver Zinssatz vorliegen. In der Anwendung führt nur die Addition zu diesem Ergebnis (= 1,3507).
9. Das Resultat stellt den Multiplikator dar, der die Konstante (= 1) enthält. Diese ist abzuziehen (= 0,3507).
10. Das Ergebnis kann durch Ermittlung des Kapitalwertes überprüft werden, der Interne Zinsfuß ist korrekt ermittelt.

Die Formel zur Ermittlung des **Internen Zinsfußes** bei einer **einmaligen Einzahlung** findet in den bisherigen Daten noch keine Entsprechung, somit sind die Parameter anzupassen. Als Fiktion wird nachfolgend davon ausgegangen, dass sämtliche EZÜ im letzten Jahr der Nutzung anfallen. Für den **Diesel-Pkw** bedeutet dies einen Mittelzufluss von 102 T€ (= 8 T€ · 2 + 15 T€ · 2 + 25,5 T€ · 2 + 5 T€) im Jahr t_6. Dem **Benzin-Pkw** sind 70 T€ (= 5 · 14,4 T€) im Jahr t_5 zuzuordnen.

Somit gilt für den Diesel-Pkw:

$$\text{Interner Zinsfuß} = \sqrt[6]{\frac{102.000}{50.000}} - 1 = 0{,}12617 \Leftrightarrow 12{,}62\,\%$$

Für den Benzin-Pkw ergibt sich folgende Struktur:

$$\text{Interner Zinsfuß} = \sqrt[5]{\frac{72.000}{35.000}} - 1 = 0{,}15519 \Leftrightarrow 15{,}52\,\%$$

2.2 Erweiterung

Der **Baldwin-Ansatz** lässt sich auf Basis der vorliegenden Informationen ableiten, erfordert jedoch zusätzlich die Definition der durchschnittlichen Unternehmensrendite. Diese wird für die beiden Pkw mit 20 % angenommen, da annahmegemäß ein Unternehmen die Auswahl durchführt.

Die Ergebniszusammenfassung für den Diesel-Pkw zeigt die Tabelle 2.37.

Tab. 2.37: Anwendung des Baldwin-Ansatzes für den Diesel-Pkw

EZÜ	Anlagedauer in Jahren	Multiplikator	Endwerte (in €)
8.000,00	5	$1{,}20^5$	19.906,56
8.000,00	4	$1{,}20^4$	16.588,80
15.000,00	3	$1{,}20^3$	25.920,00
15.000,00	2	$1{,}20^2$	21.600,00
25.500,00	1	$1{,}20^1$	30.600,00
30.500,00	0	$1{,}20^0$	30.500,00
Summe			145.115,36
Investitionsauszahlung			50.000,00
Quotient			2,9023072
Dauer (in Jahren)			6
Wurzelwert			1,194328777
Zinssatz (dezimal)			0,194328777

Systembedingt werden die EZÜ zum Ende von t_1 bis zum Ende der Investitionsnutzung im Unternehmen zum Zinssatz von 20 % angelegt. Somit erfolgt die Multiplikation der 8.000 € aus dieser Zeitscheibe für fünf Jahre, was zu einem Multiplikator von $1{,}20^5$ führt. Das Ergebnis ist der **Endwert** dieser Zahlung in Höhe von 19.906,56 €. Das gleiche Vorgehen ist für die EZÜ der Jahre zwei bis sechs vorzunehmen. Wobei das letzte Jahr im Exponenten die Null aufweist, da dieser Betrag zum Ende von t_6 anfällt und somit nicht im Unternehmen anlegbar ist. In **Summe** errechnet sich ein **Endwert** von 145.115,36 € welcher durch die Anschaffungsauszahlung in Höhe von 50.000 € zu dividieren ist. Aus dem **Quotienten** als Ergebnis (= 2,90231 €) ist die **sechste Wurzel** zu ziehen. Dieser Wert beträgt 1,19433 und ist um die Konstante 1 zu reduzieren. Somit ergibt sich ein Zinssatz von 19,43 %. Dieser weicht nur gering von dem traditionell ermittelten Zinssatz in Höhe von 19,111 % ab.

Methodisch ist beim **Benzin-Pkw** analog zu verfahren. Die Ergebnisherleitung ist in Tabelle 2.38 zu finden. Durch die um ein Jahr kürzere Laufzeit verändern sich auch die Anlagedauern entsprechend, was in den Exponenten seinen Niederschlag findet.

Tab. 2.38: Anwendung des Baldwin-Ansatzes für den Benzin-Pkw

EZÜ	Anlagedauer in Jahren	Multiplikator	Endwerte (in €)
14.400,00	4	$1{,}20^4$	29.859,84
14.400,00	3	$1{,}20^3$	24.883,20
14.400,00	2	$1{,}20^2$	20.736,00
14.400,00	1	$1{,}20^1$	17.280,00
14.400,00	0	$1{,}20^0$	14.400,00
Summe			107.159,04
Investitionsauszahlung			35.000,00
Quotient			3,061686857
Dauer (in Jahren)			5
Wurzelwert			1,250812331
Zinssatz (dezimal)			0,250812331

Materiell erkennt man hier die Schwäche oder Besonderheit des **Baldwin-Ansatzes**: die **Tendenz zur Mitte**. Während sich der Zinssatz für den Diesel-Pkw mit einer Variation von 0,32 Prozentpunkten zur ursprünglichen Betrachtung kaum verändert hat, ist die Anpassung beim Benzin-Pkw signifikant. Von den ursprünglichen 30,10 % verbleiben beim Baldwin-Ansatz nur 25,08 %. Dies liegt an der **Wiederanlageprämisse**, der EZÜ. Diese „hebeln" hier den originär höheren Zinssatz nach unten, da sich die Sphären der Investition und der Unternehmensrendite vermischen.

Bearbeitungs-Tipps für eine erfolgreiche Umsetzung und Interpretation:
- Bei allen Ansätzen ist es wichtig, neben den operativen EZÜ den **Restwert** – *natürlich nur soweit vorhanden – im letzten Jahr der Nutzung nicht zu vergessen*.
- Beim *iterativen* Verfahren besteht die Gefahr, dass die Zinssätze im ersten Durchlauf zu eng oder zu weit gewählt werden. Hier hilft üben, um in Abhängigkeit von der EZÜ-Struktur und Laufzeit eine Intention zu entwickeln.
- Sollte (nur) ein **Versuchzins** vorgegeben sein, so ist der zweite Versuchszinssatz immer kleiner zu wählen, wenn der erste einen negativen Kapitalwert hervorgebracht hat. So wird der Schrumpf der EZÜ verkleinert und der Kapitalwert steigt im Rahmen der zweiten Berechnung.

- Um keine unnötige Arbeit zu verrichten, ist die geforderte Genauigkeit zu beachten: Wie viele **Nachkommastellen** sind verlangt?
- Die **Vorzeichenregel** gilt es auch bei der *p/q-Formel* korrekt anzuwenden, sonst entstehen unrealistische Ergebnisse. Zudem sind die einzelnen Schritte exakt einzuhalten.
- Bei der Auswahl, ob das Wurzelergebnis bei Einsatz der *p/q-Formel* in der Rechnung abzuziehen oder hinzuzurechnen ist, muss man die Aussage des Ergebnisses kennen: Es ist der Multiplikator, der durch den Abzug von 1 zum Internen Zinsfuß wird.
- Der Einsatz der Formel für *eine Einzahlung* ist nur für diese Konstellation verwendbar und führt bei anderen Zahlungsströmen zu Fehlern.
- Sowohl bei der Baldwin-Methode als auch bei den Investitionen, die nur durch eine Einzahlung gekennzeichnet sind, ist es wichtig, die Anzahl der *Jahre* korrekt in den Exponenten aufzunehmen.
- Der Baldwin-Ansatz hat in der Verwendung der Anlagebeträge niemals die gleiche *Laufzeit* wie die Investition, sondern ist immer (mindestens) eine Periode kürzer.
- Bei der Interpretation des Baldwin-Zinssatzes gilt, dass *zwei Sphären* miteinander vermischt werden und diese Ausprägung die *Tendenz zur Mitte* aufweist. Mit anderen Worten: schwache Investitionen erstarken und starke Investitionen erfahren eine Schwächung.
- Inwieweit die *Unternehmensrendite* im Zeitverlauf eine Konstante ist, kann kritisch hinterfragt werden.

2.2.6 Endwertberechnung und maximaler Sollzinssatz

2.2.6.1 Darstellung

Diese Überlegung setzt an der Kritik an, dass der Kapitalwert die **Zinsgleichheit** des **Soll- und Habenzinssatzes** unterstellt. In der Realität sind sie für Unternehmen ungleich. So erfolgt hier eine Aufspaltung der Verzinsung für den Kredit- und Anlagebereich. Inhaltlich findet sich hier ein Teil des Gedankens wieder, der bereits in der Baldwin-Methode berücksichtigt wurde: die **Anlage** des *EZÜ* zu einem *vorgegebenen Zinssatz*. Statt der durchschnittlichen Unternehmensrendite kommt hier jedoch der Anlagezinssatz, der bei der Bank erwartet wird, zum Einsatz. Dieser Unterschied ist nur materiell, nicht aber methodisch bedeutsam. Im Ergebnis werden alle EZÜ aufgezinst und stellen das angelegte Guthaben aus der Investition dar. Der

2 Dynamische Verfahren der Investitionsrechnung

Umgang mit der **Anschaffungsauszahlung** unterscheidet sich ebenfalls. So erfolgt die fiktive **Kreditaufnahme** zu dem höheren Zinssatz auf einem separaten Konto, welches **Tilgungen** komplett **ausschließt** und Zinsen ansammelt. Zum Ende der Investitionslaufzeit erfolgt die **Verrechnung** der beiden Konten und das Ergebnis bildet den **Endwert** der Investition, welcher in diesem Ansatz die Entsprechung zum Kapitalwert darstellt. Einen Überblick für die zweijährige Beispielinvestition vermittelt Abbildung 2.24.

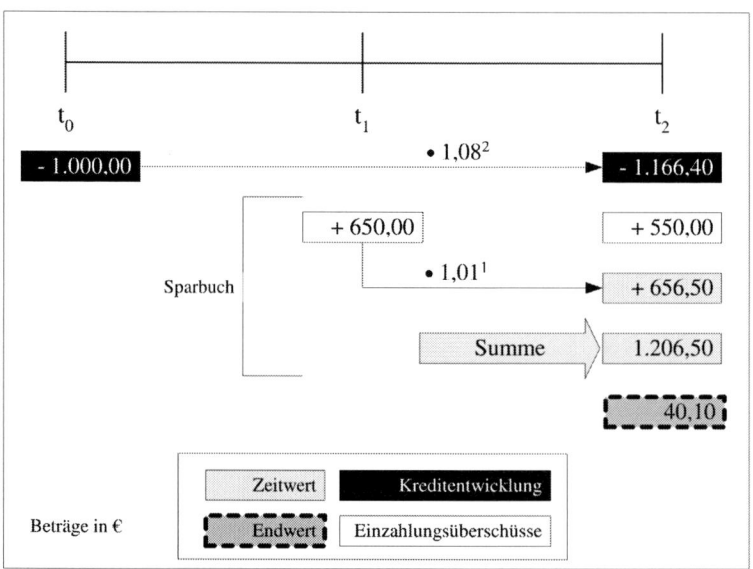

Abb. 2.24: Aufbereitete Zahlungsströme zur Endwertberechnung

Die Investitionsauszahlung von 1.000 € ist über zwei Jahre bei 8 % zu finanzieren und verursacht Zinsen einschließlich Zinseszinsen, sodass der **Darlehensbetrag**, den die Bank zum Ende der Laufzeit verlangt, 1.166,40 € beträgt. Der EZÜ in t_1 (= 650 €) steht **für ein Jahr** zur Verfügung und kann zu 1 % angelegt werden. So erwirtschaftet er bis zum Ende des Betrachtungszeitraumes 6,50 € an Zinsen. In Summe schlägt ein Betrag von 656,50 € zu Buche. Der Zufluss aus t_2 ist **nominell** zu verwenden, da er am letzten Tag des Betrachtungszeitraumes zufließt. Das **Gesamtguthaben** aus der Investition bildet die Summe und beträgt 1.206,50 €. Dieser Betrag ist mit der Summe der Schulden zu verrechnen, sodass sich ein **Endwert** von 40,10 € ergibt. Auch unter diesen Annahmen ist die Investition als vorteilhaft zu kennzeichnen. Dass sich ein Vergleich mit dem Kapitalwert dieser Investition (vgl. Abbildung 2.1) verbietet, versteht sich von selbst, da hier unterschiedliche Verfahren

2.2 Erweiterung

und Prämissen im Einsatz sind. Für einen sinnvollen Vergleich ist immer ein methodisch identisches Vorgehen erforderlich.

Als Kritikpunkt verbleibt, dass bei einer Kreditaufnahme nur selten auf **zwischenzeitliche Tilgungen** verzichtet wird und die Zinskapitalisierung bis zum Ende des Betrachtungszeitraumes nur bei wenigen Finanzierungsinstrumenten konzeptionell vorgesehen ist. Ein Instrument, welches beide Bedingungen erfüllt ist der Zerobond[10].

Auch bei der **Endwertbetrachtung** kann der **Interne Zinsfuß** ermittelt werden, welcher hier die pragmatische Frage beantwortet: Wie hoch darf der Sollzinssatz der Bank maximal sein, damit immer noch ein Endwert von Null erzielt wird? Aus diesem Grund spricht man auch von der **Sollzinssatzmethode**. Neben sicheren **Zahlungsströmen** wird hier auch ein **konstanter Habenzinssatz** unterstellt. Als Lösungsmöglichkeiten bieten sich das *iterative Verfahren*, die *Näherungsformel* sowie die Berechnung des Internen Zinsfußes nach der **Baldwin-Methode** an. Die beiden erstgenannten Möglichkeiten sind arbeitsintensiv und bereits bekannt, sodass hier auch die ebenfalls bekannte Baldwin-Formel zum Einsatz kommt. Für die Investition über zwei Jahre ergibt sich folgende Formelausprägung:

$$\text{Interner Zinsfuß nach Baldwin} = \sqrt[2]{\frac{1.206{,}50}{1.000}} - 1 = 0{,}098407 \Leftrightarrow 9{,}84\,\%$$

Die Summe der **aufgezinsten Zuflüsse** wird durch das eingesetzte **Nominalkapital** geteilt. Aus dem **Quotienten** ist – im vorliegenden Beispiel aufgrund der zweijährigen Laufzeit – die **Quadratwurzel** zu ziehen. Hiermit errechnet sich der maximale **Aufzinsungsfaktor**, der noch die Konstante 1 enthält. Durch deren Subtraktion errechnet sich der maximale Kreditzinssatz in der dezimalen Schreibweise.

Multipliziert man den Kapitaleinsatz mit $1{,}098407^2$ erhält man einen Wert von 1.206,4979 €. Verlangt die Bank diesen Wert für die komplette **Rückführung** des **Darlehens** nach zwei Jahren, so reichen die aufgezinsten Rückflüsse gerade eben aus, um diese Forderung abzudecken. Hiermit ist die Richtigkeit des Internen Zinssatzes belegt.

2.2.6.2 Anwendung

Für den Diesel-Pkw sind die Ergebnisse in Tabelle 2.39 aufgeführt. Die Berechnungen basieren auf einem Sollzinssatz von 10 % und einem Habenzinssatz von 2 %.

---

[10] Vgl. hierzu Perridon et al. (2022), S. 477f. und Ostendorf (2023), S. 210ff.

Tab. 2.39: Anwendung differenzierter Zinssätze für den Diesel-Pkw

Zahlung	Dauer in Jahren	Multiplikator	Endwerte (in €)
–50.000,00	6	$1,10^6$	–88.578,05
8.000,00	5	$1,02^5$	8.832,65
8.000,00	4	$1,02^4$	8.659,46
15.000,00	3	$1,02^3$	15.918,12
15.000,00	2	$1,02^2$	15.606,00
25.500,00	1	$1,02^1$	26.010,00
30.500,00	0	$1,02^0$	30.500,00
Summe des Guthabens			105.526,22
Endwert			16.948,17
Nominelle Investitionsauszahlung			50.000,00
Quotient			2,110524474
Dauer (in Jahren)			6
Wurzelwert			1,132570031
Zinssatz (dezimal)			0,132570031

Der bisherigen Struktur ist die Betrachtung der Investitionsauszahlung vorweg gestellt, welche mit dem Kreditzins für sechs Jahre aufgezinst ist. Die Aufzinsung der EZÜ variiert zur vorherigen Betrachtung materiell nur durch einen abweichenden Zinssatz. Inhaltlich unterscheiden sich die Prämissen deutlicher. Während der Baldwin-Ansatz von einer Wiederanlage im Unternehmen ausgeht, ist hier die Anlage bei einem Kreditinstitut unterstellt. Aus der Verrechnung des aufgelaufenen Kreditbetrages und dem akkumulierten Guthaben berechnet sich der Endwert, den der Baldwin-Ansatz nicht kennt. Die Ermittlung des Internen Zinsfußes entspricht dem Vorgehen nach Baldwin. Im Ergebnis weist der Diesel-Pkw eine Verzinsung von 13,26 % auf.

Um die Vergleichbarkeit der beiden Pkw zu gewährleisten, basiert die nachfolgende Betrachtung in Tabelle 2.40 für den Benzin-Pkw selbstverständlich auf den gleichen Zinssätzen.

2.2 Erweiterung

Tab. 2.40: Anwendung differenzierter Zinssätze für den Benzin-Pkw

Zahlung	Dauer in Jahren	Multiplikator	Endwert
–35.000,00	5	$1,10^5$	–56.367,85
14.400,00	4	$1,02^4$	15.587,02
14.400,00	3	$1,02^3$	15.281,40
14.400,00	2	$1,02^2$	14.981,76
14.400,00	1	$1,02^1$	14.688,00
14.400,00	0	$1,02^0$	14.400,00
Summe des Guthabens			74.938,18
Endwert			18.570,33
Nominelle Investitionsauszahlung			35.000,00
Quotient			2,141090809
Dauer (in Jahren)			5
Wurzelwert			1,164466549
Zinssatz (dezimal)			0,164466549

Operativ entspricht das Vorgehen der für den Benzin-Pkw dem für den Diesel-Pkw. Durch unterschiedliche Laufzeiten, sind einige Parameter im Detail unterschiedlich ausgeprägt.

Inhaltlich haben sich die Ergebnisse deutlich verändert: Während der Diesel-Pkw einen höheren Kapitalwert (= 36.309,50 € > 29.105,92 €) generiert, dominiert der Benzin-Pkw beim Endwert. Bei den Zinssätzen ist die Vorteilhaftigkeit des Benzin-Pkw, der ursprünglich 30,10 % erwirtschaftet mit 16,45 % nicht mehr so signifikant. Der originäre Interne Zinsfuß des Diesel-Pkw war mit 19,11 % deutlich geringer ausgeprägt und sinkt im Rahmen der Endwertbetrachtung nur auf 13,26 %.

> **Bearbeitungs-Tipps für eine erfolgreiche Umsetzung und Interpretation:**
> - Methodisch gelten die Hinweise zum **Baldwin-Ansatz**.
> - Bei der Ermittlung des **maximalen Sollzinssatzes** ist – genauso wie beim Baldwin-Ansatz – die nominelle Investitionsauszahlung Divisor für die aufgezinsten EZÜ. Hier kommt es schon mal vor, dass stattdessen der aufgezinste Kreditbetrag verwendet wird.
> - Ob die verwendeten **Soll- und Habenzinssätze** in der Realität konstant bleiben, hängt vom Einzelfall ab.

> • Eine Kreditierung die bis zum Ende der Investitionslaufzeit auf jegliche **Zins- und Tilgungszahlungen verzichtet**, deckt sich nur im Einzelfall (= Zerobonds) mit der Realität.

2.2.7 Kapitalwertberechnung unter Berücksichtigung von Erfolgssteuern

2.2.7.1 Darstellung

Die Berücksichtigung aller **Steuerarten**, die mit der **Nutzung** eines Investitionsgutes verbunden sind, lassen sich problemlos in die Kapitalwertermittlung integrieren. Ihre Beträge können leicht ermittelt werden und stehen nicht im Widerspruch zum Kapitalwertgedanken. Anders sieht es bei den **Erfolgssteuern** aus. Dass diese den zufließenden Erfolg reduzieren ist naheliegend. Konzeptionell greifen der **Kapitalwert** und die **Steuer** auf unterschiedliche **ökonomische Größen** zurück. Die nachfolgende Argumentationskette soll diesen Sachverhalt verdeutlichen.

- Grundsätzlich *mindert* die Erfolgssteuer den jährlichen *Einzahlungsüberschuss*.
- Jedoch wird die Steuer nicht auf den EZÜ entrichtet, sondern auf den *Gewinn*.
- Der Unterschied zwischen EZÜ und Gewinn ist, dass bei der Gewinnermittlung die *Abschreibung* mindernd einbezogen wird. In Folge ist nur ein Teil des EZÜ zu versteuern.

Somit ermittelt sich der *EZÜ nach Ertrags-Steuern*

$$EZÜ_{nES} = EZÜ - Steuersatz \cdot (EZÜ - AfA)$$

Wie ist der **Restwert steuerrechtlich** zu behandeln? Die Antwort ist ein klares: es hängt davon ab. Und die Bedingung wovon es abhängt, ist die Höhe des **Restbuchwertes** im Verkaufszeitpunkt.

- Entsprechen sich Restbuchwert und Liquidationserlös (= LE), so handelt es sich um einen *erfolgsneutralen* Mittelzugang.
- Übersteigt der Restbuchwert den Liquidationserlös, so ist der Mittelzufluss mit einem *Verlust* in Höhe des Deltas verbunden, welches zu einem zusätzlichen Mittelzufluss in Form einer Steuererstattung führt.
- Übersteigt hingegen der Liquidationserlös den Restbuchwert, so ist das positive *Delta steuerpflichtig* und bedeutet einen zusätzlichen Mittelabfluss.

Allgemein gilt: *Liquidationserlös nach Ertragssteuern*

$$LE_{nES} = LE - Steuersatz \cdot LE - Buchwert\ der\ Periode\ n\ (= BW_n)$$

2.2 Erweiterung

Als letzte Parameter sind die Zinsen zu analysieren. Hierzu gilt es, sich die Steuerwirkung bei den Zinsen – und natürlich jeder anderen Aufwandsart – zu vergegenwärtigen. Ein Beispiel ist in Tabelle 2.41 aufgenommen.

Tab. 2.41: Beispiel zur Steuerwirkung der Zinsen bei einem Steuersatz von 50 %

Position	Unternehmen 1	Unternehmen 2
Umsatzerlöse	1.000	1.000
Kosten ohne Zinsen	700	700
Zinskosten	100	0
Gewinn	200	300
Erfolgssteuern (50 %)	100	150
Erfolg nach Erfolgssteuern	100	150
		Beträge in €

Die beiden Unternehmen sind annahmegemäß komplett *gleich aufgestellt* und wirtschaften operativ vollständig identisch. Unternehmen 1 hat jedoch einen Kredit aufgenommen, der in der laufenden Periode zu einem *Zinsaufwand* in Höhe von 100 € führt, während Unternehmen 2 keinen Zinsaufwand zu berücksichtigen hat. Der zusätzliche Aufwand reduziert den Gewinn um 100 €, führt aber gleichzeitig zu einer *Reduzierung* der *Steuerlast*. Der *Nachsteuererfolg* und damit das Einkommen des Eigentümers unterscheidet sich nur um 50 €, da die anderen 50 € vom *Finanzamt „übernommen"* werden. Diesen Effekt gilt es bei dem Diskontierungsfaktor zu berücksichtigen.

Dies setzt sich um als: *Zinssatz nach Ertragssteuern*

$i_{nES} = i \cdot (1 - Steuersatz)$

Für die Berechnung der Kapitalwerte bedeutet dies: ein Teil der Zinskosten wird durch das Finanzamt übernommen. Die Differenz zwischen Nominal- und Barwert einer Zahlung verkleinert sich, was die *Attraktivität* der Investition steigert.

Integriert man die hier aufbereiteten Einzelkomponenten zur Gesamtformel, so ergibt sich folgendes Bild:

Kapitalwert nach Ertragssteuern ($= KW_{nES}$) $=$

$$\sum_{t=n}^{n} [EZÜ_t - Steuersatz \cdot (EZÜ_t - AfA_t)] \cdot (1 + i_{nES})^{-t} + (LE - Steuersatz \cdot (LE - BW_n)) \cdot (1 + i_{nES})^{-t} - I_0$$

Ob diese Schreibweise tatsächlich hilfreich ist, hängt vom Einzelfall ab. Ein anderer *Erklärungsansatz* basiert auf der Tabelle 2.42, in der die einzelnen Schritte umgesetzt werden. Als Ausgangsbasis dient erneut die Investition über zwei Perioden, die bereits bekannt ist. Folgende *Parameter* sind zusätzlich definiert:

- Der Kalkulationszinssatz beträgt nach wie vor 8 %.
- Die Abschreibung erfolgt über fünf Jahre und ist linear ausgeprägt, gemäß der einschlägigen Gesetze.
- Der Steuersatz beträgt annahmegemäß konstant 32,5 %.
- Die Steuerzahlung erfolgt in beide Richtungen im Jahr der EZÜ-Entstehung und blendet andere Aspekte des Unternehmens aus.
- Die erwartete Zahlung in t_2 setzt sich aus dem LE von 100 € und dem EZÜ von 450 € zusammen.

Tab. 2.42: Kapitalwertermittlung der Ausgangsinvestition unter Steuereinbeziehung

Anfall	EZÜ	AfA	RBW	Gewinn	Steuer	EZÜ$_{nES}$	Faktor	Barwert
t_1	650,00	200,00	800,00	450,00	146,25	503,75	$1,054^{-1}$	477,94
t_2	450,00	200,00	600,00	250,00	81,25	368,75	$1,054^{-2}$	331,93
t_2	100,00		600,00	−500,00	−162,50	262,50	$1,054^{-2}$	236,29
Summe	1.200,00	400,00		200,00	65,00	1.135,00		1.046,17
t_0								−1.000,00
Kapitalwert$_{nES}$								46,17
								Beträge in €

Der EZÜ der ersten Periode bleibt unverändert. Eine Investition linear auf fünf Jahre verteilt, führt zu einer *Abschreibung* von 200 €, in Verrechnung mit der Investition ergibt sich ein *Restbuchwert* von 800 €. Subtrahiert man vom EZÜ die AfA, ergibt sich der *steuerpflichtige Erfolg* in Höhe von 450 €, der bei einem Steuersatz von 32,5 % zu einem *Mittelabfluss* von 146,25 € führt. In Summe verbleiben dem Unternehmen 503,75 € (= 650 € − 146,25 €) als *EZÜ*$_{nES}$, welche zu diskontieren sind. Hierzu ist der I_{nES} zu ermitteln (0,08 · (1−0,325) = 5,4 %). Mit anderen Worten: der Zinsschaden durch das Auftreten der EZÜ im Zeitverlauf verringert sich. Im Ergebnis ist ein *Barwert* von 477,94 € zu verzeichnen.

Der EZÜ der zweiten Periode ist in zwei Teile zu spalten, da nur 450 € dem *operativen Bereich* zuzuordnen sind. Diese führen nach Abzug der *Abschreibung* zu einem steuerpflichtigen *Gewinn* von 250 € auf den 81,25 € an *Steuern* zu entrichten sind, sodass 368,75 € (= 450 € − 81,25 €) dem Unternehmen verbleiben. Nach der Diskontierung ist ein *Barwert* von 334,67 € zu vermerken.

2.2 Erweiterung

Die verbleibenden 100 € aus dem zweiten Jahr stehen dem **Restbuchwert** von 600 € gegenüber und führen somit zu einem **Verlust**, da offensichtlich der Werteverzehr der beiden Perioden unzureichend in den Abschreibungen berücksichtigt ist. Ein Verlust von 500 € (600 € − 100 €) führt – bei gegebenem Steuersatz – zu einer **Steuergutschrift** in Höhe von 162,50 €. Somit hat das Unternehmen hier seine Liquidität gesteigert. Der EZÜ$_{nES}$ ist entsprechend für zwei Perioden zu diskontieren und führt zu einem Barwert von 238,24 €. Die Summe der **Barwerte** beträgt 1.046,17 € und ist mit der **Investitionsauszahlung** in Höhe von 1.000 € zu verrechnen. Das Ergebnis ist der KW_{nES} in Höhe von 46,17 €.

Eine Analyse der Unterschiede in beiden Modellen (vgl. zu den Ursprungswerten Abb. 2.1) findet sich in Tabelle 2.43.

Tab. 2.43: Ursachen der Kapitalwertunterschiede für das Ausgangsbeispiel

Modell	Kapitalwert	Zu diskontierende EZÜ	Unterschied EZÜ zu Barwert
Ohne Steuern	73,39	1.200,00	126,61
Mit Steuern	46,17	1.135,00	88,83
Unterschied	27,22	65,00	37,78
			Beträge in €

Die **Kapitalwerte** unterscheiden sich um 27,22 € obwohl sich die zu diskontierenden EZÜ um 65 € verringert haben. Ursache ist die kompensierende Wirkung der **Reduzierung** der **Diskontierungswirkung**, die ihre Ursache in den unterschiedlichen Zinssätzen hat. Der Kapitalwertunterschied errechnet sich: 6,00 € − 37,78 € = 27,22 €.

Je höher der **Steuersatz** ist, desto mehr verringert sich der Schrumpf bei der **Diskontierung**. Fallen (in den ersten Jahren) umfangreiche Abschreibungen in Kombination mit geringen EZÜ aufgrund einer **Markteinführung** an, können kleine EZÜ auch **Verluste** in der GuV darstellen, die zusätzliche (frühe) Mittelzuflüsse in Form von **Steuererstattungen** generieren (können). Im Schrifttum wird von einem **Paradoxon** gesprochen, wenn durch die Versteuerung eine Investition statt eines negativen einen positiven Kapitalwert erwirtschaftet. Methodisch muss der Steuerabfluss durch eine Verringerung der Differenz zwischen EZÜ und Barwert bei der Steuereinbeziehung überkompensiert werden.

In der Realität fallen unterschiedliche Steuersätze für **Kapitalgesellschaften** und Personengesellschaften bzw. Einzelkaufleuten an, sodass hier ggf. mit unterschiedlichen **Steuersätzen** zu kalkulieren ist. Für die individuelle Entscheidung sind die unterschiedlichen Ausprägungen jedoch unerheblich, da der Unternehmer sich zwischen verschiedenen Alternativen entscheiden muss und dafür ein **konstanter Datenkranz** – wie die aktuell gültige Rechtsform – gilt.

2.2.7.2 Anwendung

Die EZÜ sind für beide Pkw bereits bekannt und bilden die Grundlage. Für beide Fahrzeuge soll der Kapitalwert für den Einsatz der gesamten Nutzungsdauer unter Steuereinbeziehung analysiert werden. Der angenommene **Steuersatz** beträgt erneut 32,5 % und die **Abschreibungsdauer** entspricht mit sieben Jahren der des Einkommensteuerrechts. Alle weiteren Parameter bleiben unverändert.

Für den **Diesel-Pkw** findet sich die Ergebniszusammenfassung in Tabelle 2.44.

Tab. 2.44: Kapitalwertermittlung des Diesel-Pkw unter Steuereinbeziehung

Anfall	EZÜ	AfA	RBW	Gewinn	Steuer	EZÜ$_{nES}$	Faktor	Barwert
t_1	8.000,00	7.142,86	42.857,14	857,14	278,57	7.721,43	$1,027^{-1}$	7.518,43
t_2	8.000,00	7.142,86	35.714,29	857,14	278,57	7.721,43	$1,027^{-2}$	7.320,77
t_3	15.000,00	7.142,86	28.571,43	7.857,14	2.553,57	12.446,43	$1,027^{-3}$	11.490,35
t_4	15.000,00	7.142,86	21.428,57	7.857,14	2.553,57	12.446,43	$1,027^{-4}$	11.188,27
t_5	25.500,00	7.142,86	14.285,71	18.357,14	5.966,07	19.533,93	$1,027^{-5}$	17.097,69
t_6	25.500,00	7.142,86	7.142,86	18.357,14	5.966,07	19.533,93	$1,027^{-6}$	16.648,19
t_6	5.000,00		7.142,86	−2.142,86	−696,43	5.696,43	$1,027^{-6}$	4.854,90
Summe	102.000,00	42.857,14		52.000,00	16.900,00	85.100,00		76.118,60
t_0								50.000,00
								26.118,60
								Beträge in €

Durch die **Abschreibung** weichen die **Gewinne** von den **EZÜ** signifikant ab, sodass gerade in den ersten zwei Jahren kaum Steuern anfallen. Zudem reduziert sich der Schrumpf der Zahlungen durch den angepassten **Diskontierungszinssatz** von 2,7 % (= 4 % · (1−0,325) und fällt geringer aus als in der Ursprungsbetrachtung. Die Barwerte der ersten zwei Jahre unterscheiden sich nur unwesentlich. In den Folgejahren verändern sich die Differenzen der Ansätze in Abhängigkeit von der Steuereinbeziehung. In der Originalbetrachtung erfolgt im **sechsten Jahr** die Bewertung des gesamten **EZÜ** in einer Summe, der bei der Steuereinbeziehung differenziert betrachtet wird. Die zweite Zeile, die t_6 gewidmet ist, enthält natürlich keine Abschreibung mehr, da diese bereits für das laufende Jahr bei der Ermittlung des operativen Er-

2.2 Erweiterung

gebnisses Bestandteil war. Der erwartete **Liquidationserlös** ist kleiner als der Restbuchwert, sodass ein (steuerlicher) **Verlust** entsteht. Dieser wiederum führt in dem Modell zu einer **Steuergutschrift** wodurch der Liquiditätszufluss in der letzten Periode steigt. Die Ursachenanalyse für die Unterschiede der beiden Kapitalwerte finden sich in Tabelle 2.45.

Tab. 2.45: Ursachen der Kapitalwertunterschiede für den Diesel-Pkw

Modell	Kapitalwert	Zu diskontierende EZÜ	Unterschied EZÜ zu Barwert
Ohne Steuern	36.309,50	102.000,00	15.690,50
Mit Steuern	26.118,60	85.100,00	8.981,40
Unterschied	10.190,90	16.900,00	6.709,10
			Beträge in €

Die Kapitalwerte unterscheiden sich um 10.190,90 € obwohl sich die zu diskontierenden EZÜ um 16.900,00 € verringert haben. Ursache ist die **kompensierende Wirkung** der Reduzierung von den Ausgangs-EZÜ zur Summe der Barwerte, die ihre Ursache in den unterschiedlichen Zinssätzen hat. Der Kapitalwertunterschied erklärt sich aus: 16.900,00 € − 6.709,10 € = 10.190,90 €. Die Ergebnisse für den Benzin-Pkw sind in Tabelle 2.46 aufbereitet.

Tab. 2.46: Kapitalwertermittlung des Benzin-Pkw unter Steuereinbeziehung

Anfall	EZÜ	AfA	RBW	Gewinn	Steuer	EZÜ$_{nES}$	Faktor	Barwert
t_1	14.400,00	5.000,00	30.000,00	9.400,00	3.055,00	11.345,00	$1,027^{-1}$	11.046,74
t_2	14.400,00	5.000,00	25.000,00	9.400,00	3.055,00	11.345,00	$1,027^{-2}$	10.756,32
t_3	14.400,00	5.000,00	20.000,00	9.400,00	3.055,00	11.345,00	$1,027^{-3}$	10.473,53
t_4	14.400,00	5.000,00	15.000,00	9.400,00	3.055,00	11.345,00	$1,027^{-4}$	10.198,18
t_5	14.400,00	5.000,00	10.000,00	9.400,00	3.055,00	11.345,00	$1,027^{-5}$	9.930,07
t_5	0,00		10.000,00	−10.000,00	−3.250,00	3.250,00	$1,027^{-5}$	2.844,67
Summe	72.000,00	25.000,00		37.000,00	12.025,00	59.975,00		55.249,50
t_0								35.000,00
								20.249,50
								Beträge in €

Durch Konstanz der EZÜ und der Abschreibung verbleibt operativ in jedem Jahr ein Gewinn von 9.400 € der zu einer **konstanten Steuerzahlung** von 3.055 € führt. Der konstante EZÜ$_{nES}$ beträgt folglich 11.345 €. Besonderes Augenmerk verdient die zweite Zeile, die t_5 gewidmet ist. Da der Benzin-Pkw annahmegemäß keinen

Liquidationserlös generiert – weil er seine Nutzenbündel im Zeitverlauf abgegeben hat – entsteht hier ein **Verlust** von 10.000 €, der dem noch vorhandenen Restbuchwert entspricht. In Konsequenz kommt es zu einer **Steuererstattung** von 3.250 €, die einen zusätzlichen EZÜ darstellt. Auch diese Investition verschlechtert ihre Performance, durch die Steuereinbeziehung, die Details finden sich in Tabelle 2.47

Tab. 2.47: Ursachen der Kapitalwertunterschiede für den Benzin-Pkw

Modell	Kapitalwert	Zu diskontierende EZÜ	Unterschied EZÜ zu Barwert
Ohne Steuern	29.106,24	72.000,00	7.893,76
Mit Steuern	20.249,50	59.975,00	4.725,50
Unterschied	8.856,74	12.025,00	3.168,26
			Beträge in €

So reduziert sich der Kapitalwert um 8.856,74 €. Betrachtet man die Wirkung der Steuerzahlung auf den EZÜ, beträgt der Unterschied 12.025 €, welcher aber in Teilen durch einen verringerten **Zinseffekt** um 3.168,25 € kompensiert wird.

> **Bearbeitungs-Tipps für eine erfolgreiche Umsetzung und Interpretation:**
> - Eine erfolgreiche Umsetzung erfordert eine **Anpassung** aller drei Parameter: operative EZÜ, Liquidationserlös und Zinssatz.
> - Rein handwerklich gilt auch hier die mathematische Regel: **Punkt- vor Strichrechnung.** Im Eifer der Klausur kommt es vor, dass vom EZÜ der Steuersatz abgezogen wird, um das Ergebnis anschließend mit dem Ergebnis von (EZÜ – AfA) zu multiplizieren.
> - Wenn die Parameter entsprechend ausgeprägt sind, kann die Steuereinbeziehung auch die **Vorteilhaftigkeit** einer Investition in das Gegenteil verkehren.
> - Insgesamt sind zwei Aspekte zu unterscheiden: die Reduzierung der **nominalen Rückflüsse** durch die Belastung mit der Steuer sowie die Reduzierung des **Zinseffektes** (= Unterschied zwischen EZÜ und Barwert).
> - Mit der Steuereinbeziehung ist das Modell noch wirklichkeitsnäher ausgestaltet. Dennoch gibt es **Prämissen**, die in der Realität nicht zutreffen; hierzu zählen die isolierte **Besteuerung** einzelner **Investitionen** anstatt des gesamten Unternehmens und die Steuerbe- und -entlastung im **Jahr** des **Anfalls**.

2.2 Erweiterung

Gratulation!!

Hiermit ist das Thema der **Dynamik** komplett *abgeschlossen*. Sie haben sich ein sehr *umfassendes Wissen* zu dieser Thematik angeeignet. Ihnen stehen zwei Wege offen:

- *Übung* der erarbeiteten Inhalte. Hierzu stehen im *Übungsbuch* frei gestellte Fragen, programmierte Aufgaben und Anwendungen bereit. Um auch bei den Fragestellungen aus dem Grundlagenteil performen zu können, empfiehlt es sich, mit den Übungen zu beginnen, soweit diese noch nicht bearbeitet sind.
- Sie wechseln in den Bereich der *Unsicherheitsbetrachtung* und erarbeiten sich dort die Grundlagen.

3 Umgang mit der Ungewissheit der Zukunft

Bislang basierten alle Berechnungen auf **bekannten** ökonomischen *Flussgrößen*. Dies ist in Prüfungssituationen auch regelmäßig zutreffend. In der Realität hingegen sind die wenigsten Situationen dadurch gekennzeichnet, dass die einzelnen Parameter über einen längeren Planungszeitraum bekannt bzw. verlässlich abschätzbar sind.

Dieses Thema ist für die Dynamik relevant(er), da dort die detaillierten EZÜ für die einzelnen Nutzungsjahre die Berechnungsbasis bilden. Der Ergebnisausweis mit mehreren Nachkommastellen ist aus der Perspektive kritisch zu sehen, da hiermit die Gefahr besteht, eine *Scheingenauigkeit* zu vermitteln.

Analog dem bisherigen Vorgehen erfolgt auch hier eine Unterteilung in Instrumente, welche dem Basiswissen zuzuordnen sind und Modifikationen, die über das Basiswissen (deutlich) hinausgehen.

3.1 Grundlagen

3.1.1 Korrekturverfahren

3.1.1.1 Darstellung

Das *Korrekturverfahren* hat das Ziel, den Entscheider vor Euphorie zu bewahren und die (vielleicht) zu optimistisch ausgeprägten Parameterausprägungen anzupassen. Somit folgt im Rahmen dieses Verfahrens jeweils ausschließlich eine *Schlechterstellung*, gemessen an den ursprünglichen Werten. Hiermit sind keine Aussagen über etwaige Zukünfte getroffen, sondern lediglich die bestehenden Daten (zum Schlechteren) angepasst.

Grundsätzlich lassen sich alle *Parameter* variieren. Da die *Investitionsauszahlung* bei Sachinvestitionen bereits im Entscheidungszeitpunkt bekannt ist, bildet sie keinen Ansatzpunkt für die Analyse. Somit verbleiben:

- Zinssatz
- Restwert
- Laufzeit und
- Höhe des operativen EZÜ, die sich durch die Ausprägung der
    - Stückerlöse,
    - variablen Kosten,
    - Fixkosten und
    - der Absatzmenge ergibt.

Problematisch ist der Einsatz des Verfahrens, wenn jeder Parameter angepasst wird. Fraglich wäre in einer solchen Situation, ob die originäre Planung sorgfältig und redlich erfolgte. Die **Höhe** der **Anpassung** ist unternehmensindividuell festzulegen. Ob jede Investition mit dem gleichen Aufschlag belegt wird, oder nach Investitionsvolumen, geplanter Investitionsdauer, Marktgegebenheiten etc. zu differenzieren ist, muss ebenfalls jedes Unternehmen für sich selbst definieren.

Zur Darstellung wird erneut die zweijährige Investition, die bereits aus Kapitel 2 bekannt ist, verwendet. Die Ausgangssituation visualisiert Abbildung 3.1.

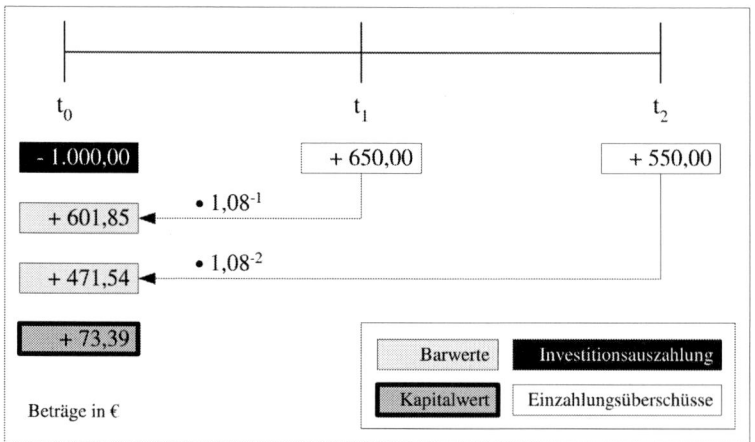

Abb. 3.1: Ausgangsinvestition mit Originaldaten

Annahmegemäß soll der zweite **operative EZÜ** ebenfalls 650 € betragen, der in der Abbildung bereits mit den erwarteten Entsorgungskosten von 100 € verrechnet ist. Ohne weitere Prämissen über das Entstehen der EZÜ zu treffen, lassen sich somit anpassen:

- EZÜ-Höhe
- Restwert, der hier in negativer Ausprägung als Entsorgungskosten vorliegt
- Laufzeit
- Zinssatz

Mit Ausnahme der Laufzeit, sollen alle Parameter um 25 % verschlechtert werden, sodass *separat*

- EZÜ in Höhe von 487,50 € anfallen,
- die Entsorgungskosten 125 € betragen und
- der Zinssatz mit 10 % zu berücksichtigen ist.

3.1 Grundlagen

In Folge lassen sich vier Kapitalwerte berechnen: für jede der einzelnen Veränderungen und für eine Anpassung aller betrachteten Parameter. Die Ergebnisse sind in den nachfolgenden Abbildungen 3.2 bis 3.5 visualisiert.

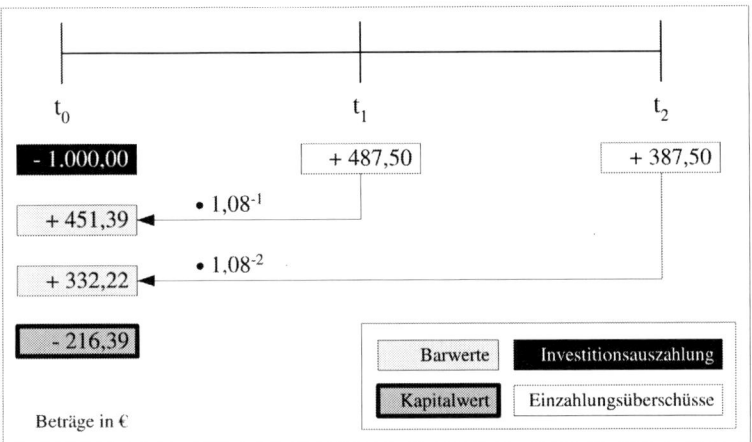

Abb. 3.2: Ausgangsinvestition unter Berücksichtigung angepasster operativer Cashflows

Zu berücksichtigen ist, dass (natürlich) die **Entsorgungskosten** nach wie vor in der bisherigen Höhe anfallen, sodass der EZÜ des zweiten Jahres nur noch 387,50 € ausmacht. Im Ergebnis kostet diese Anpassung 289,68 € an Kapitalwert. Aus dem ehemals positiven Kapitalwert von 73,29 € wird ein Kapitalwert von –216,39 €. Wenn diese Veränderung eintrifft, **vernichtet** die Investition **Kapital**. Welche Werte plausibler sind, die Ursprungsdaten oder die Modifikation, kann nur der Planer beurteilen.

Ein Aufschlag von 25 % bei den **Entsorgungskosten** verschlechtert die Investition, wie Abbildung 3.3. verdeutlicht. Da der zusätzliche Mittelabfluss erst in t_2 erfolgt, ist die Reduzierung des Kapitalwertes um 21,34 € geringer als der **nominale Mittelabfluss** in Höhe von 125 €. Die 51,95 € als verbleibender Kapitalwert machen deutlich, dass diese Anpassung durch die Investition verkraftbar ist.

Die Anpassung des **Zinssatzes** hat für diese Investition mit ihrer zweijährigen Laufzeit natürlich ebenfalls eine **negative Wirkung**, die aber nur gering ausgeprägt ist. Der Kapitalwert reduziert sich auf 45,45 €, sodass eine Verschlechterung von 27,84 € zu verzeichnen ist. Einen Überblick vermittelt Abbildung 3.4.

Erwartungsgemäß verschlechtert die **Anpassung aller Parameter** das Investitionsergebnis im größten Umfang. Das Delta, gemessen am Ursprungswert, beträgt 330,52 € und ist in Abbildung 3.5 gezeigt.

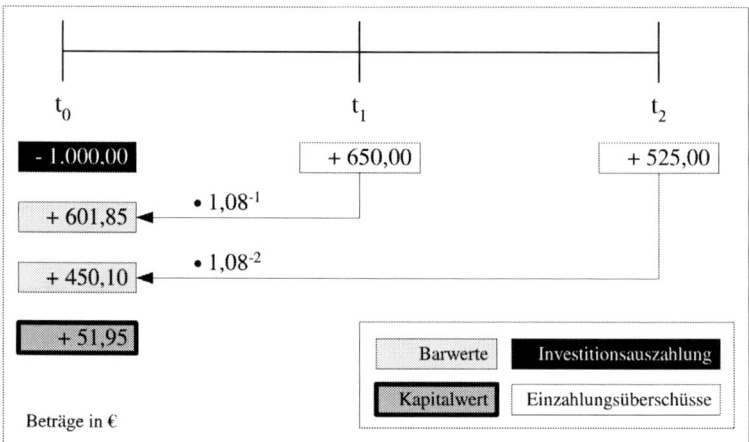

Abb. 3.3: Ausgangsinvestition unter Berücksichtigung angepasster Entsorgungskosten

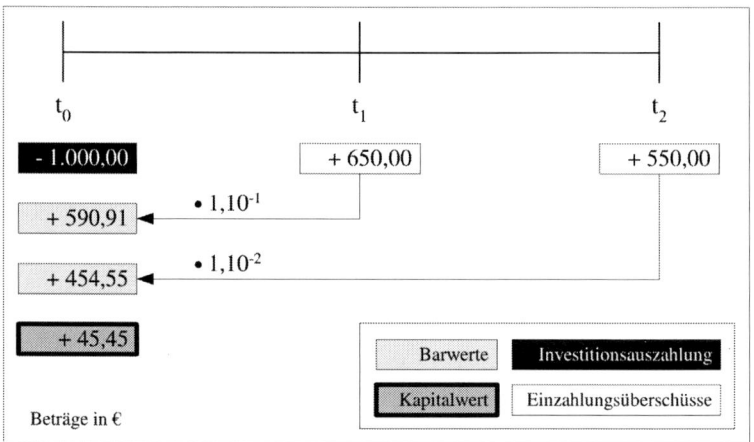

Abb. 3.4: Ausgangsinvestition unter Berücksichtigung des angepassten Zinssatzes

Für die hier diskutierte Investition bleibt festzuhalten, dass eine **Zinssatz-** und eine **Restwertverschlechterung** um 25 % dem Investitionserfolg schadet, aber immer noch zu einem positiven Kapitalwert führt. Ob eine Zinsanpassung in dem Umfang realistisch ist, kann zumindest kritisch hinterfragt werden.

Eine Reduzierung der **EZÜ** um den vorgegeben Satz macht aus der Investition einen **Wertvernichter**. Dieser Effekt steigert sich durch eine Verschlechterung **aller Parameter**.

Welche Schlüsse aus den Ergebnissen zu ziehen sind, hängt vom originären **Planungsprozess** ab. Wenn die erste Zahlungsreihe unter **optimistischen** Annahmen

3.1 Grundlagen

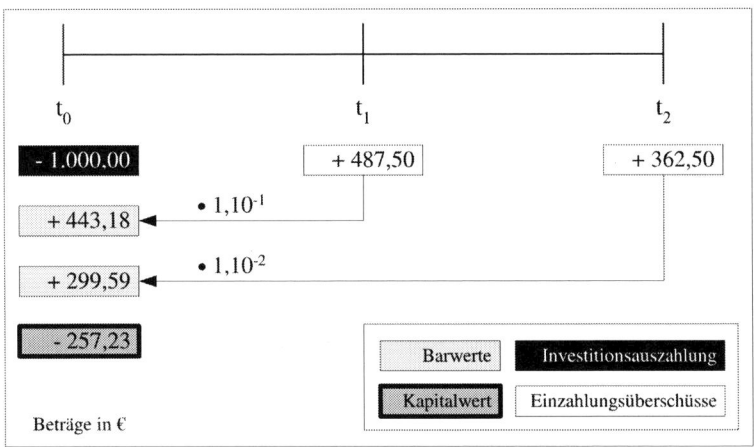

Abb. 3.5: Ausgangsinvestition unter Berücksichtigung aller angepassten Werte

erfolgte, ist die Berichtigung drängender als wenn der Ursprungsplan bereits unter **konservativen Annahmen** erfolgte.

3.1.1.2 Anwendung

Analog der bisherigen Praxis erfolgt auch hier der Rückgriff auf die beiden bekannten Pkw. Die Originalinformationen sind in der nachfolgenden Tabelle noch einmal aufgezeigt.

Tab. 3.1: Ausgangswerte im Original für die dynamische Kalkulation der Pkw

Informationen	Diesel-Pkw	Benzin-Pkw
Kaufpreis (€)	50.000,00	35.000,00
Restwert (€)	5.000,00	0,00
Jährliches Potenzial (km)	100.000	80.000
Erwartete Nutzungsdauer (Jahre)	6	5
Jährliche Fixkosten ohne Kapitalkosten (€)	2.500,00	1.600,00
Variable Kosten pro 100 km (€)	15,00	20,00
Umsatzerlöse pro 100 km (€)	50,00	45,00
Zinssatz (%)	4,00	4,00
Auslastung $t_1 + t_2$	30 %	80 %
Auslastung $t_3 + t_4$	50 %	80 %
Auslastung $t_5 (+ t_6)$	80 %	80 %

Die dazugehörigen **Kapitalwerte** betragen für den Diesel-Pkw 36.309,50 € und für den Benzin-Pkw 29.105,92 €.

Die Geschäftsleitung hat entschieden, dass für den **Diesel-Pkw** die Umsatzerlöse pro km und das jährliche Potenzial um jeweils 10 % zu senken sind. Beim **Benzin-Pkw** sind die Auslastung und die Nutzungsdauer jeweils um 20 % zu reduzieren. Zudem sind für beide Pkw die Kombinationen zu erstellen. Aus den Anpassungen leiten sich die nachfolgenden Ergebnistabellen ab.

Tab. 3.2: Kapitalwertermittlung für den Diesel-Pkw bei reduziertem Stückerlös

Jahr	Einzahlungen UE	Auszahlungen vK	FK	EZÜ	Diskontierungsfaktor	BW
1	13.500	4.500	2.500	6.500	$1{,}04^{-1}$	6.250,00
2	13.500	4.500	2.500	6.500	$1{,}04^{-2}$	6.009,62
3	22.500	7.500	2.500	12.500	$1{,}04^{-3}$	11.112,45
4	22.500	7.500	2.500	12.500	$1{,}04^{-4}$	10.685,05
5	36.000	12.000	2.500	21.500	$1{,}04^{-5}$	17.671,43
6	36.000	12.000	2.500	21.500	$1{,}04^{-6}$	16.991,76
6	Restwert			5.000	$1{,}04^{-6}$	3.951,57
	Summe					72.671,89
				– Investitionsauszahlung		50.000,00
				= Kapitalwert		22.671,89
						Beträge in €

Tab. 3.3: Kapitalwertermittlung für den Diesel-Pkw bei reduziertem Potenzial

Jahr	Einzahlungen UE	Auszahlungen vK	FK	EZÜ	Diskontierungsfaktor	BW
1	13.500	4.050	2.500	6.950	$1{,}04^{-1}$	6.682,69
2	13.500	4.050	2.500	6.950	$1{,}04^{-2}$	6.425,67
3	22.500	6.750	2.500	13.250	$1{,}04^{-3}$	11.779,20
4	22.500	6.750	2.500	13.250	$1{,}04^{-4}$	11.326,16
5	36.000	10.800	2.500	22.700	$1{,}04^{-5}$	18.657,75
6	36.000	10.800	2.500	22.700	$1{,}04^{-6}$	17.940,14
6	Restwert			5.000	$1{,}04^{-6}$	3.951,57
	Summe					76.763,17
				– Investitionsauszahlung		50.000,00
				= Kapitalwert		26.763,17
						Beträge in €

3.1 Grundlagen

Tab. 3.4: Kapitalwertermittlung für den Diesel-Pkw bei reduziertem Stückerlös und Potenzial

Jahr	Einzahlungen UE	Auszahlungen vK	FK	EZÜ	Diskontierungsfaktor	BW
1	12150	4.050	2.500	5.600	$1{,}04^{-1}$	5.384,62
2	12150	4.050	2.500	5.600	$1{,}04^{-2}$	5.177,51
3	20250	6.750	2.500	11.000	$1{,}04^{-3}$	9.778,96
4	20250	6.750	2.500	11.000	$1{,}04^{-4}$	9.402,85
5	32400	10.800	2.500	19.100	$1{,}04^{-5}$	15.698,81
6	32400	10.800	2.500	19.100	$1{,}04^{-6}$	15.095,01
6	Restwert			5.000	$1{,}04^{-6}$	3.951,57
	Summe					64.489,32
				− Investitionsauszahlung		50.000,00
				= Kapitalwert		14.489,32
						Beträge in €

Tab. 3.5: Kapitalwertermittlung für den Benzin-Pkw bei reduzierter Auslastung

Jahr	Einzahlungen UE	Auszahlungen vK	FK	EZÜ	Diskontierungsfaktor	BW
1	23.040	10.240	1.600	11.200	$1{,}04^{-1}$	10.769,23
2	23.040	10.240	1.600	11.200	$1{,}04^{-2}$	10.355,03
3	23.040	10.240	1.600	11.200	$1{,}04^{-3}$	9.956,76
4	23.040	10.240	1.600	11.200	$1{,}04^{-4}$	9.573,81
5	23.040	10.240	1.600	11.200	$1{,}04^{-5}$	9.205,58
	Summe					49.860,41
				− Investitionsauszahlung		35.000,00
				= Kapitalwert		14.860,41
						Beträge in €

Tab. 3.6: Kapitalwertermittlung für den Benzin-Pkw bei reduzierter Laufzeit

Jahr	Einzahlungen UE	Auszahlungen vK	FK	EZÜ	Diskontierungsfaktor	BW
1	28.800	12.800	1.600	14.400	$1{,}04^{-1}$	13.846,15
2	28.800	12.800	1.600	14.400	$1{,}04^{-2}$	13.313,61
3	28.800	12.800	1.600	14.400	$1{,}04^{-3}$	12.801,55

3 Umgang mit der Ungewissheit der Zukunft

Jahr	Einzahlungen UE	Auszahlungen vK	FK	EZÜ	Diskontierungsfaktor	BW
4	28.800	12.800	1.600	14.400	$1{,}04^{-4}$	12.309,18
	Summe					52.270,49
				– Investitionsauszahlung		35.000,00
				= Kapitalwert		17.270,49
						Beträge in €

Tab. 3.7: Kapitalwertermittlung für den Benzin-Pkw bei reduzierter Auslastung und Laufzeit

Jahr	Einzahlungen UE	Auszahlungen vK	FK	EZÜ	Diskontierungsfaktor	BW
1	23.040	10.240	1.600	11.200	$1{,}04^{-1}$	10.769,23
2	23.040	10.240	1.600	11.200	$1{,}04^{-2}$	10.355,03
3	23.040	10.240	1.600	11.200	$1{,}04^{-3}$	9.956,76
4	23.040	10.240	1.600	11.200	$1{,}04^{-4}$	9.573,81
	Summe					40.654,83
				– Investitionsauszahlung		35.000,00
				= Kapitalwert		5.654,83
						Beträge in €

Im Ergebnis bleibt auch hier festzuhalten, dass beide Pkw auch bei einer **Schlechterstellung** der Parameter, noch **positive Kapitalwerte** generieren. Es überrascht wenig, dass eine Kombination mehrerer verschlechterter Einflussfaktoren die größte negative Wirkung auf die Kapitalwerthöhe hat.

> **Bearbeitungs-Tipps für eine erfolgreiche Umsetzung und Interpretation:**
> - Hier gelten die gleichen Anforderungen wie bei der bisher vorgenommenen Ermittlung der **Kapitalwerte**.
> - Zudem ist es wichtig, im Auge zu behalten, welche(r) **Parameter** angepasst werden / wird und mit diesen(m) konsequent zu rechnen.
> - In Prüfungssituationen sind die Aufgabenstellungen vorgegeben und die Annahmen brauchen nicht hinterfragt werden. Für die **praktische Anwendung** ist die Frage zu stellen, welche und ggf. wie viele Anpassungen sinnvoll sind. Je mehr Anpassungen erfolgen, desto mehr stellt sich die Frage, wie redlich bzw. verlässlich die **Ausgangswerte** zustande kamen.

3.1 Grundlagen

- Gleichzeitig impliziert dieses Vorgehen auch eine Kritik an der **Dynamik**. Zweifellos werden individuelle Zahlungsströme im Rahmen dieser Verfahren berücksichtigt, was ein Vorteil gegenüber der Statik ist. Angesichts der Ungewissheit der Zukunft ist deren Aussagewert aber zu hinterfragen.

3.1.2 Zielgrößenänderungsrechnung

3.1.2.1 Darstellung

Beim **Korrekturverfahren** stehen meist einzelne Parameter, die als besonders kritisch gelten, im Fokus und ihre Ausprägungen werden durch schlechtere Annahmen ersetzt. Somit erfolgt dort ausschließlich eine Risikobetrachtung. Bei der **Zielgrößenänderung** richtet sich der Blick auf die **Reagibilität** des Investitionserfolges in Abhängigkeit von **Parameteranpassungen**. Somit erfolgt eine Besser- und eine Schlechterstellung, die jeweils mit dem **Original** verglichen wird.

Die Parameter entsprechen denen der Korrekturverfahren. Die Darstellung ist ebenfalls als Abbildung aufbereitbar und entspricht in ihrer Struktur dem bisherigen Vorgehen. Alternativ ist auch eine Aufbereitung in **Tabellenform** möglich, wie Tabelle 3.8 verdeutlicht. Im grau hinterlegten Teil wird die Originalinvestition gezeigt. Im Tabellenteil darüber, die Besser- und darunter die Schlechterstellung. Die Anpassung beträgt in beide Richtungen jeweils 25 %.

Tab. 3.8: Zielgrößenänderung – Ansatzpunkt Zinssatz

Zeitpunkt	t_0	t_1	t_2
EZÜ		650	650
Restwert			−100
Summe		650	550
Barwert	1.102,71	613,21	489,50
Investition	−1.000,00		
Kapitalwert	102,71		
Zeitpunkt	t_0	t_1	t_2
EZÜ		650	650
Restwert			−100
Summe		650	550
Barwert	1.073,39	601,85	471,54
Investition	−1.000,00		
Kapitalwert	73,39		

3 Umgang mit der Ungewissheit der Zukunft

Zeitpunkt	t_0	t_1	t_2
EZÜ		650	650
Restwert			−100
Summe		650	550
Barwert	1.045,45	590,91	454,55
Investition	−1.000,00		
Kapitalwert	45,45		
			Beträge in €

Die Steigerung des Kapitalwertes bei einer Reduzierung des Kalkulationszinssatzes um 25 % führt zu einem Anstieg auf 139,95 % (= 102,71 € ÷ 73,39 €) des Ursprungswertes. Das **Delta** von 39,95 % ist offensichtlich. Bei einer Steigerung des Kalkulationszinssatzes sinkt der Kapitalwert auf 61,94 % des Ursprungswertes. Dies ist eine Reduzierung um 38,06 %. Im Ergebnis reagiert der Kapitalwert bei einer Reduzierung des Kalkulationszinssatzes stärker als bei einer Erhöhung im gleichen Umfang. Hieran erkennt man, dass zwischen Zinssatz und Kapitalwert eine Funktionen höherer Ordnung besteht.

Tab. 3.9: Zielgrößenänderung – Ansatzpunkt EZÜ

Zeitpunkt	t_0	t_1	t_2
EZÜ		812,5	812,5
Restwert			−100
Summe		812,5	712,5
Barwert	1.363,17	752,31	610,85
Investition	−1.000,00		
Kapitalwert	363,17		
Zeitpunkt	t_0	t_1	t_2
EZÜ		650	650
Restwert			−100
Summe		650	550
Barwert	1.373,39	601,85	471,54
Investition	−1.000,00		
Kapitalwert	73,39		
Zeitpunkt	t_0	t_1	t_2
EZÜ		487,5	487,5
Restwert			−100
Summe		487,5	387,5

3.1 Grundlagen

Zeitpunkt	t_0	t_1	t_2
Barwert	783,61	451,39	332,22
Investition	−1.000,00		
Kapitalwert	−216,39		
			Beträge in €

Die Reaktion bei einer Anpassung des EZÜ um 25 % in beide Richtungen ist wesentlich stärker ausgeprägt. Zudem verändern sich beide **EZÜ** um 384,86 % (= 363,17 ÷ 73,39 · 100 − 100). Somit ist offensichtlich, dass die EZÜ einen **linearen Einfluss** auf die Kapitalwerte ausüben. Soweit die EZÜ nicht als Summe angegeben sind, sondern sich aus den einzelnen Komponenten berechnen, ist natürlich auch hier eine Anpassung der einzelnen Größen möglich: Umsatzerlöse pro Stück, variable Kosten pro Stück, Ausbringungsmenge und Fixkosten.

Tab. 3.10: Zielgrößenänderung – Ansatzpunkt Restwert

Zeitpunkt	t_0	t_1	t_2
EZÜ		650	650
Restwert			−75
Summe		650	575
Barwert	1.094,82	601,85	492,97
Investition	−1.000,00		
Kapitalwert	94,82		
Zeitpunkt	t_0	t_1	t_2
EZÜ		650	650
Restwert			−100
Summe		650	550
Barwert	1.373,39	601,85	471,54
Investition	−1.000,00		
Kapitalwert	73,39		
Zeitpunkt	t_0	t_1	t_2
EZÜ		650	650
Restwert			−125
Summe		650	525
Barwert	1.051,95	601,85	450,10
Investition	−1.000,00		
Kapitalwert	51,95		
			Beträge in €

Eine Anpassung des **Restwertes** führt nur zu marginalen Anpassungen des Kapitalwertes. So steigt der Kapitalwert bei einer Verbesserung des Restwertes auf 129,21 % und bei einer Verschlechterung reagiert er in exakt gleicher Höhe in die andere Richtung. Damit ist für den Restwert auch offensichtlich, dass er in *linearer Form* den Kapitalwert beeinflusst.

Tab. 3.11: Zielgrößenänderung – Ansatzpunkt alle betrachteten Parameter

Zeitpunkt	t_0	t_1	t_2
EZÜ		812,5	812,5
Restwert			–75
Summe		812,5	737,5
Barwert	1.422,88	766,51	656,37
Investition	–1.000,00		
Kapitalwert	422,88		
Zeitpunkt	t_0	t_1	t_2
EZÜ		650	650
Restwert			–100
Summe		650	550
Barwert	1.373,39	601,85	471,54
Investition	–1.000,00		
Kapitalwert	73,39		
Zeitpunkt	t_0	t_1	t_2
EZÜ		487,5	487,5
Restwert			–125
Summe		487,5	362,5
Barwert	742,77	443,18	299,59
Investition	–1.000,00		
Kapitalwert	–257,23		
			Beträge in €

Wenig überraschend ist, dass eine **Kombination** aller betrachteten **Parameter** als Verbesserung oder Verschlechterung natürlich die größte Wirkung entfaltet. Die Veränderung im Zinssatz sorgt für den nicht linearen Zusammenhang. So beträgt die Veränderung bei der Verbesserung der Parameter 476,23 % während die Verschlechterung im gleichen Umfang eine Reduzierung des Kapitalwertes um 450,51 % auslöst.

3.1 Grundlagen

3.1.2.2 Anwendung

Im Unternehmen ist es sinnvoll die betrachteten Investitionen an den gleichen Stellen zu modifizieren. Da hier keine Entscheidungsvorbereitung zu treffen ist, sondern der Lernerfolg im Fokus steht, werden die beiden betrachteten **Pkw unterschiedlich modifiziert**, um ein möglichst breites **Spektrum** an Anpassungen vorzustellen.

Für den **Benzin-Pkw** erfolgt die Anpassung des Zinssatzes, des EZÜ, der Laufzeit, und aller drei Parameter gemeinsam jeweils um 20 %. Beim **Diesel-Pkw** wird die Auswirkung auf den Kapitalwert untersucht, wenn sich die Bestandteile des EZÜ jeweils einzeln und alle gemeinsam um 20 % verändern.

Tab. 3.12: Zielgrößenänderung für den Benzin-Pkw – Ansatzpunkt Zinssatz

Zeitpunkt	t_0	t_1	t_2	t_3	t_4	t_5
EZÜ		14.400	14.400	14.400	14.400	14.400
Barwert	65.572,87	13.953,49	13.520,82	13.101,57	12.695,32	12.301,67
Investition	−35.000,00					
Kapitalwert	30.572,87					
Zeitpunkt	t_0	t_1	t_2	t_3	t_4	t_5
EZÜ		14.400	14.400	14.400	14.400	14.400
Barwert	64.106,24	13.846,15	13.313,61	12.801,55	12.309,18	11.835,75
Investition	−35.000,00					
Kapitalwert	29.106,24					
Zeitpunkt	t_0	t_1	t_2	t_3	t_4	t_5
EZÜ		14.400	14.400	14.400	14.400	14.400
Barwert	62.690,65	13.740,46	13.111,12	12.510,61	11.937,61	11.390,85
Investition	−35.000,00					
Kapitalwert	27.690,65					

Beträge in €

Eine Anpassung des Kalkulationszinssatzes um 20 % auf der Basis des geringen Niveaus hat nur schwache Auswirkungen auf den Kapitalwert. Bei einer Steigerung des Zinssatzes beträgt die **Kapitalwertreduzierung** 4,86 %, was im Umkehrschluss bedeutet, dass 95,14 % des bisherigen Kapitalwertes nach wie vor generiert werden. Bei einer Reduzierung des Kalkulationszinssatzes übertrifft der Kapitalwert den Ursprungswert um 5,04 %. Der Einfluss des Zinssatzes ist auch hier wieder **nicht linear**.

Tab. 3.13: Zielgrößenänderung für den Benzin-Pkw – Ansatzpunkt EZÜ

Zeitpunkt	t_0	t_1	t_2	t_3	t_4	t_5
EZÜ		17.280	17.280	17.280	17.280	17.280
Barwert	76.927,49	16.615,38	15.976,33	15.361,86	14.771,02	14.202,90
Investition	−35.000,00					
Kapitalwert	41.927,49					
Zeitpunkt	t_0	t_1	t_2	t_3	t_4	t_5
EZÜ		14.400	14.400	14.400	14.400	14.400
Barwert	64.106,24	13.846,15	13.313,61	12.801,55	12.309,18	11.835,75
Investition	−35.000,00					
Kapitalwert	29.106,24					
Zeitpunkt	t_0	t_1	t_2	t_3	t_4	t_5
EZÜ		11.520	11.520	11.520	11.520	11.520
Barwert	51.284,99	11.076,92	10.650,89	10.241,24	9.847,34	9.468,60
Investition	−35.000,00					
Kapitalwert	16.284,99					

Beträge in €

Die Anpassung der **EZÜ** um 20 % führt zu deutlichen Folgen, die sich in beide Richtungen gleich auswirken. So beträgt die Steigerung und die Reduzierung des **Kapitalwertes** jeweils 44,05 %.

Tab. 3.14: Zielgrößenänderung für den Benzin-Pkw – Ansatzpunkt Laufzeit

Zeitpunkt	t_0	t_1	t_2	t_3	t_4	t_5	t_6
EZÜ		14.400	14.400	14.400	14.400	14.400	14.400
Barwert	75.486,77	13.846,15	13.313,61	12.801,55	12.309,18	11.835,75	11.380,53
Investition	−35.000,00						
Kapitalwert	40.486,77						
Zeitpunkt	t_0	t_1	t_2	t_3	t_4	t_5	
EZÜ		14.400	14.400	14.400	14.400	14.400	
Barwert	64.106,24	13.846,15	13.313,61	12.801,55	12.309,18	11.835,75	
Investition	−35.000,00						
Kapitalwert	29.106,24						

3.1 Grundlagen

Zeitpunkt	t_0	t_1	t_2	t_3	t_4	
EZÜ		14.400	14.400	14.400	14.400	
Barwert	52.270,49	13.846,15	13.313,61	12.801,55	12.309,18	
Investition	–35.000,00					
Kapitalwert	17.270,49					
						Beträge in €

Nicht ganz so stark wirkt sich die **Laufzeitanpassung** um ein Jahr aus. Bei einer Verlängerung der Nutzungsdauer auf sechs Jahre steigert sich der Kapitalwert um 39,10 %. Ist der Pkw nur vier Jahre im Einsatz beträgt die Reduzierung 40,66 %. Hieran erkennt man, dass die Laufzeit auch ein Parameter ist, welcher **nicht linear** auf den Kapitalwert wirkt.

Tab. 3.15: Zielgrößenänderung für den Benzin-Pkw – Ansatzpunkt alle Parameter

Zeitpunkt	t_0	t_1	t_2	t_3	t_4	t_5	t_6
EZÜ		17.280	17.280	17.280	17.280	17.280	17.280
Barwert	92.991,71	16.744,19	16.224,99	15.721,89	15.234,39	14.762,00	14.304,27
Investition	–35.000,00						
Kapitalwert	57.991,71						
Zeitpunkt	t_0	t_1	t_2	t_3	t_4	t_5	
EZÜ		14.400	14.400	14.400	14.400	14.400	
Barwert	64.106,24	13.846,15	13.313,61	12.801,55	12.309,18	11.835,75	
Investition	–35.000,00						
Kapitalwert	29.106,24						
Zeitpunkt	t_0	t_1	t_2	t_3	t_4		
EZÜ		11.520	11.520	11.520	11.520		
Barwert	41.039,84	10.992,37	10.488,90	10.008,49	9.550,09		
Investition	–35.000,00						
Kapitalwert	6.039,84						
							Beträge in €

Eine Anpassung **aller Parameter** sorgt in der konkreten Anwendung erwartungsgemäß für die größten Ausschläge. Während die Kombination der positiven Auswirkungen einen **Kapitalwertanstieg** von 99,24 % erzeugt, ist der Rückgang mit 79,25 % bei der Verschlechterung aller Parameter moderat ausgeprägt. Mit anderen Worten: selbst, wenn alle **Schlechterstellungen** gemeinsam auftreten, verbleibt ein **positiver Kapitalwert** und der Pkw erzielt einen Mehrwert für den Investor.

Da für den **Diesel-Pkw** die Auswirkungen der einzelnen EZÜ-Parameter im Fokus stehen, ist ein *zweistufiges Verfahren* zur guten Nachvollziehbarkeit hilfreich. Hierzu werden in einer ersten Tabelle jeweils die Veränderungen der *EZÜ* ermittelt und verglichen. Die Ergebnisse des ersten Schrittes bilden die Grundlage für die Analyse der *Konsequenzen*, die aus den veränderten EZÜ resultieren.

Tab. 3.16: EZÜ-Veränderungen für den Diesel-Pkw bei Anpassung der Umsatzerlöse

Zeitpunkt	t_1	t_2	t_3	t_4	t_5	t_6
Stückerlöse	60	60	60	60	60	60
Variable Kosten	15	15	15	15	15	15
DB pro Stück	45	45	45	45	45	45
Auslastung	300	300	500	500	800	800
Fixkosten	2.500	2.500	2.500	2.500	2.500	2.500
EZÜ	11.000	11.000	20.000	20.000	33.500	33.500
Zeitpunkt	t_1	t_2	t_3	t_4	t_5	t_6
Stückerlöse	50	50	50	50	50	50
Variable Kosten	15	15	15	15	15	15
DB pro Stück	35	35	35	35	35	35
Auslastung	300	300	500	500	800	800
Fixkosten	2.500	2.500	2.500	2.500	2.500	2.500
EZÜ	8.000	8.000	15.000	15.000	25.500	25.500
Zeitpunkt	t_1	t_2	t_3	t_4	t_5	t_6
Stückerlöse	40	40	40	40	40	40
Variable Kosten	15	15	15	15	15	15
DB pro Stück	25	25	25	25	25	25
Auslastung	300	300	500	500	800	800
Fixkosten	2.500	2.500	2.500	2.500	2.500	2.500
EZÜ	5.000	5.000	10.000	10.000	17.500	17.500
					Beträge in €, Bezugsbasis der Stückbetrachtung: 100 km	

3.1 Grundlagen

Tab. 3.17: Zielgrößenänderung für den Diesel-Pkw – Ansatzpunkt veränderte Umsatzerlöse

Zeitpunkt	t_0	t_1	t_2	t_3	t_4	t_5	t_6
EZÜ		11.000	11.000	20.000	20.000	33.500	33.500
Restwert							5.000
Summe		11.000	11.000	20.000	20.000	33.500	38.500
Barwert	113.584,72	10.576,92	10.170,12	17.779,93	17.096,08	27.534,56	30.427,11
Investition	−50.000,00						
Kapitalwert	63.584,72						
Zeitpunkt	t_0	t_1	t_2	t_3	t_4	t_5	t_6
EZÜ		8.000	8.000	15.000	15.000	25.500	25.500
Restwert							5.000
Summe		8.000	8.000	15.000	15.000	25.500	30.500
Barwert	86.309,50	7.692,31	7.396,45	13.334,95	12.822,06	20.959,14	24.104,59
Investition	−50.000,00						
Kapitalwert	36.309,50						
Zeitpunkt	t_0	t_1	t_2	t_3	t_4	t_5	t_6
EZÜ		5.000	5.000	10.000	10.000	17.500	17.500
Restwert							5.000
Summe		5.000	5.000	10.000	10.000	17.500	22.500
Barwert	59.034,28	4.807,69	4.622,78	8.889,96	8.548,04	14.383,72	17.782,08
Investition	−50.000,00						
Kapitalwert	9.034,28						

Beträge in €

In den ersten beiden Perioden beträgt die **EZÜ-Differenz** in beide Richtungen 3.000 € und wächst sich bis zum Laufzeitende auf jeweils 8.000 € aus. Durch die Kombination mit den anderen (unveränderten) Parametern ist der Effekt einer 20 %igen Steigerung des **Umsatzerlöses** wesentlich wirksamer auf den EZÜ, als andere Anpassungen (s.u.). So beträgt die Veränderung im ersten Jahr 37,5 % und im letzten Jahr 31,4 %. Durch die **Diskontierung** der EZÜ verringert sich zudem der Anteil des Barwertes am Nominalbetrag im Zeitverlauf, sodass die Zinskosten einen Teil der im Zeitverlauf steigenden Nominalwirkung kompensieren. Die Gesamtwirkung auf den Kapitalwert beträgt in beide Richtungen 75,12 %.

Tab. 3.18: EZÜ-Veränderungen für den Diesel-Pkw bei Anpassung der variablen Kosten

Zeitpunkt	t_1	t_2	t_3	t_4	t_5	t_6
Stückerlöse	50	50	50	50	50	50
Variable Kosten	12	12	12	12	12	12
DB pro Stück	38	38	38	38	38	38
Auslastung	300	300	500	500	800	800
Fixkosten	2.500	2.500	2.500	2.500	2.500	2.500
EZÜ	8.900	8.900	16.500	16.500	27.900	27.900
Zeitpunkt	t_1	t_2	t_3	t_4	t_5	t_6
Stückerlöse	50	50	50	50	50	50
Variable Kosten	15	15	15	15	15	15
DB pro Stück	35	35	35	35	35	35
Auslastung	300	300	500	500	800	800
Fixkosten	2.500	2.500	2.500	2.500	2.500	2.500
EZÜ	8.000	8.000	15.000	15.000	25.500	25.500
Zeitpunkt	t_1	t_2	t_3	t_4	t_5	t_6
Stückerlöse	50	50	50	50	50	50
Variable Kosten	18	18	18	18	18	18
DB pro Stück	32	32	32	32	32	32
Auslastung	300	300	500	500	800	800
Fixkosten	2.500	2.500	2.500	2.500	2.500	2.500
EZÜ	7.100	7.100	13.500	13.500	23.100	23.100

Beträge in €, Bezugsbasis der Stückbetrachtung: 100 km

Tab. 3.19: Zielgrößenänderung für den Diesel-Pkw – Ansatzpunkt veränderte variable Kosten

Zeitpunkt	t_0	t_1	t_2	t_3	t_4	t_5	t_6
EZÜ		8.900	8.900	16.500	16.500	27.900	27.900
Restwert							5.000
Summe		8.900	8.900	16.500	16.500	27.900	32.900
Barwert	94.492,07	8.557,69	8.228,55	14.668,44	14.104,27	22.931,77	26.001,35
Investition	−50.000,00						
Kapitalwert	44.492,07						
Zeitpunkt	t_0	t_1	t_2	t_3	t_4	t_5	t_6
EZÜ		8.000	8.000	15.000	15.000	25.500	25.500
Restwert							5.000
Summe		8.000	8.000	15.000	15.000	25.500	30.500

3.1 Grundlagen

Zeitpunkt	t₀	t₁	t₂	t₃	t₄	t₅	t₆
Barwert	86.309,50	7.692,31	7.396,45	13.334,95	12.822,06	20.959,14	24.104,59
Investition	−50.000,00						
Kapitalwert	36.309,50						
Zeitpunkt	t₀	t₁	t₂	t₃	t₄	t₅	t₆
EZÜ		7.100	7.100	13.500	13.500	23.100	23.100
Restwert							5.000
Summe		7.100	7.100	13.500	13.500	23.100	28.100
Barwert	78.126,93	6.826,92	6.564,35	12.001,45	11.539,86	18.986,52	22.207,84
Investition	−50.000,00						
Kapitalwert	28.126,93						

Beträge in €

In den ersten beiden Perioden beträgt die **EZÜ-Differenz** in beide Richtungen 900 € und wächst sich bis zum Laufzeitende auf jeweils 2.400 € aus. Durch die Kombination mit den anderen (unveränderten) Parametern ist der Effekt einer 20 %igen Anpassung der *variablen Stückkosten* wesentlich weniger wirksam auf den EZÜ als andere Anpassungen. So beträgt die Veränderung im ersten Jahr 11,25 % und im letzten Jahr 9,41 %. Durch die **Diskontierung** der EZÜ verringert sich zudem der Anteil des Barwertes am Nominalbetrag im Zeitverlauf, sodass die Zinskosten einen Teil der im Zeitverlauf steigenden Nominalwirkung kompensieren. Die Gesamtwirkung auf den Kapitalwert beträgt in beide Richtungen 22,54 %.

Tab. 3.20: EZÜ-Veränderungen für den Diesel-Pkw bei Anpassung der Auslastung

Zeitpunkt	t₁	t₂	t₃	t₄	t₅	t₆
Stückerlöse	50	50	50	50	50	50
Variable Kosten	15	15	15	15	15	15
DB pro Stück	35	35	35	35	35	35
Auslastung	360	360	600	600	960	960
Fixkosten	2.500	2.500	2.500	2.500	2.500	2.500
EZÜ	10.100	10.100	18.500	18.500	31.100	31.100
Zeitpunkt	t₁	t₂	t₃	t₄	t₅	t₆
Stückerlöse	50	50	50	50	50	50
Variable Kosten	15	15	15	15	15	15
DB pro Stück	35	35	35	35	35	35
Auslastung	300	300	500	500	800	800
Fixkosten	2.500	2.500	2.500	2.500	2.500	2.500
EZÜ	8.000	8.000	15.000	15.000	25.500	25.500

3 Umgang mit der Ungewissheit der Zukunft

Zeitpunkt	t_1	t_2	t_3	t_4	t_5	t_6
Stückerlöse	50	50	50	50	50	50
Variable Kosten	15	15	15	15	15	15
DB pro Stück	35	35	35	35	35	35
Auslastung	240	240	400	400	640	640
Fixkosten	2.500	2.500	2.500	2.500	2.500	2.500
EZÜ	5.900	5.900	11.500	11.500	19.900	19.900
		Beträge in €, Bezugsbasis der Stückbetrachtung: 100 km				

Tab. 3.21: Zielgrößenänderung für den Diesel-Pkw – Ansatzpunkt veränderte Auslastung

Zeitpunkt	t_0	t_1	t_2	t_3	t_4	t_5	t_6
EZÜ		10.100	10.100	18.500	18.500	31.100	31.100
Restwert							5.000
Summe		10.100	10.100	18.500	18.500	31.100	36.100
Barwert	105.402,15	9.711,54	9.338,02	16.446,43	15.813,88	25.561,93	28.530,35
Investition	−50.000,00						
Kapitalwert	55.402,15						
Zeitpunkt	t_0	t_1	t_2	t_3	t_4	t_5	t_6
EZÜ		8.000	8.000	15.000	15.000	25.500	25.500
Restwert							5.000
Summe		8.000	8.000	15.000	15.000	25.500	30.500
Barwert	86.309,50	7.692,31	7.396,45	13.334,95	12.822,06	20.959,14	24.104,59
Investition	−50.000,00						
Kapitalwert	36.309,50						
Zeitpunkt	t_0	t_1	t_2	t_3	t_4	t_5	t_6
EZÜ		5.900	5.900	11.500	11.500	19.900	19.900
Restwert							5.000
Summe		5.900	5.900	11.500	11.500	19.900	24.900
Barwert	67.216,85	5.673,08	5.454,88	10.223,46	9.830,25	16.356,35	19.678,83
Investition	−50.000,00						
Kapitalwert	17.216,85						
							Beträge in €

In den ersten beiden Perioden beträgt die **EZÜ-Differenz** in beide Richtungen 2.100 € und wächst sich bis zum Laufzeitende auf jeweils 5.600 € aus. Durch die Kombination mit den anderen Parametern ist der Effekt einer 20 %igen Anpassung der **Auslastung** wirksamer auf den EZÜ. So beträgt die Veränderung im ersten Jahr

3.1 Grundlagen

26,25 % und im letzten Jahr 21,96 %. Durch die **Diskontierung** der EZÜ verringert sich zudem der Anteil des Barwertes am Nominalbetrag im Zeitverlauf, sodass die Zinskosten einen Teil der im Zeitverlauf steigenden Nominalwirkung kompensieren. Die Gesamtwirkung auf den Kapitalwert beträgt in beide Richtungen 52,58 %.

Tab. 3.22: EZÜ-Veränderungen für den Diesel-Pkw bei Anpassung der Fixkosten

Zeitpunkt	t_1	t_2	t_3	t_4	t_5	t_6
Stückerlöse	50	50	50	50	50	50
Variable Kosten	15	15	15	15	15	15
DB pro Stück	35	35	35	35	35	35
Auslastung	300	300	500	500	800	800
Fixkosten	2.000	2.000	2.000	2.000	2.000	2.000
EZÜ	8.500	8.500	15.500	15.500	26.000	26.000
Zeitpunkt	t_1	t_2	t_3	t_4	t_5	t_6
Stückerlöse	50	50	50	50	50	50
Variable Kosten	15	15	15	15	15	15
DB pro Stück	35	35	35	35	35	35
Auslastung	300	300	500	500	800	800
Fixkosten	2.500	2.500	2.500	2.500	2.500	2.500
EZÜ	8.000	8.000	15.000	15.000	25.500	25.500
Zeitpunkt	t_1	t_2	t_3	t_4	t_5	t_6
Stückerlöse	50	50	50	50	50	50
Variable Kosten	15	15	15	15	15	15
DB pro Stück	35	35	35	35	35	35
Auslastung	300	300	500	500	800	800
Fixkosten	3.000	3.000	3.000	3.000	3.000	3.000
EZÜ	7.500	7.500	14.500	14.500	25.000	25.000

Beträge in €, Bezugsbasis der Stückbetrachtung: 100 km

Tab. 3.23: Zielgrößenänderung für den Diesel-Pkw – Ansatzpunkt veränderte Fixkosten

Zeitpunkt	t_0	t_1	t_2	t_3	t_4	t_5	t_6
EZÜ		8.500	8.500	15.500	15.500	26.000	26.000
Restwert							5.000
Summe		8.500	8.500	15.500	15.500	26.000	31.000
Barwert	88.930,57	8.173,08	7.858,73	13.779,44	13.249,46	21.370,10	24.499,75
Investition	−50.000,00						
Kapitalwert	38.930,57						

Zeitpunkt	t_0	t_1	t_2	t_3	t_4	t_5	t_6
EZÜ		8.000	8.000	15.000	15.000	25.500	25.500
Restwert							5.000
Summe		8.000	8.000	15.000	15.000	25.500	30.500
Barwert	86.309,50	7.692,31	7.396,45	13.334,95	12.822,06	20.959,14	24.104,59
Investition	−50.000,00						
Kapitalwert	36.309,50						
Zeitpunkt	t_0	t_1	t_2	t_3	t_4	t_5	t_6
EZÜ		7.500	7.500	14.500	14.500	25.000	25.000
Restwert							5.000
Summe		7.500	7.500	14.500	14.500	25.000	30.000
Barwert	83.688,43	7.211,54	6.934,17	12.890,45	12.394,66	20.548,18	23.709,44
Investition	−50.000,00						
Kapitalwert	33.688,43						

Beträge in €

In den ersten beiden Perioden beträgt die **EZÜ-Differenz** in beide Richtungen 500 € und bleibt bis zum Laufzeitende konstant. Eine Kombination mit anderen Faktoren gibt es strukturell nicht, da die **Fixkosten** nicht auf die Auslastung reagieren. So reduziert sich die Veränderung im ersten Jahr auf 6,25 % und im letzten Jahr auf 1,96 %. Die Gesamtwirkung auf den Kapitalwert beträgt in beide Richtungen 7,22 %.

Tab. 3.24: EZÜ-Veränderungen für den Diesel-Pkw bei Anpassung aller Parameter

Zeitpunkt	t_1	t_2	t_3	t_4	t_5	t_6
Stückerlöse	60	60	60	60	60	60
Variable Kosten	12	12	12	12	12	12
DB pro Stück	48	48	48	48	48	48
Auslastung	360	360	600	600	960	960
Fixkosten	2.000	2.000	2.000	2.000	2.000	2.000
EZÜ	15.280	15.280	26.800	26.800	44.080	44.080
Zeitpunkt	t_1	t_2	t_3	t_4	t_5	t_6
Stückerlöse	50	50	50	50	50	50
Variable Kosten	15	15	15	15	15	15
DB pro Stück	35	35	35	35	35	35
Auslastung	300	300	500	500	800	800
Fixkosten	2.500	2.500	2.500	2.500	2.500	2.500
EZÜ	8.000	8.000	15.000	15.000	25.500	25.500

3.1 Grundlagen

Zeitpunkt	t_1	t_2	t_3	t_4	t_5	t_6
Stückerlöse	40	40	40	40	40	40
Variable Kosten	18	18	18	18	18	18
DB pro Stück	22	22	22	22	22	22
Auslastung	240	240	400	400	640	640
Fixkosten	3.000	3.000	3.000	3.000	3.000	3.000
EZÜ	2.280	2.280	5.800	5.800	11.080	11.080
	Beträge in €, Bezugsbasis der Stückbetrachtung: 100 km					

Tab. 3.25: Zielgrößenänderung für den Diesel-Pkw – Ansatzpunkt Veränderung aller Parameter

Zeitpunkt	t_0	t_1	t_2	t_3	t_4	t_5	t_6
EZÜ		15.280	15.280	26.800	26.800	44.080	44.080
Restwert							5.000
Summe		15.280	15.280	26.800	26.800	44.080	49.080
Barwert	150.572,57	14.692,31	14.127,22	23.825,10	22.908,75	36.230,55	38.788,64
Investition	–50.000,00						
Kapitalwert	100.572,57						
Zeitpunkt	t_0	t_1	t_2	t_3	t_4	t_5	t_6
EZÜ		8.000	8.000	15.000	15.000	25.500	25.500
Restwert							5.000
Summe		8.000	8.000	15.000	15.000	25.500	30.500
Barwert	86.309,50	7.692,31	7.396,45	13.334,95	12.822,06	20.959,14	24.104,59
Investition	–50.000,00						
Kapitalwert	36.309,50						
Zeitpunkt	t_0	t_1	t_2	t_3	t_4	t_5	t_6
EZÜ		2.280	2.280	5.800	5.800	11.080	11.080
Restwert							5.000
Summe		2.280	2.280	5.800	5.800	11.080	16.080
Barwert	36.229,55	2.192,31	2.107,99	5.156,18	4.957,86	9.106,95	12.708,26
Investition	–50.000,00						
Kapitalwert	–13.770,45						
							Beträge in €

In den ersten beiden Perioden beträgt die ***EZÜ-Differenz*** in beide Richtungen 7.280 € und wächst sich bis zum Laufzeitende auf jeweils 19.580 € aus. Durch die Verstärkungswirkung der veränderten Parameter untereinander ist der Effekt einer

20 %igen *Anpassung aller Parameter* sehr wirksam auf den EZÜ. So beträgt die Veränderung im ersten Jahr 91 % und im letzten Jahr 72,86 %. Durch die *Diskontierung* der EZÜ verringert sich zudem der Anteil des Barwertes am Nominalbetrag im Zeitverlauf, sodass die Zinskosten einen Teil der im Zeitverlauf steigenden Nominalwirkung kompensieren. Die Gesamtwirkung auf den Kapitalwert beträgt in beide Richtungen 176,99 %. Unter dieser Annahme ist der Diesel-Pkw in der schlechten Ausgestaltung nicht mehr zu empfehlen, da er einen *negativen Kapitalwert* in Höhe von –13.770,45 € erwirtschaftet.

> **Bearbeitungs-Tipps für eine erfolgreiche Umsetzung und Interpretation:**
> - Auch hier gelten die gleichen Anforderungen wie bei der bisher vorgenommenen Ermittlung der *Kapitalwerte*.
> - Für die praktische Anwendung ist die Frage zu stellen, *welcher Umfang* der Anpassungen sinnvoll ist, bei einer Übertreibung ergeben sich in der positiven und der negativen Ausprägung utopische Werte.
> - Zudem wird offensichtlich, dass die Dynamik einen sehr hohen Rechenaufwand betreibt und bis auf Nachkommastellen exakte Ergebnisse ausweisen kann. Gleichzeitig wird ihre Grenze offensichtlich: ob die *angenommenen Zahlungsströme* eintreffen ist im Zeitpunkt der Planung fraglich.

3.1.3 Break-even-Betrachtungen

3.1.3.1 Darstellung

Vom gedanklichen Ansatz steht hier die gleiche Frage im Fokus, wie sie auch bereits in der *Statik* diskutiert wurde. Aufgrund des größeren Umfangs der *Dynamik* und der anspruchsvolleren Berechnungen, ist diese Fragestellung im Rahmen der Ungewissheitsbetrachtung angesiedelt. Inhaltlich wird untersucht, wie weit sich einzelne *Parameter verschlechtern* dürfen, ohne dass die Investition einen *negativen Kapitalwert* erwirtschaftet. Ausgangspunkt ist die bekannte Investition mit zweijähriger Laufzeit und die Annahme, dass im zweiten Laufzeitjahr Entsorgungskosten von 100 € anfallen.

Die einfachsten *Break-even*-Fragen sind: Wie weit darf
- die *Investitionssumme* steigen bzw.
- sich der *Restwert* verschlechtern, damit kein negativer Kapitalwert erzielt wird?

Bei einem Kapitalwert von 73,39 € darf die *Investitionssumme* exakt um diesen Betrag steigen, damit der Kapitalwert Null erreicht. Die Investition ist durch einen negativen *Restwert* gekennzeichnet. Wenn der Kapitalwert aus der originären Be-

3.1 Grundlagen

trachtung zur Abdeckung der Entsorgungskostenerhöhung verwendet wird, wäre der Kapitalwert Null. Doch der Kapitalwert von 73,39 € darf nicht **nominell** verwendet werden; soll er doch eine Auszahlung in t_2 kompensieren. Somit ist er für zwei Perioden **aufzuzinsen**. Das Ergebnis beträgt 85,60 €. Folglich dürfen in t_2 Entsorgungskosten in Höhe von 185,60 € (= 100 € + 85,60 €) anfallen. Von dem operativen EZÜ in Höhe von 650 € würden durch die Verrechnung nur noch 464,40 € zur Diskontierung verbleiben. Der Betrag ergibt einen Barwert von 398,15 €, welcher

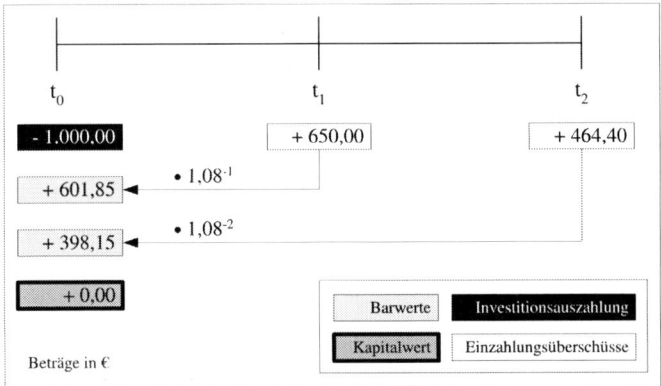

Abb. 3.6: Ausgangsinvestition mit höheren Entsorgungskosten

zusammen mit dem Barwert aus t_1 (= 601,85 €), die 1.000 € Investitionsauszahlung komplett ausgleicht. Einen Überblick vermittelt Abbildung 3.6.

Eine weitere Betrachtung in diesem Zusammenhang hinterfragt, bei welchem **Zinssatz** die Investition einen **Kapitalwert von Null** erwirtschaftet, mit welchem Zinssatz folglich der Break-even-Punkt erreicht ist. Diese durchaus interessante Fragestellung ist bereits Thema in Teil 2 gewesen, als der **Interne Zinsfuß** ermittelt wurde. Dieser stellt nichts anderes als den Break-even-Zinssatz der Investition dar und lässt sich auf unterschiedliche Weise ermitteln.

Die Ermittlung der **Laufzeit**, die mindestens erforderlich ist um einen positiven Kapitalwert zu erwirtschaften, lässt sich ebenfalls mittels der **Näherungsformel** des Internen Zinssatzes ermitteln. Statt des Versuchszinssatzes werden die Versuchslaufzeiten in die Formel integriert, sodass die Formel folgendes Aussehen hat:

$$Mindestlaufzeit = LZ\ 1.\ Versuch - \frac{Kapitalwert\ 1.\ Versuch \cdot (LZ\ 2.\ Versuch - LZ\ 1.\ Versuch)}{Kapitalwert\ 2.\ Versuch - Kapitalwert\ 1.\ Versuch}$$

3 Umgang mit der Ungewissheit der Zukunft

Für die Investition über zwei Jahre ergibt sich ein Kapitalwert von 73,39 €. Um den Kapitalwert bei einer einjährigen Laufzeit zu ermitteln, ist eine **Prämisse** über den Restwert bzw. die Entsorgungskosten erforderlich. Annahmegemäß fallen jetzt *keine* Entsorgungskosten an. Dies geschieht um die Nachvollziehbarkeit zu steigern. Der Barwert des ersten Jahres ist bereits bekannt und beträgt 601,85 €, sodass sich in Konsequenz ein Kapitalwert von –398,15 € ergibt. Mit diesen Werten kann die Formel befüllt werden.

$$\text{Mindestlaufzeit} = 2 - \frac{73{,}39 \cdot (1-2)}{-398{,}15 - 73{,}39}$$

$$\text{Mindestlaufzeit} = 2 - \frac{-73{,}39}{-471{,}54}$$

$$\text{Mindestlaufzeit} = 2 - 0{,}156 = 1{,}844 \text{ Jahre}$$

Folglich werden vom zweiten Jahr rechnerisch 308 Tage benötigt um mit der Investition einen Kapitalwert von Null zu erzielen. Auch hier sind mehrere Durchläufe möglich, um die Laufzeit theoretisch weiter zu präzisieren. Da aber die Zahlungen im Modell der Dynamik annahmegemäß alle zum Jahresende anfallen, ist eine weitere Präzision inhaltlich schwierig.

Das gleiche Ergebnis kann man auch durch Einsatz der **dynamischen Amortisationsrechnung** ermitteln, wenn man das noch offene Kapital des ersten Jahres (= 398,15 €) durch den Barwert des zweiten Jahres (= 471,54 €) dividiert. Im Ergebnis erhält man ebenfalls die 0,844 Jahre die zum ersten Jahr Laufzeit zu addieren sind.

Die anspruchsvollste Form der Break-even-Betrachtung hinterfragt die **Details der EZÜ**, diese sind die Absatzmenge, der Stückerlös, die variablen Kosten pro Stück und die Fixkosten. Zur Ermittlung sind zwei unterschiedliche Vorgehensweisen in Abhängigkeit von der Struktur der EZÜ möglich. Die erste Variante benötigt als **Voraussetzung** einen **gleichbleibenden EZÜ** über die Laufzeit. Liegt dieser vor, berechnet sich der Kapitalwert wie folgt:

$$KW = EZÜ \cdot RBF + RW \cdot (1+i)^{-n} - I_0$$

Um eine Aussage über die Break-even-Höhe der einzelnen Bestandteile des EZÜ treffen zu können, ist im ersten Schritt die Frage zu beantworten, wie weit der **EZÜ sinken** darf, damit immer noch ein Kapitalwert von Null erzielt wird. Zur Beantwortung der Frage ist die Formel nach Null umzustellen. Um die bislang betrachtete zweijährige Ausgangsinvestition in die erforderliche Form zu bringen, ist wieder von

3.1 Grundlagen

Entsorgungskosten in Höhe von 100 € im zweiten Jahr auszugehen. Somit wird in beiden Laufzeitjahren ein EZÜ von 650 € generiert. Somit ergibt sich folgendes Vorgehen:

```
0        = X · [(1,08² – 1) ÷ (1,08² · 0,08)] + (–100 · 1,08⁻²) – 1.000   | Formeln ausrechnen
0        = X · 1,7833 – 85,73 – 1.000                                      | + 1.085,73
1.085,73 = X · 1,7833                                                      | ÷ 1,7833
608,83   = X
                                                                              Beträge in €
```

Hiermit ist die Mindesthöhe des EZÜ – unter sonst gleichen Bedingungen – bekannt. Zur Lösung der Fragestellung, wie weit sich die *einzelnen Parameter* verändern dürfen, um den gewünschten EZÜ zu generieren, sind weitere Prämissen über seine **Struktur** zu setzen. ***Annahmegemäß*** gilt:

- Umsatzerlös pro Stück: 80 €
- Variable Kosten pro Stück: 20 €
- Unterstellter Absatz: 15 Stück
- Fixkosten: 250 €

Somit wird ein **Deckungsbeitrag** von 60 € (80 € – 20 €) pro verkaufter Einheit generiert. Die Summe der Deckungsbeiträge beträgt 900 € (= 60 € · 15) und wird durch den Abzug der Fixkosten auf 650 € reduziert.

Zur Ermittlung eines der gesuchten Parameter ist der Zahlenwert in der Formel zur EZÜ-Bestimmung gegen X zu tauschen und mit dem ***Ziel-EZÜ*** gleichzusetzen. Für die Umsatzerlöse ergibt sich folgendes Bild:

```
608,83   = (X – 20) · 15 – 250    | Klammer ausrechnen
608,83   = 15 X – 300 – 250       | + 550
1.158,83 = 15 X                   | ÷ 15
77,26    = X
                                     Beträge in €
```

Demnach darf der **Umsatzerlös** pro Stück auf 77,26 € fallen, damit die Investition – bei sonst gleichen Bedingungen – immer noch einen Kapitalwert von Null generiert. Für die anderen Bestandteile der Gewinngleichung ist das Vorgehen **strukturell** identisch.

Die entsprechende Probe ist ebenfalls zweistufig:
Der EZÜ ermittelt sich: (77,26 € – 20 €) · 15 – 250 € = 608,90 €
Der Kapitalwert ermittelt sich: 608,90 € · 1,7833 – 100 · 1,08⁻² – 1.000 = 0,11 €

Die Probe belegt die Richtigkeit des Ergebnisses. Eine weitere Reduzierung des Umsatzerlöses, auch um nur einen Cent, würde einen negativen Kapitalwert hervorbringen.

Die *zweite Möglichkeit*, die maximalen Werte aus der Gewinnfunktion zu ermitteln, lässt sich *restriktionslos* einsetzen und ist nichts anderes als der erneute Rückgriff auf die *Näherungsformel* für den Internen Zinsfuß, die zu adaptieren ist. Sie lautet:

$$\text{Stückerlös} = \text{Stückerlös 1. Versuch} - \frac{\text{Kapitalwert 1. Versuch} \cdot (\text{Stückerlös 2. Versuch} - \text{Stückerlös 1. Versuch})}{\text{Kapitalwert 2. Versuch} - \text{Kapitalwert 1. Versuch}}$$

Als Voraussetzung ist der Kapitalwert mit einem kleineren Stückerlös zu ermitteln. Als Schätzwert werden 75 € verwendet. Die Berechnung des Kapitalwertes zeigt die Tabelle 3.26.

Tab. 3.26: Kapitalwertermittlung für den Diesel-Pkw

Jahr	Einzahlungen Stückerlöse	Auszahlungen vK	FK	Absatzmenge	EZÜ	Diskontierungsfaktor	BW
1	75	20	250		575	$1{,}04^{-1}$	532,41
2	75	20	250		575	$1{,}04^{-2}$	492,97
2					−100	$1{,}04^{-2}$	-85,73
	Summe						939,64
						− Investitionsauszahlung	1.000,00
						= Kapitalwert	−60,36
							Beträge in €

In Konsequenz ergibt sich durch Einsatz in die Näherungsformel:

$$\text{Stückerlös} = 80 - \frac{73{,}39 \cdot (75 - 80)}{-60{,}36 - 73{,}39}$$

$$\text{Stückerlös} = 80 - \frac{73{,}39 \cdot (-5)}{-133{,}75}$$

$$\text{Stückerlös} = 80 - \frac{-366{,}94}{-133{,}75}$$

$$\text{Stückerlös} = 80 - 2{,}74$$

$$\text{Stückerlös} = 77{,}26$$

3.1 Grundlagen

Bei der kurzen Laufzeit entsprechen die ermittelten 77,26 € *exakt* dem richtigen Ergebnis, womit dieses Werkzeug auch im hier betrachteten Zusammenhang seine *Eignung* bewiesen hat.

3.1.3.2 Anwendung

Für die beiden bekannten Fahrzeuge ergeben sich folgende Ergebnisse. Die Höhe der *Investitionssummen*, die für den Diesel-Pkw bzw. den Benzin-Pkw maximal ausgegeben werden dürfen, um einen Kapitalwert von Null zu erwirtschaften, errechnen sich aus der jeweiligen Investition zzgl. des zugehörigen Kapitalwertes. Dieser beträgt für den Diesel-Pkw 86.309,50 € (= 50.000 € + 36.309,50 €) und für den Benzin-Pkw 54.106,24 € (= 35.000 € + 29.106,24 €).

Die Höhe der *Entsorgungskosten* bzw. des negativen *Restwertes* ermittelt sich durch Aufzinsung des Kapitalwertes für die Laufzeit und Verrechnung mit dem bisherigen Restwert.

Für den *Diesel-Pkw* gilt folglich: $-36.309{,}50\ € \cdot 1{,}04^6 + 5.000\ € = -40.943{,}10\ €$. Durch die Verrechnung mit dem positiven EZÜ aus dem operativen Geschäft ergibt sich ein Mittelabfluss in t_6 von 15.443,10 €, der abdiskontiert, und durch Verrechnung mit den anderen (positiven) EZÜ sowie der Investitionssumme, zu einem Kapitalwert von Null führt.

Für den *Benzin-Pkw* ist analog vorzugehen, das Ergebnis lautet: $-29.106{,}24\ € \cdot 1{,}04^5 = -35.412{,}19\ €$. Wird dieser Wert vom EZÜ des letzten Jahres abgezogen, so fließen in t_5 21.012,19 € ab. Auch hier ergibt sich der gesuchte Kapitalwert von Null, wenn der Mittelabfluss diskontiert, und mit den anderen Barwerten sowie der Investitionsauszahlung verrechnet wird.

Die Betrachtungen zum *Break-even-Zinssatz* (= Interner Zinsfuß) und der *Mindestlaufzeit* (= Amortisationszeitpunkt) sind schon erfolgt und somit bereits erarbeitet (vgl. zu den Grundlagen Kapitel 2.1.3 und 2.1.5).

Zur Break-even-Betrachtung beim Benzin-Pkw bietet sich der Einsatz des *Rentenbarwertfaktors* an. Die Gleichung für einen Kapitalwert von Null lautet folglich:

0	= X · [(1,04⁵–1) ÷ (1,04⁵ · 0,08)] – 35.000	Klammern ausrechnen
0	= X · 4,4497 – 35.000	+ 35.000
35.000	= X · 4,4497	÷ 4,4497
7.865,70	= X	
		Beträge in €

3 Umgang mit der Ungewissheit der Zukunft

Auf dieser Grundlage lassen sich die Break-even-Werte für die Parameter der *Gewinnfunktion* ableiten.

Für die Stückerlöse ergibt sich folgendes Bild:

```
7.865,70   = (X – 20) · 640 – 1.600   | Klammer ausrechnen
7.865,70   = 640 X – 12.800 – 1.600   | + 14.400
22.265,70  = 640 X                    | ÷ 640
34,79      = X
                                                        Beträge in €
```

Demnach darf der Umsatzerlös pro Stück auf 34,79 € fallen, damit die Investition – bei sonst gleichen Bedingungen – immer noch einen Kapitalwert von Null generiert.

Die entsprechende Probe ist ebenfalls zweistufig:
- Der EZÜ ermittelt sich: (34,79 € – 20 €) · 640 – 1.600 € = 7.865,60 €
- Der Kapitalwert berechnet sich: 7.865,60 € · 4,4497 – 35.000 € = –0,44 €[11]

Für die variablen Kosten ergibt sich folgendes Bild:

```
7.865,70    = (45 – X) · 640 – 1.600   | Klammer ausrechnen
7.865,70    = 28.800 – 640 X – 1.600   | –27.200
–19.334,3   = –640 X                   | ÷ –640
30,21       = X
                                                        Beträge in €
```

In Konsequenz ist es möglich, dass die *variablen Kosten* auf 34,79 € steigen, damit die Investition – bei sonst gleichen Bedingungen – immer noch einen Kapitalwert von Null generiert.

Die entsprechende Probe ist auch hier zweistufig:
- Der EZÜ ermittelt sich: (45 € – 30,21 €) · 640 – 1.600 € = 7.865,60 €
- Der Kapitalwert berechnet sich: 7.865,60 € · 4,4497 – 35.000 € = –0,44 €[12]

Für die Absatzmenge ergibt sich folgendes Bild:

---

[11] Wenn die einzelnen EZÜ diskontiert werden oder der RBW in der *Tabellenkalkulation* ohne Begrenzung der Nachkommastellen verwendet wird, ergibt sich ein Kapitalwert von 16,25 €.
[12] Wenn die einzelnen EZÜ diskontiert werden oder der RBW in der *Tabellenkalkulation* ohne Begrenzung der Nachkommastellen verwendet wird, ergibt sich ein Kapitalwert von 16,25 €.

3.1 Grundlagen

```
7.865,70 = (45 − 20) · X − 1.600   | Klammer ausrechnen
7.865,70 = 25 X − 1.600             | + 1.600
9.465,70 = 25 X                     | ÷ 25
378,63   = X
```
Beträge in €

Bei einer Absatzmenge von 387,63 Einheiten erwirtschaftet die Investition – bei sonst gleichen Bedingungen – immer noch ein ausgeglichenes Ergebnis.

Die entsprechende Probe ist wie gehabt zweistufig:
- Der EZÜ ermittelt sich: (45 € −20 €) · 378,63 − 1.600 € = 7.865,75 €
- Der Kapitalwert berechnet sich: 7.865,75 € · 4,4497 − 35.000 € = 0,23 €[13]

Für die Fixkosten ergibt sich folgendes Bild:

```
7.865,70 = (45 − 20) · 640 − X   | Klammer ausrechnen
7.865,70 = 16.000 − X             | −16.000
−8.134,30 = X
```
Beträge in €

Demnach kann die Investition – bei sonst gleichen Bedingungen – Fixkosten in Höhe von 8.134,30 € verkraften, ohne das ihr Ergebnis negativ wird.

Die entsprechende Probe ist ebenfalls zweistufig:
- Der EZÜ ermittelt sich: 25 € · 640 − 8.134,30 € = 7.865,70 €
- Der Kapitalwert berechnet sich: 7.865,70 € · 4,4497 − 35.000 € = 0,01 €[14]

Die Analyse der **Break-even-Menge** erfolgt beim Diesel-Pkw mittels der adaptierten **Näherungsformel** des Internen Zinsfußes. Der erste Parameter, der untersucht wird, ist der **Stückerlös**. In der Ausgangssituation ist mit 50 € pro 100 km kalkuliert. Rechnet man den Kapitalwert mit 35 € Stückerlös aus, ergibt sich ein Kapitalwert von −4.603,33 € wie in Tabelle 3.27 dargestellt ist.

---

[13] Wenn die einzelnen EZÜ diskontiert werden oder der RBW in der **Tabellenkalkulation** ohne Begrenzung der Nachkommastellen verwendet wird, ergibt sich ein Kapitalwert von 16,92 €.

[14] Wenn die einzelnen EZÜ diskontiert werden oder der RBW in der **Tabellenkalkulation** ohne Begrenzung der Nachkommastellen verwendet wird, ergibt sich ein Kapitalwert von 16,70 €.

Tab. 3.27: Kapitalwertermittlung für den Diesel-Pkw bei Stückerlösen in Höhe von 35 €

Jahr	Einzahlungen Stückerlöse	Auszahlungen vK	FK	Absatzmenge	EZÜ	Diskontierungsfaktor	BW
1	35	15	2.500	300	3.500	$1{,}04^{-1}$	3.365,38
2	35	15	2.500	300	3.500	$1{,}04^{-2}$	3.235,95
3	35	15	2.500	500	7.500	$1{,}04^{-3}$	6.667,47
4	35	15	2.500	500	7.500	$1{,}04^{-4}$	6.411,03
5	35	15	2.500	800	13.500	$1{,}04^{-5}$	11.096,02
6	35	15	2.500	800	13.500	$1{,}04^{-6}$	10.669,25
6	Restwert				5.000	$1{,}04^{-6}$	3.951,57
	Summe						45.396,67
						− Investitionsauszahlung	50.000,00
						= Kapitalwert	−4.603,33
							Beträge in €

In der Anwendung ergibt sich für den Diesel-Pkw:

$$\text{Stückerlös} = 50 - \frac{36.309{,}50 \cdot (35 - 50)}{-4.603{,}33 - 36.309{,}50}$$

$$\text{Stückerlös} = 50 - \frac{36.309{,}50 \cdot (-15)}{-40.912{,}83}$$

$$\text{Stückerlös} = 50 - \frac{-544.642{,}50}{-40.912{,}83}$$

$$\text{Stückerlös} = 50 - 13{,}31$$

$$\text{Stückerlös} = 36{,}69$$

Bei einer Verwendung des **Stückerlöses** von 36,69 € errechnet sich ein positiver **Kapitalwert** von 6,18 €. Mit nur einem Cent je verkauftem Stück weniger wird der Kapitalwert negativ. Somit ist die Richtigkeit des Ergebnisses belegt.

Für die variablen Kosten ist das gleiche Vorgehen möglich. Als alternative **variable Kosten** sind im zweiten Versuch 29 € unterstellt.

Die Kapitalwertermittlung ist in Tabelle 3.28 gezeigt.

3.1 Grundlagen

Tab. 3.28: Kapitalwertermittlung für den Diesel-Pkw bei variablen Kosten in Höhe von 29 €

Jahr	Einzahlungen Stückerlöse	Auszahlungen vK	FK	Absatz-menge	EZÜ	Diskontie-rungsfaktor	BW
1	50	29	2.500	300	3.800	$1{,}04^{-1}$	3.653,85
2	50	29	2.500	300	3.800	$1{,}04^{-2}$	3.513,31
3	50	29	2.500	500	8.000	$1{,}04^{-3}$	7.111,97
4	50	29	2.500	500	8.000	$1{,}04^{-4}$	6.838,43
5	50	29	2.500	800	14.300	$1{,}04^{-5}$	11.753,56
6	50	29	2.500	800	14.300	$1{,}04^{-6}$	11.301,50
6	Restwert				5.000	$1{,}04^{-6}$	3.951,57
Summe							48.124,19
					− Investitionsauszahlung		50.000,00
					= Kapitalwert		−1.875,81
							Beträge in €

Mit dem negativen Kapitalwert des zweiten Versuchs sind die Voraussetzungen geschaffen, um die **Näherungsformel** einzusetzen.

$$\text{Variable Kosten} = 15 - \frac{36.309{,}50 \cdot (29 - 15)}{-1.875{,}81 - 36.309{,}50}$$

$$\text{Variable Kosten} = 15 - \frac{36.309{,}50 \cdot 14}{-38.185{,}31}$$

$$\text{Variable Kosten} = 15 - \frac{508.333{,}00}{-38.185{,}31}$$

$$\text{Variable Kosten} = 15 + 13{,}31$$

$$\text{Variable Kosten} = 28{,}31$$

Das Ergebnis ist wenig überraschend, da der Stückerlös abzüglich der variablen Kosten den **Deckungsbeitrag** ergibt. Ob dies mit einem verminderten Stückerlös (36,69 € − 15 € = 21,69 €) oder mit gesteigerten variablen Kosten (= 50 € − 28,31 € = 21,69 €) erzielt wird, ist unerheblich. Die gleiche Rechnung ließe sich auch pauschal mit dem **Deckungsbeitrag** selbst durchführen und würde ebenfalls ein Ergebnis von 21,69 € erzielen.

Als weiterer prüfbarer Parameter stehen noch die *jährlichen Fixkosten* zur Verfügung. Als Versuchswert dienen Fixkosten von jährlich 10.000 €. Das Ergebnis des zweiten Durchlaufs ist in Tabelle 3.29 visualisiert.

Tab. 3.29: Kapitalwertermittlung für den Diesel-Pkw bei jährlichen Fixkosten in Höhe von 10.0000 €

Jahr	Einzahlungen Stückerlöse	Auszahlungen vK	FK	Absatzmenge	EZÜ	Diskontierungsfaktor	BW
1	50	15	10.000	300	500	$1,04^{-1}$	480,77
2	50	15	10.000	300	500	$1,04^{-2}$	462,28
3	50	15	10.000	500	7.500	$1,04^{-3}$	6.667,47
4	50	15	10.000	500	7.500	$1,04^{-4}$	6.411,03
5	50	15	10.000	800	18.000	$1,04^{-5}$	14.794,69
6	50	15	10.000	800	18.000	$1,04^{-6}$	14.225,66
6	Restwert				5.000	$1,04^{-6}$	3.951,57
	Summe						46.993,47
						− Investitionsauszahlung	50.000,00
						= Kapitalwert	−3.006,53
							Beträge in €

Mit dem zweiten Kapitalwert sind auch alle Voraussetzungen geschaffen, um die **Näherungsformel** zu nutzen. Es ergibt sich:

$$\text{Jährliche Fixkosten} = 2.500 - \frac{36.309,50 \cdot (10.000 - 2.500)}{-3.006,53 - 36.309,50}$$

$$\text{Jährliche Fixkosten} = 2.500 - \frac{36.309,50 \cdot 7.500}{-39.316,03}$$

$$\text{Jährliche Fixkosten} = 2.500 - \frac{272.321.249,24}{-39.316,03}$$

$$\text{Jährliche Fixkosten} = 2.500 + 6.926,47$$

$$\text{Jährliche Fixkosten} = 9.426,47$$

Mit Fixkosten von 9.426,47 € ergibt sich ein Kapitalwert von exakt Null.

Als letzter Parameter ist noch die **Ausbringungsmenge** analysierbar. Herausfordernd ist hierbei, dass die **Auslastung im Zeitverlauf** schwankt. Bei einem Kapitalwert von 36.309,50 € könnten die **beiden ersten Jahre** eine Auslastung von Null aufweisen, ohne dass der Kapitalwert negativ wird. Unter einer solchen Annahme würden die bisherigen Barwerte der ersten zwei Jahre entfallen und stattdessen die diskontierten Fixkosten als negative Barwerte den Kapitalwert belasten. Die Ergebnisdarstellung findet sich in Tabelle 3.30.

3.1 Grundlagen

Tab. 3.30: Kapitalwertermittlung für den Diesel-Pkw bei einer Absatzmenge von Null in den ersten beiden Jahren

Jahr	Einzahlungen Stückerlöse	Auszahlungen vK	FK	Absatz- menge	EZÜ	Diskontie- rungsfaktor	BW
1	50	15	2.500		−2.500	$1{,}04^{-1}$	-2.403,85
2	50	15	2.500		−2.500	$1{,}04^{-2}$	-2.311,39
3	50	15	2.500	500	15.000	$1{,}04^{-3}$	13.334,95
4	50	15	2.500	500	15.000	$1{,}04^{-4}$	12.822,06
5	50	15	2.500	800	25.500	$1{,}04^{-5}$	20.959,14
6	50	15	2.500	800	25.500	$1{,}04^{-6}$	20.153,02
6	Restwert				5.000	$1{,}04^{-6}$	3.951,57
	Summe						66.505,51
						− Investitionsauszahlung	50.000,00
						= Kapitalwert	16.505,51
							Beträge in €

Es ist offensichtlich, dass der Kapitalwert immer noch positiv ist, sodass eine solche Anpassung zu keinen nachhaltigen Problemen führen würde.

Analog lässt sich die Analyse für die ***mittleren zwei Jahre*** vornehmen, da auch hier ein positiver Kapitalwert verbleibt, wie in Tabelle 3.31 veranschaulicht ist.

Tab. 3.31: Kapitalwertermittlung für den Diesel-Pkw bei einer Absatzmenge von Null in den mittleren beiden Jahren

Jahr	Einzahlungen Stückerlöse	Auszahlungen vK	FK	Absatz- menge	EZÜ	Diskontie- rungsfaktor	BW
1	50	15	2.500	300	8.000	$1{,}04^{-1}$	7.692,31
2	50	15	2.500	300	8.000	$1{,}04^{-2}$	7.396,45
3	50	15	2.500		−2.500	$1{,}04^{-3}$	-2.222,49
4	50	15	2.500		−2.500	$1{,}04^{-4}$	-2.137,01
5	50	15	2.500	800	25.500	$1{,}04^{-5}$	20.959,14
6	50	15	2.500	800	25.500	$1{,}04^{-6}$	20.153,02
6	Restwert				5.000	$1{,}04^{-6}$	3.951,57
	Summe						55.792,99
						− Investitionsauszahlung	50.000,00
						= Kapitalwert	5.792,99
							Beträge in €

Auch hier ist offensichtlich, dass der Kapitalwert immer noch positiv ist, sodass auch diese Verschlechterung zu keinen nachhaltigen Problemen führen würde.

Ein Umsatzrückgang auf Null würde bei den **letzten beiden Jahren** zu einem negativen Kapitalwert führen. Damit ist für diese beiden Jahre die Laufzeitanalyse mittels der **Näherungsformel** möglich.

Als Versuchsmenge in Tabelle 3.32 sind 100 Stück in den Jahren fünf und sechs verarbeitet. Das Ergebnis ist ein negativer Kapitalwert von 3.190,42 €, der in die Näherungsformel Eingang findet.

Tab. 3.32: Kapitalwertermittlung für den Diesel-Pkw bei einer Absatzmenge von 100 in den letzten beiden Jahren

Jahr	Einzahlungen Stückerlöse	Auszahlungen vK	Auszahlungen FK	Absatzmenge	EZÜ	Diskontierungsfaktor	BW
1	50	15	2.500	300	8.000	$1{,}04^{-1}$	7.692,31
2	50	15	2.500	300	8.000	$1{,}04^{-2}$	7.396,45
3	50	15	2.500	500	15.000	$1{,}04^{-3}$	13.334,95
4	50	15	2.500	500	15.000	$1{,}04^{-4}$	12.822,06
5	50	15	2.500	100	1.000	$1{,}04^{-5}$	821,93
6	50	15	2.500	100	1.000	$1{,}04^{-6}$	790,31
6	Restwert				5.000	$1{,}04^{-6}$	3.951,57
	Summe						46.809,58
						− Investitionsauszahlung	50.000,00
						= Kapitalwert	−3.190,42
						Beträge in €	

$$\text{Absatzmenge in den Jahren } 5 + 6 = 800 - \frac{36.309{,}50 \cdot (100 - 800)}{-3.190{,}42 - 36.309{,}50}$$

$$\text{Absatzmenge in den Jahren } 5 + 6 = 800 - \frac{36.309{,}50 \cdot (-700)}{-39.499{,}92}$$

$$\text{Absatzmenge in den Jahren } 5 + 6 = 800 - \frac{-25.416.649{,}93}{-39.499{,}92}$$

$$\text{Absatzmenge in den Jahren } 5 + 6 = 800 - 643{,}46$$

$$\text{Absatzmenge in den Jahren } 5 + 6 = 156{,}54$$

3.1 Grundlagen

Wenn exakt die 156,54 Einheiten (15.654 km pro Jahr) an Absatzmenge erreicht werden, ergibt sich ein Kapitalwert von 0,04 €, soweit die ersten vier Jahre unverändert in die Rechnung einbezogen werden können.

Hiermit ist die individualisierte Betrachtung der einzelnen Jahre, für die jeweils gleiche Absatzmengen angenommen sind, abgeschlossen.

Eine weitere Analyse kann **alle Jahre pauschal** betrachten. Wenn man sich noch einmal die Ausgangssituation vergegenwärtigt: Für den Diesel-Pkw wird ein Potenzial von 1.000 Einheiten (= 100.000 km) angenommen, die erwartete Auslastung ist jeweils in zwei Jahresblöcke gestaffelt. Daraus lässt sich die finale Frage herleiten: Wie weit dürfen die bisher angenommenen **Auslastungen** gesenkt werden, damit der Diesel-Pkw noch immer einen neutralen Kapitalwert erzielt? Hierzu wird die bisher unterstellte Auslastung als **Ausgangswert** mit **100 %** gesetzt. Wenn hier eine Reduzierung aller Absatzmengen um konstant 40 % erfolgt, gehen 60 % der ursprünglichen Absatzmengen in die Rechnung ein. Die Ermittlung des Kapitalwertes, unter dieser Annahme, fasst Tabelle 3.33 zusammen.

Tab. 3.33: Kapitalwertermittlung für den Diesel-Pkw bei einer Absatzmenge von 60 % der Ausgangswerte über die gesamte Laufzeit

Jahr	Einzahlungen Stückerlöse	Auszahlungen vK	Auszahlungen FK	Absatzmenge	EZÜ	Diskontierungsfaktor	BW
1	50	15	2.500	180	3.800	$1{,}04^{-1}$	3.653,85
2	50	15	2.500	180	3.800	$1{,}04^{-2}$	3.513,31
3	50	15	2.500	300	8.000	$1{,}04^{-3}$	7.111,97
4	50	15	2.500	300	8.000	$1{,}04^{-4}$	6.838,43
5	50	15	2.500	480	14.300	$1{,}04^{-5}$	11.753,56
6	50	15	2.500	480	14.300	$1{,}04^{-6}$	11.301,50
6	Restwert				5.000	$1{,}04^{-6}$	3.653,85
	Summe						48.124,19
					– Investitionsauszahlung		50.000,00
					= Kapitalwert		–1.875,81
							Beträge in €

Hiermit liegen erneut die Anforderungen vor, um die Näherungsformel, jetzt mit der Auslastung als Ausprägung anzuwenden.

$$\text{Prozentuale Absatzmenge der Planung} = 100 - \frac{36.309{,}50 \cdot (60 - 100)}{-1.875{,}81 - 36.309{,}50}$$

$$\text{Prozentuale Absatzmenge der Planung} = 100 - \frac{36.309{,}50 \cdot (-40)}{-38.185{,}31}$$

$$\text{Prozentuale Absatzmenge der Planung} = 100 - \frac{-1.452.380}{-38.185{,}31}$$

$$\text{Prozentuale Absatzmenge der Planung} = 100 - 38{,}035$$

$$\text{Prozentuale Absatzmenge der Planung} = 61{,}965$$

Über die **Gesamtlaufzeit** verkraftet der Diesel-Pkw unter sonst gleichen Bedingungen eine Auslastungsreduzierung auf 61,965 % der ursprünglichen Werte. Bei dieser Auslastung wird ein Kapitalwert von 0,05 € generiert, sodass diese Auslastung als Grenzauslastung zutreffend ist.

Bearbeitungs-Tipps für eine erfolgreiche Umsetzung und Interpretation:
- Analog der Ermittlung des **Internen Zinsfußes** ist es hier auch wichtig, bei der Näherungsformel den ersten und den zweiten **Versuchsparameter** zu benennen und konsequent fortzuführen.
- Die Ergebnisse können für den Entscheider wertvolle Hilfe sein, denn sie zeigen ab welcher **Parameterausprägung** der Erfolg der Investition kippt.

Glückwunsch!!!

Hiermit haben Sie sich auch die Grundlagen des Umgangs mit der Unsicherheit erarbeitet. Sie verfügen über ein **solides Verständnis** zu dieser Thematik. Nebenbei haben Sie noch mehrfach grundlegende Instrumente der Dynamik in anderen Einsatzgebieten kennengelernt und geübt. Somit verfügen Sie über eine erweiterte Routine. In Anhängigkeit vom Anspruch ihres geplanten Abschlusses, sind Sie in der Lage, Prüfungen zu diesem Thema **komplett** zu bearbeiten.

Geht der Anspruch Ihrer Ausbildung *über* den bisher diskutierten *Level* hinaus, so sind Sie zumindest in der Lage die Basics erfolgreich zu bearbeiten. In diesem Fall stehen Ihnen zwei Wege offen:

- **Übung** der erarbeiteten Inhalte. Hierzu bietet Ihnen das **Übungsbuch** offen gestellte Fragen, programmierte Aufgaben und Anwendungen.
- Soweit Ihr Lehrplan **weitere Inhalte** zum Umgang mit der Ungewissheit vorsieht, können Sie diese Inhalte aus dem Erweiterungskapitel (selektiv) erarbeiten. Der Erweiterungsteil ist in zwei Themen gegliedert:
  - Das erste Thema behandelt den Umgang mit **Unsicherheit**. Damit ist gemeint, dass mehrere Zukünfte aus dem Heute heraus ableitbar sind, deren Eintrittswahrscheinlichkeit nicht quantifizierbar ist.
  - Als logische Konsequenz geht es im zweiten Thema um Situationen, in denen die Zukünfte herleitbar sind und diesen auch eine – wie auch immer ermittelte – Eintrittswahrscheinlichkeit beigemessen werden kann. In diesen Fällen spricht man von Entscheidungssituationen, die durch **Risiko** gekennzeichnet sind.

3.2 Erweiterung

3.2.1 Modelle zur Strukturierung der Unsicherheit

3.2.1.1 Darstellung

Die Modelle der Unsicherheit basieren auf zwei Voraussetzungen:

- Der Investor ist in der Lage **unterschiedliche Zukünfte** und damit Erfolgsausprägungen seines Vorhabens abzuleiten, ohne dass er diese mit konkreten Wahrscheinlichkeiten beziffern kann.
- Es existiert eine **Entscheidungssituation**, welche mindestens zwei Alternativen (Investitionsobjekte) voraussetzt.

Ausgangsbasis bildet auch hier wieder die bekannte Investition über zwei Jahre mit einem Kapitalwert von 73,39 €. Diese Alternative stellt die originär geplante oder auch das mittlere Szenario dar. Zudem hält der Unternehmer noch zwei weitere **Szenarien**: ein **gutes** und ein **schlechtes**, für denkbar. Methodisch spricht man auch von der **Dreifachrechnung**. Die schlechte Ausprägung basiert auf dem mittleren Szenario, jedoch werden hier nur Umsatzerlöse von 60 € pro Stück und eine Absatzmenge von 12 Einheiten pro Jahr erwartet. Zudem steigen die Entsorgungskosten auf 150 € an. In dem guten Szenario hingegen liegen die Umsatzerlöse pro Stück bei 100 € und die Absatzmenge beträgt 20 Stück pro Jahr. Das Investitionsobjekt kann kostenfrei entsorgt werden. In den Ergebnissen verändern sich natürlich die Kapitalwerte, die Tabelle 3.34 aufzeigt.

Tab. 3.34: Kapitalwertermittlung für die Ausgangsinvestition für drei Szenarien

Jahr	Einzahlungen Stückerlöse	Auszahlungen vK	FK	Absatz-menge	EZÜ	Diskontie-rungsfaktor	BW
1	100	20	250	20	1.350	$1,08^{-1}$	1.250,00
2	100	20	250	20	1.350	$1,08^{-2}$	1.157,41
2	Restwert				0	$1,08^{-2}$	0,00
	Summe						2.407,41
						− Investitionsauszahlung	1.000,00
						= Kapitalwert	1.407,41
							Beträge in €

Jahr	Einzahlungen Stückerlöse	Auszahlungen vK	FK	Absatz-menge	EZÜ	Diskontie-rungsfaktor	BW
1	80	20	250	15	650	$1,08^{-1}$	601,85
2	80	20	250	15	650	$1,08^{-2}$	557,27
2	Restwert				−100	$1,08^{-2}$	−85,73
	Summe						1.073,39
						− Investitionsauszahlung	1.000,00
						= Kapitalwert	73,39
							Beträge in €

Jahr	Einzahlungen Stückerlöse	Auszahlungen vK	FK	Absatz-menge	EZÜ	Diskontie-rungsfaktor	BW
1	60	20	250	12	230	$1,08^{-1}$	212,96
2	60	20	250	12	230	$1,08^{-2}$	197,19
2	Restwert				−150	$1,08^{-2}$	−128,60
	Summe						281,55
						− Investitionsauszahlung	1.000,00
						= Kapitalwert	−718,45
							Beträge in €

Zudem zieht der Unternehmer eine **zweite Investition** in Erwägung, die ein ähnliches Produkt darstellt und durch eine **Investitionssumme** von 1.500 € gekennzeichnet ist. Das Ergebnis für die drei oben bereits gekennzeichneten Szenarien ist in Tabelle 3.35 zusammengetragen. Hier sind auch die entsprechenden Unterschiede zu erkennen, die bei der Höhe der Umsatzerlöse, der Absatzmenge und den Entsorgungskosten wirken.

3.2 Erweiterung

Tab. 3.35: Kapitalwertermittlung für die Alternativinvestition für drei Szenarien

Jahr	Einzahlungen Stückerlöse	Auszahlungen vK	FK	Absatz-menge	EZÜ	Diskontie-rungsfaktor	BW
1	95	20	250	25	1.625	$1{,}08^{-1}$	1.504,63
2	95	20	250	25	1.625	$1{,}08^{-2}$	1.393,18
2	Restwert				50	$1{,}08^{-2}$	42,87
	Summe						2.407,41
					– Investitionsauszahlung		1.500,00
					= Kapitalwert		1.440,67
							Beträge in €
Jahr	Einzahlungen Stückerlöse	Auszahlungen vK	FK	Absatz-menge	EZÜ	Diskontie-rungsfaktor	BW
1	80	20	250	20	950	$1{,}08^{-1}$	879,63
2	80	20	250	20	950	$1{,}08^{-2}$	814,47
2	Restwert				–50	$1{,}08^{-2}$	–42,87
	Summe						1.651,23
					– Investitionsauszahlung		1.500,00
					= Kapitalwert		151,23
							Beträge in €
Jahr	Einzahlungen Stückerlöse	Auszahlungen vK	FK	Absatz-menge	EZÜ	Diskontie-rungsfaktor	BW
1	70	20	250	13	400	$1{,}08^{-1}$	370,37
2	70	20	250	13	400	$1{,}08^{-2}$	342,94
2	Restwert				–200	$1{,}08^{-2}$	–171,47
	Summe						541,84
					– Investitionsauszahlung		1.500,00
					= Kapitalwert		–958,16
							Beträge in €

Die Details sind kein wirklicher Erkenntnisfortschritt, weil vergleichbare Rechnungen bereits mehrfach – zum Beispiel bei der *Zielgrößenänderungsrechnung* – durchgeführt wurden. Einen Überblick vermittelt die Tabelle 3.36. Um einen *Erkenntnisfortschritt* zu erzielen wird nun der Fokus auf die *Interpretation* der Ergebnisse mit Hilfe verschiedener Ansätze gelegt.

Tab. 3.36: Kapitalwertübersicht der Alternativinvestitionen für die drei Szenarien

Investition		Kapitalwerte der Szenarien		
		schlecht	mittel	gut
Alternative 1	1.000,00	−718,45	73,39	1.407,41
Alternative 2	1.500,00	−958,16	151,23	1.440,67
				Beträge in €

Es ist offensichtlich, dass die beiden Alternativen unterschiedliche Profile in Abhängigkeit von dem eintreffenden *Szenario* aufweisen. Im mittleren Fall dominiert Alternative 2 deutlich. Im guten Szenario sind die Unterschiede nicht wirklich signifikant, mit einem leichten Vorteil für Alternative 2. Für den Fall, dass das schlechte Szenario Realität wird, ist die erste Investition die zu präferierende Alternative. Wie ist dieses Dilemma nun aufzulösen?

Vorweg ist die Frage zu stellen, ob ein bzw. die negatives(n) Ergebnis(se) mit der *Verlusttragfähigkeit* des Investors kompatibel sind oder das Unternehmen bei seinem Eintreffen in der Existenz gefährdet ist. In diesem Fall muss sehr genau abgewogen werden, ob die Investition tatsächlich in Erwägung kommt.

Zur Bewertung gibt es unterschiedliche Lösungsansätze. Der erste Ansatz unterstellt *Optimismus* und damit *Risikofreude* und trägt die Bezeichnung *Maximax-Regel*. Die Handlungsoption ist nahezu selbsterklärend: Nimm das beste (= maximale) Szenario und wähle die Alternative mit dem höchsten (= maximalen) Wert. Nach dieser Regel fällt die Wahl auf die Alternative 2.

Den Gegenpart zum Optimismus bildet der *Pessimismus*, womit die nächste Entscheidungsregel benannt ist. Sie ist durch *Risikoscheu* gekennzeichnet und trägt den Namen: *Minimax-Regel*. Ihre Handlungsoption ist einfach, es wird vom schlechtesten (= minimalen) Szenario ausgegangen. Unter dieser Prämisse ist der Erfolg zu maximieren. Eine Erfolgsmaximierung kann auch darin bestehen, den Verlust zu minimieren. In der konkreten Situation dominiert Alternative 1.

Beide Bewertungsvarianten haben den Charme der leichten Eingängigkeit und sind gleichzeitig durch ihre *Eindimensionalität* wenig überzeugend. So grenzt es schon an *Hasardeurhaftigkeit* sich ausschließlich auf das beste Szenario zu fokussieren und alle anderen Möglichkeiten auszublenden. Und ein Unternehmer der nur das schlechte Szenario zum Maß aller Dinge erklärt, wird vermutlich im echten Leben zu viele Chancen liegen lassen.

3.2 Erweiterung

Diese Herausforderung lässt sich mittels des **Hurwicz-Ansatzes** lösen. Hierzu wird ein **Optimismusparameter** eingeführt: **Beta** (= β). Dieser kann alle Ausprägungen zwischen Null und eins annehmen und wird mit den Kapitalwerten des guten Szenarios multipliziert. Neben Beta umfasst der Ansatz aber noch einen zweiten Multiplikator, den **Pessimismusparameter**: **1–β**, der für die Ausprägungen des schlechten Szenarios verwendet wird. Wenn Beta den Wert 1 annimmt, so entspricht der Hurwicz-Ansatz der **Maximax-Regel**. Umgekehrt führt ein Beta-Wert von Null zum gleichen Ergebnis wie die **Minimax-Regel**. Beta hängt von der Risikoneigung des Investors ab und soll im Beispiel annahmegemäß bei 0,75 liegen. Daraus ergibt sich, dass 1–β = 0,25 beträgt. Die Ergebniszusammenfassung findet sich in Tabelle 3.37.

Tab. 3.37: Anwendung der Hurwicz-Regel für beide Alternativinvestitionen

| | | Szenarien | | | | | |
| | | schlecht | | mittel | | gut | Σ |
Investition		KW	€·(1 – β)	KW	nicht relevant	KW	€·β
Alternative 1	1.000	–718,45	–179,61	73,39		1.407,41	1.055,56	875,94
Alternative 2	1.500	–958,16	–239,54	151,23		1.440,67	1.080,50	840,96
							Beträge in €

Offensichtlich ist das negative Ergebnis im schlechten Szenario bei Alternative 2 so bedeutsam, dass es trotz der geringeren Gewichtung dafür sorgt, dass Alternative 1 – mit ihrem schwächeren Wert im guten Szenario – dominiert.

Der Schritt zum nächsten Ansatz ist nicht mehr weit, denn auch bei der **Laplace-Regel** wird eine Bewertung der Kapitalwerte in den einzelnen Szenarien vorgenommen. Angesichts der Unkenntnis der Eintrittswahrscheinlichkeiten ordnet dieser Ansatz jedem Szenario die gleiche Eintrittswahrscheinlichkeit zu. Die Berechnung lautet: 100 % ÷ Anzahl der Szenarien. Demnach beträgt die Eintrittswahrscheinlichkeit für jedes Szenario im Beispielsfall ein Drittel. Die Ergebnisse finden sich in Tabelle 3.38.

Tab. 3.38: Anwendung der Laplace-Regel für beide Alternativinvestitionen

| | | Szenarien | | | | | | |
| | Investition | schlecht (⅓) | | mittel (⅓) | | gut (⅓) | | μ |
		KW	w · i	KW	w · i	KW	w · i	
Alternative 1	1.000,00	–718,45	–239,48	73,39	24,46	1.407,41	469,14	254,12
Alternative 2	1.500,00	–958,16	–319,39	151,23	50,41	1.440,67	480,22	211,25
								Beträge in €

Das Ergebnis ermittelt sich durch Multiplikation der Kapitalwerte mit der Eintrittswahrscheinlichkeit je Szenario. Die Summe über alle Umweltzustände ergibt für die betrachtete Investition den **Erwartungswert** (= μ). Auch hier dominiert die Alternative 1 aus den schon benannten Ursachen.

Formal lässt sich die Berechnung des **Erwartungswertes** in einer Formel zusammenfassen:

$$\mu = \sum_{i=1}^{n} w_i \cdot x_i$$

Hierbei bedeuten:

n $\Leftrightarrow$ Anzahl der Szenarien

w_i $\Leftrightarrow$ Eintrittswahrscheinlichkeit im Szenario i

x_i $\Leftrightarrow$ Kapitalwert im Szenario i

Der letzte in diesem Zusammenhang zu diskutierende Ansatz ist die *Savage-Niehans-Regel*. Diese stellt eine komplett andere Frage indem Sie die *Opportunitätskosten* thematisiert. Wie hoch sind diese in den einzelnen Szenarien, wenn die falsche – weil schlechtere – Alternative gewählt wurde? Die Details liefert Tabelle 3.39.

Tab. 3.39: Anwendung der Savage-Niehans -Regel für beide Alternativinvestitionen

Investition		Szenarien					Ergebnis (€)
		schlecht		mittel		gut	
		KW	Opportunität	KW	Opportunität	KW	Opportunität	
Alternative 1	1.000,00	−718,45		73,39	77,84	1.407,41	33,26	77,84
Alternative 2	1.500,00	−958,16	239,71	151,23		1.440,67		239,71
								Beträge in €

Im schlechten Szenario verliert der Investor 239,71 €, wenn er sich für Alternative 2 entschieden hat und dieses Szenario Realität wird. Sein Verlust hätte kleiner ausfallen können. Im mittleren Szenario hat der Anleger, der die Alternative 1 gewählt hat, einen Schaden von 77,84 €, da ein Kapitalwert von 151,23 € unter diesen Prämissen möglich war. Analog verhält es sich im dritten Szenario, nur dass der Opportunitätsverlust hier mit 33,26 € zu Buche schlägt. Die Abweichung zu den bisherigen Verfahren ergibt sich aus der Logik der Szenarien. Die Schäden sind nicht aufzusummieren, sondern es ist je *Alternative* auf den *größten Einzelschaden* abzustellen.

3.2 Erweiterung

Ursache ist, dass das Eintreten eines Szenarios, das / die andere(n) Szenario / Szenarien ausschließt. Somit betragen die maximalen Opportunitätskosten für Alternative 1: 77,84 € und für Alternative 2: 239,71 €. Auch bei Anwendung dieses Ansatzes dominiert Alternative 1 deutlich.

3.2.1.2 Anwendung

Analog dem bisherigen Vorgehen erfolgt auch hier die Anwendung aus dem Darstellungskapitel mit Hilfe der beiden bereits bekannten Pkw. Es sind folglich jeweils zwei weitere Szenarien zu bilden, um die **Dreifachrechnung** umzusetzen. Angesichts der Komplexität der Beispiele soll die Veränderung lediglich die **Auslastung** betreffen. Beim **Benzin-Pkw** ist im schlechten Szenario einheitlich mit eine **Absatzmenge** von 440 Einheiten, im besten Szenario einheitlich mit 800 Einheiten zu kalkulieren. Für den Diesel-Pkw bildet die bisher verwendete Auslastung die Basis und die Abweichungen sind entsprechend in Abhängigkeit von den Laufzeitjahren individuell abzuleiten. Wenn die schlechte Zukunft eintrifft, ist mit einer Auslastung von 55 % und im besten Fall mit 125 % zu rechnen. Das Ergebnis für den Benzin-Pkw fasst die Tabelle 3.40 zusammen.

Tab. 3.40: Kapitalwertermittlung für den Benzin-Pkw in Abhängigkeit von unterschiedlichen Auslastungen

Jahr	Einzahlungen Stückerlöse	Auszahlungen vK	FK	Absatzmenge	EZÜ	Diskontierungsfaktor	BW
1	45	20	1.600	440	9.400	$1,04^{-1}$	9.038,46
2	45	20	1.600	440	9.400	$1,04^{-2}$	8.690,83
3	45	20	1.600	440	9.400	$1,04^{-3}$	8.356,57
4	45	20	1.600	440	9.400	$1,04^{-4}$	8.035,16
5	45	20	1.600	440	9.400	$1,04^{-5}$	7.726,11
	Summe						41.847,13
					− Investitionsauszahlung		35.000,00
					= Kapitalwert		6.847,13
							Beträge in €
Jahr	Einzahlungen Stückerlöse	Auszahlungen vK	FK	Absatzmenge	EZÜ	Diskontierungsfaktor	BW
1	45	20	1.600	640	14.400	$1,04^{-1}$	13.846,15
2	45	20	1.600	640	14.400	$1,04^{-2}$	13.313,61
3	45	20	1.600	640	14.400	$1,04^{-3}$	12.801,55
4	45	20	1.600	640	14.400	$1,04^{-4}$	12.309,18
5	45	20	1.600	640	14.400	$1,04^{-5}$	11.835,75

3 Umgang mit der Ungewissheit der Zukunft

Jahr	Einzahlungen Stückerlöse	Auszahlungen vK	Auszahlungen FK	Absatz-menge	EZÜ	Diskontie-rungsfaktor	BW
	Summe						64.106,24
						− Investitionsauszahlung	35.000,00
						= Kapitalwert	29.106,24
							Beträge in €
Jahr	Einzahlungen Stückerlöse	Auszahlungen vK	Auszahlungen FK	Absatz-menge	EZÜ	Diskontie-rungsfaktor	BW
1	45	20	1.600	800	18.400	$1{,}04^{-1}$	17.692,31
2	45	20	1.600	800	18.400	$1{,}04^{-2}$	17.011,83
3	45	20	1.600	800	18.400	$1{,}04^{-3}$	16.357,53
4	45	20	1.600	800	18.400	$1{,}04^{-4}$	15.728,40
5	45	20	1.600	800	18.400	$1{,}04^{-5}$	15.123,46
	Summe						81.913,53
						− Investitionsauszahlung	35.000,00
						= Kapitalwert	46.913,53
							Beträge in €

Die drei Szenarien für den Diesel-Pkw finden sich in der Tabelle 3.41.

Tab. 3.41: Kapitalwertermittlung für den Diesel-Pkw in Abhängigkeit von unterschiedlichen Auslastungen

Jahr	Einzahlungen Stückerlöse	Auszahlungen vK	Auszahlungen FK	Absatz-menge	EZÜ	Diskontie-rungsfaktor	BW
1	50	15	2.500	165	3.275	$1{,}04^{-1}$	3.149,04
2	50	15	2.500	165	3.275	$1{,}04^{-2}$	3.027,92
3	50	15	2.500	275	7.125	$1{,}04^{-3}$	6.334,10
4	50	15	2.500	275	7.125	$1{,}04^{-4}$	6.090,48
5	50	15	2.500	440	12.900	$1{,}04^{-5}$	10.602,86
6	50	15	2.500	440	12.900	$1{,}04^{-6}$	10.195,06
6	Restwert				5.000	$1{,}04^{-6}$	3.951,57
	Summe						43.351,03
						− Investitionsauszahlung	50.000,00
						= Kapitalwert	−6.648,97
							Beträge in €

3.2 Erweiterung

Jahr	Einzahlungen Stückerlöse	Auszahlungen vK	FK	Absatz-menge	EZÜ	Diskontie-rungsfaktor	BW
1	50	15	2.500	300	8.000	$1{,}04^{-1}$	7.692,31
2	50	15	2.500	300	8.000	$1{,}04^{-2}$	7.396,45
3	50	15	2.500	500	15.000	$1{,}04^{-3}$	13.334,95
4	50	15	2.500	500	15.000	$1{,}04^{-4}$	12.822,06
5	50	15	2.500	800	25.500	$1{,}04^{-5}$	20.959,14
6	50	15	2.500	800	25.500	$1{,}04^{-6}$	20.153,02
6	Restwert				5.000	$1{,}04^{-6}$	3.951,57
	Summe						86.309,50
					– Investitionsauszahlung		50.000,00
					= Kapitalwert		36.309,50
							Beträge in €

Jahr	Einzahlungen Stückerlöse	Auszahlungen vK	FK	Absatz-menge	EZÜ	Diskontie-rungsfaktor	BW
1	50	15	2.500	375	10.625	$1{,}04^{-1}$	10.216,35
2	50	15	2.500	375	10.625	$1{,}04^{-2}$	9.823,41
3	50	15	2.500	625	19.375	$1{,}04^{-3}$	17.224,30
4	50	15	2.500	625	19.375	$1{,}04^{-4}$	16.561,83
5	50	15	2.500	1.000	32.500	$1{,}04^{-5}$	26.712,63
6	50	15	2.500	1.000	32.500	$1{,}04^{-6}$	25.685,22
6	Restwert				5.000	$1{,}04^{-6}$	3.951,57
	Summe						110.175,32
					– Investitionsauszahlung		50.000,00
					= Kapitalwert		60.175,32
							Beträge in €

Die komprimierte Ergebnisdarstellung zeigt die Tabelle 3.42.

Tab. 3.42: Kapitalwertübersicht der beiden Pkw für die drei Szenarien

	Investition	Kapitalwerte der Szenarien		
		schlecht	mittel	gut
Diesel-Pkw	50.000	–6.648,97	36.309,50	60.175,32
Benzin-Pkw	35.000	6.847,13	29.106,24	46.913,53
				Beträge in €

Es ist offensichtlich, dass der Diesel-Pkw **_deutlicher_** auf die Auslastungsveränderungen reagiert. Im Ursprungsszenario dominiert er – auch aufgrund seiner längeren

Laufzeit. Sollte das gute Szenario eintreten, ist die Differenz zwischen Diesel- und Benzin-Pkw noch deutlicher zugunsten des Diesels ausgeprägt. Im schlechten Szenario erwirtschaftet der Benzin-Pkw immer noch einen (deutlich) positiven Kapitalwert, während der Diesel einen deutlich negativen Kapitalwert ausweist.

Damit ist die Bewertung nach der **Maximax-** und *Minimax-Regel* schon beantwortet. Entscheidet der Investor nach den Ergebnissen im guten Szenario, ist der Diesel-Pkw gesetzt und bei einer Orientierung am schlechten Szenario, der Benzin-Pkw.

Für die *Hurwicz-Regel* gelten die gleichen Annahmen wie im Darstellungskapitel, somit beträgt **Beta** 0,75. Demzufolge errechnet sich der Gegenwert aus 1 − 0,75 und liegt bei 0,25. Die Resultate für die beiden Pkw sind in Tabelle 3.43 aufbereitet.

Tab. 3.43: Anwendung der Hurwicz-Regel für beide Pkw

| | | Szenarien | | | | | |
| | | schlecht | | mittel | | gut | Σ |
Investition	KW	€·(1−β)	KW	nicht relevant	KW	€·β	
Diesel-Pkw	50.000	−6.648,97	−1.662,24	36.309,50		60.175,32	45.131,49	43.469,25
Benzin-Pkw	35.000	6.847,13	1.711,78	29.106,24		46.913,53	35.185,15	36.896,93
							Beträge in €

Das gute Ergebnis in der optimistischen Zukunft ist so stark ausgeprägt, dass es in Kombination mit der 75%igen Gewichtung dafür sorgt, dass der Diesel-Pkw – trotz seines desaströsen Ergebnisses im schlechten Fall – auch nach der Hurwicz-Regel, die zu wählende Investition ist. Für die Gleichverteilung nach dem *Laplace-Ansatz* finden sich die Ergebnisse in der Tabelle 3.44.

Tab. 3.44: Anwendung der Laplace-Regel für beide Pkw

| | | Szenarien | | | | | |
| | Investition | schlecht (1/3) | | mittel (1/3) | | gut (1/3) | μ |
		KW	w·i	KW	w·i	KW	w·i	
Diesel-Pkw	50.000	−6.648,97	−2.216,32	36.309,50	12.103,17	60.175,32	20.058,44	29.945,28
Benzin-Pkw	35.000	6.847,13	2.282,38	29.106,24	9.702,08	46.913,53	15.637,84	27.622,30
								Beträge in €

3.2 Erweiterung

Die Gleichbewertung aller drei Szenarien sorgt dafür, dass der Benzin-Pkw leicht hinter dem Diesel-Pkw platziert ist. Seine Defizite im mittleren und guten Szenario sind so groß, dass der Vorteil im schlechten Szenario zur Kompensation nicht (ganz) ausreicht.

Abschließend ist die Analyse nach **Savage-Niehans** vorzunehmen. Der Benzin-Pkw ist in zwei Szenarien das Invest, welches dem Anleger **Opportunitätskosten** verursachen würde. Da diese aber nicht addiert werden dürfen – es kann immer nur eine Zukunft eintreten – weist der Benzin-Pkw die leicht geringeren Opportunitätskosten auf. Einen Überblick zeigt Tabelle 3.45.

Tab. 3.45: Anwendung der Savage-Niehans-Regel für beide Pkw

		Szenarien					Ergebnis
Investition	schlecht		mittel		gut		(€)
	KW	Opportunität	KW	Opportunität	KW	Opportunität	
Diesel-Pkw	50.000	–6.648,97	13.496,10	36.309,50		60.175,32		13.496,10
Benzin-Pkw	35.000	6.847,13		29.106,24	7.203,26	46.913,53	13.261,79	13.261,79

Beträge in €

Bearbeitungs-Tipps für eine erfolgreiche Umsetzung und Interpretation:

- **Handwerklich** ist in diesem Kapitel darauf zu achten, dass bei – den oft verwendeten – drei Szenarien der Multiplikator nicht 0,33 oder 0,3333, sondern wirklich ein Drittel ist.
- Wenn ein Unternehmer vor der **existenziellen Entscheidung** steht, ist sicherlich eine gründliche Analyse sinnvoll, die möglichst viele Aspekte integriert.
- Bei **widersprüchlichen Ergebnissen** unter Verwendung der einzelnen Modelle ist auch hier eine Entscheidung erforderlich, welches Modell maßgeblich ist.
- Die EZÜ beruhen nach wie vor auf **Schätzungen**, die gerade bei Investitionsgütern mit langen Nutzungsdauern, deutlich von der Realität abweichen (können).
- Auch stellt sich die Frage wer die **Szenarien** ermittelt hat, auf deren Ergebnissen die Entscheidungsmodelle beruhen.

3.2.2 Umgang mit dem Risiko
3.2.2.1 Darstellung

Der Unterschied zu den Modellen zur Strukturierung der Unsicherheit besteht darin, dass nicht nur einzelne Szenarien vorliegen, sondern diesen auch **Eintrittswahrscheinlichkeiten** zugeordnet werden können.

Der erste Ansatz ist das **Erwartungswertprinzip**, auch **Bayes-Regel** genannt, welches mathematisch das gleiche Vorgehen wie die **Laplace-Regel** zugrundelegt. Nur erfolgt hier die **Wahrscheinlichkeitsgewichtung individuell** durch den Entscheider und nicht als Gleichverteilung aus der Modelllogik. Die zu verwendende Formel ist somit identisch. In der vorliegenden Anwendung gilt, dass das schlechte Szenario eine Eintrittswahrscheinlichkeit von 20 %, das mittlere Szenario eine von 50 % und das gute Szenario eine von 30 % aufweist. Das Vorgehen ist bekannt und kommt mit den veränderten Werten zu neuen Ergebnissen, die in Tabelle 3.46 aufbereitet sind.

Tab. 3.46: Erwartungswertermittlung der beiden Investitionsalternativen bei vorgegebener Eintrittswahrscheinlichkeit der Szenarien

		Szenarien						
	Investition	schlecht (20 %)		mittel (50 %)		gut (30 %)		μ
		KW	w · i	KW	w · i	KW	w · i	
Alternative 1	1.000,00	−718,45	−143,69	73,39	36,69	1.407,41	422,22	315,23
Alternative 2	1.500,00	−958,16	−191,63	151,23	75,62	1.440,67	432,20	316,19
								Beträge in €

Unter dieser Annahme dominiert Alternative 2 (leicht) für einen Anleger, der nur den Erwartungswert als Entscheidungskriterium verwendet. Die Anlegergruppe wird auch risikoneutral genannt.

Das Vorgehen entbehrt nicht einer Logik, weist aber ein deutliches Defizit auf: es übersieht das **Risiko**. In der Tabelle 3.46 wird für Alternative 2 ein Erwartungswert von 316,19 € ausgewiesen. Bei der Struktur der Tabelle erkennt man schnell, dass dieser Wert eine 70%ige **Wahrscheinlichkeit** gegen sich hat, da er nur im guten Szenario (über)erfüllt wird, und die beiden anderen Szenarien deutlich schlechtere Ergebnisse liefern. Aus diesem Grund integriert man die **Streuung** in solche Betrachtungen. Wie wenig aussagefähig die ausschließliche Fokussierung auf den Erwartungswert ist, verdeutlicht die Abbildung 3.7.

Es ist offensichtlich, dass eine Betrachtung der **Erwartungswerte**, deren strukturelles Entstehen übersieht. Im ersten Beispiel (16 € Gewinn ⇔ 14 € Gewinn) ist es

3.2 Erweiterung

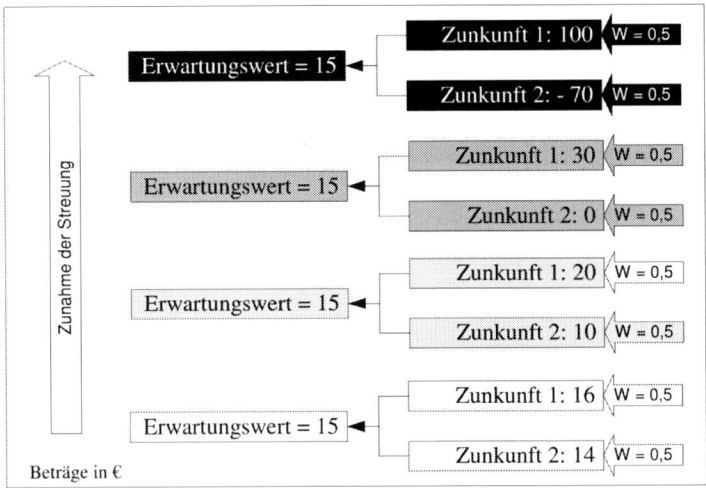

Abb. 3.7: Verschiedene Wege zur Erreichung eines Erwartungswertes von 15 €

ja (fast) egal welche Zukunft Realität wird; das Ergebnis unterscheidet sich nur *marginal*. Im letzten Beispiel (100 € Gewinn ⇔ 70 € Verlust) sind die Unterschiede der Szenarien *signifikant*.

Um diese Unterschiede messbar zu machen, verwendet man die **Standardabweichung** σ, die sich wie folgt berechnet

$$\sigma = \sqrt{\sum_{i=1}^{n} w_i \cdot (x_i - \mu)^2}$$

Hierbei bedeuten:

n ⇔ Anzahl der Szenarien

w_i ⇔ Eintrittswahrscheinlichkeit im Szenario i

x_i ⇔ Kapitalwert im Szenario i

μ ⇔ Erwartungswert der Investition

Inhaltlich misst sie die **Differenzen** der **Einzelwerte** vom **Durchschnitt** in quadrierter Form. Dies geschieht, um eine **Kompensation** von positiven und negativen Abweichungen zu verhindern. Durch die Gewichtung findet die relative Bedeutung Eingang in die Betrachtung. Das Ergebnis wird **Varianz** genannt und durch Ziehung der **Quadratwurzel** in die **Standardabweichung** überführt. Hiermit wird ausgedrückt, wie weit die Einzelwerte vom Durchschnitt, dem Erwartungswert, entfernt sind. Einen Überblick der Einzelschritte vermittelt Tabelle 3.47.

Tab.3.47: Für das Ausgangsbeispiel vom Kapitalwert zur Standardabweichung

	Schlechtes Szenario			Mittleres Szenario			Gutes Szenario			σ^2	σ
	KW	KW − μ	(KW-μ)²	(KW-μ)²·w	KW	KW − μ	(KW-μ)²	(KW-μ)²·w	KW	KW − μ	(KW-μ)²	(KW-μ)²·w		
A 1	−718	−1.034	1.068.487	213.697	73	−242	58.486	29.243	1.407	1.092	1.192.859	357.858	600.799	775
A 2	−958	−1.274	1.623.964	324.793	151	−165	27.209	13.605	1.441	1.124	1.264.468	379.340	717.736	847

Beträge in €

3.2 Erweiterung

Zur Vervollständigung der Betrachtung ist es noch erforderlich, den Einfluss der Standardabweichung auf die Entscheidung zu bestimmen. Hierzu wird die Standardabweichung zum Erwartungswert addiert und bildet den **Nutzen unter Risikoeinbeziehung**. Wie der Erwartungswert einbezogen wird, hängt von der **Risikoneigung** (= RN) ab. Es werden drei verschiedene Einstellungen unterschieden:

- **Risikoneutralität**: Der Anleger blendet die Streuung komplett aus. Für ihn ist jeder Erwartungswert aus Abbildung 3.7 gleich wertvoll. Er ist folglich zum Thema Risiko indifferent eingestellt. Der Multiplikator, mit dem die Standardabweichung berücksichtigt wird ist Null, sodass sie aus der Betrachtung herausfällt und der Erwartungswert dem Nutzen unter Risikoeinbeziehung entspricht.
- **Risikofreude:** Für diese Anleger ist die Streuung und damit die Chance auf einen höheren Ertrag ein Wert. Sie würden sich in der Extremausprägung für das oberste Beispiel aus Abbildung 3.7 (100 € Gewinn ⇔ 70 € Verlust) entscheiden. Der Multiplikator ist positiv und steigt mit zunehmender Risikofreude. Allen Ausprägungen gemein ist, dass die Standardabweichung positiv bleibt. Der Nutzen unter Risikoeinbeziehung ist somit größer als der Erwartungswert.
- **Risikoscheu:** Dieser Anleger handelt rational indem er Risiken nur übernimmt, wenn sie mit einem höheren Ertrag verbunden sind. Dieser Anleger würde die unterste Alternative aus Abbildung 3.7 (16 € Gewinn ⇔ 14 € Gewinn) favorisieren. Wie stark die Risikofurcht ausgeprägt ist, hängt vom individuellen Anleger ab und beschreibt wieviel mehr Ertrag er für das Eingehen einer zusätzlichen Risikoeinheit fordert. Hier ist der Multiplikator negativ ausgeprägt, sodass der Nutzen unter Risikoeinbeziehung kleiner ist als der Erwartungswert.

Formal lässt sich der Zusammenhang beschreiben durch:

$$\textbf{\textit{Nutzen unter Risikoeinbeziehung}} = \mu \pm \textbf{\textit{RN}} \cdot \sigma$$

Hierbei bedeuten:

μ ⇔ Erwartungswert der Investition

RN ⇔ Risikoneigung

σ ⇔ Standardabweichung

Da die **Risikoneutralität** und – **freude** <u>nicht</u> rational ist, wird häufig eine negative **Risikoneigung** unterstellt. Für das hier diskutierte Beispiel soll eine Risikoneigung von –0,1, bezogen auf die Standardabweichung, gültig sein.

Die Ergebniszusammenfassung zeigt die Tabelle 3.48, die neue Erkenntnisse in den beiden rechten Spalten generiert. Hier sind die **Standardabweichung** und das Gesamtergebnis der **Nutzen** unter **Risikoeinbeziehung** gezeigt.

Tab. 3.48: Überblick von den Kapitalwerten bis zum Nutzen unter Risikoeinbeziehung für das Ausgangsbeispiel

	Investition	Szenarien			μ	σ	Nutzen unter Risiko-einbeziehung
		schlecht (20 %) KW	mittel (50 %) KW	gut (30 %) KW			
Alternative 1	1.000,00	–718,45	73,39	1.407,41	315,23	775,11	237,72
Alternative 2	1.500,00	–958,16	151,23	1.440,67	316,19	847,19	231,47
							Beträge in €

Dass Alternative 2 die höheren Abweichungen vom Mittelwert und damit eine stärkere **Streuung** aufweist, war bereits bei der Betrachtung der drei Kapitalwerte im Vergleich zum Erwartungswert offensichtlich. Nun sind die Unterschiede quantifiziert. Alternative 1 weist die geringere Standardabweichung auf, sodass der Erwartungswert durch den Abzug eines kleineren Risikoabschlages zum größeren Nutzen unter Risikoeinbeziehung führt. Insgesamt sind die Unterschiede als moderat zu bezeichnen.

Materiell liegt jetzt ein Ergebnis unter **Risikoeinbeziehung** vor und das Ergebnis reicht näher an das mittlere Szenario heran. Gleichzeitig spricht immer noch eine 70%ige **Wahrscheinlichkeit** dagegen, dass dieser Wert erreicht wird. Für die Bewertung einer Sachinvestition, deren Investitionssumme feststeht, ist dieses Verfahren sinnvoll und kann einen signifikanten Beitrag zur **Auswahlentscheidung** leisten.

Ohne hier die Details aufgreifen zu wollen, sei angemerkt, dass dieses Vorgehen strukturell einer **Unternehmensbewertung** entspricht, die sowohl auf **Cashflows** als auch einem (etwaigen) Restwert basiert und die Investitionssumme (= den Kaufpreis) ermitteln will.

3.2.2.2 Anwendung

Auch in diesem Kapitel gelten die gleichen Annahmen, die im Rahmen des Darstellungskapitels bereits im Einsatz waren. Somit beträgt die **Wahrscheinlichkeit** für

- das schlechte Szenario: 20 %,
- das mittlere Szenario: 50 % und
- das gute Szenario: 30 %.

3.2 Erweiterung

Die Ausprägungen mit ihren Konsequenzen für die beiden Pkw sind aus dem Kapitel 3.2.1.2 bekannt und werden nun mit den anderen Gewichtungen verwendet. Die Ergebnisse finden sich in Tabelle 3.49.

Tab. 3.49: Herleitung des Erwartungswertes für beide Pkw

	Investition	Szenarien						μ
		schlecht (20 %)		mittel (50 %)		gut (30 %)		
		KW	w · i	KW	w · i	KW	w · i	
Diesel-Pkw	50.000,00	−6.648,91	−1.329,78	36.309,50	18.154,75	60.175,32	18.052,60	34.877,55
Benzin-Pkw	35.000,00	6.847,13	1.369,43	29.106,24	14.553,12	46.913,53	14.074,06	29.996,61

Beträge in €

Unter Verwendung des ***Erwartungswertes*** dominiert der Diesel-Pkw. Gleichzeitig erkennt man, dass beide Erwartungswerte nahe dem mittleren Szenario sind. Der Erwartungswert des Diesel-Pkws hat eine ***Eintrittswahrscheinlichkeit*** von 80 % da er im mittleren und guten Szenario übertroffen wird. Der Erwartungswert des Benzin-Pkw wird nur mit einer 30%igen Wahrscheinlichkeit übertroffen. Gleichzeitig existiert eine 50%ige Wahrscheinlichkeit dafür, dass der Kapitalwert des mittleren Szenarios erreicht wird, welcher nur geringfügig unter dem Erwartungswert liegt. Um die Streuung zu quantifizieren ist die ***Standardabweichung*** zu ermitteln, deren Herleitung in Tabelle 3.50 zu sehen ist.

Tab. 3.50: Entwicklung beider Pkw vom Kapitalwert zur Standardabweichung

		Schlechtes Szenario			Mittleres Szenario			Gutes Szenario			σ^2	σ
	KW	KW − μ	(KW-μ)²	(KW-μ)²·w	KW	KW − μ	(KW-μ)²	(KW-μ)²·w	KW	KW − μ	(KW-μ)²	(KW-μ)²·w		
A1	−6.649	−41.527	1.724.452.029	344.890.406	36.310	1.432	2.050.475	1.025.238	60.175	25.298	639.977.066	191.993.120	537.908.763	23.193
A2	6.847	−23.149	535.898.193	107.179.639	29.106	−890	792.750	396.375	46.914	16.917	286.182.351	85.854.705	193.430.719	13.908

Beträge in €

3.2 Erweiterung

Der finale Schritt ist es nun, die Risikoneigung in der bereits verwendeten Höhe von –0,1 einzubeziehen. Durch die Multiplikation mit der Risikoneigung ergibt sich der Nutzen unter Risikoeinbeziehung, der ebenfalls in Tabelle 3.51 enthalten ist.

Tab. 3.51: Entwicklung von den Kapitalwerten zum Nutzen unter Risikoeinbeziehung für beide Pkw

	Investition	Kapitalwerte der Szenarien			μ	σ	Nutzen unter Risikoeinbeziehung
		schlecht (20%)	mittel (50%)	gut (30%)			
Diesel-Pkw	50.000,00	–6.648,97	36.309,50	60.175,32	34.877,55	23.192,86	32.558,27
Benzin-Pkw	35.000,00	6.847,13	29.106,24	46.913,53	29.996,61	13.907,94	28.605,81

Beträge in €

Wie bereits in der bloßen Betrachtung der Werte offensichtlich ist, ist die **Streuung** des Diesel-Pkw stärker ausgeprägt: vom desaströsen Ergebnis im schlechten Szenario bis hin zum Spitzenwert im guten Szenario. Durch die Standardabweichung wird deutlich, dass eine Streuung etwa 50 % größer ist als beim Benzin-Pkw. Da hier annahmegemäß der Investor **risikoavers** ist und die Ausprägung bei –0,1 liegt, reicht die Reduzierung des Erwartungswertes durch den Risikoabschlag **nicht**, um den Benzin-Pkw zur Investition der Wahl zu machen. Hierzu wäre eine Ausprägung der Risikoneigung von mehr als –0,38 erforderlich.

> **Bearbeitungs-Tipps für eine erfolgreiche Umsetzung und Interpretation:**
> - Handwerklich bietet dieses Kapitel einige Fallstricke:
>   - Bei Ermittlung der **Standardabweichung** ist der Erwartungswert von den einzelnen Originalwerten abzuziehen, die Einzelsummen sind zu quadrieren und im Anschluss mit den individuellen Eintrittswahrscheinlichkeiten prozentual zu gewichten. Das Ergebnis ist die **Varianz**. Indem aus der Varianz die **Quadratwurzel** gezogen wird, erhält man die Standardabweichung.
>   - Bei der **Risikoneigung** macht es einen mehr als signifikanten Unterschied, ob die Standardabweichung oder die Varianz Basis für die Multiplikation ist.
> - Inhaltlich sind die Punkte des vorherigen Kapitels hinsichtlich der **Szenario-Ermittlung** auch hier zutreffend.
> - Zudem muss die Frage erlaubt sein: wie sind die exakten **Eintrittswahrscheinlichkeiten** ermittelt worden? Natürlich basieren sie nur auf Annahmen, was bei der Ergebnisinterpretation zu berücksichtigen ist.

- Die *Risikoeinstellung* dürfte bei vielen Investoren avers ausgeprägt sein. Das Maß der Ausprägung zu quantifizieren, ist in der Praxis nicht trivial. Zudem ist es auch plausibel, dass sich die Risikoeinstellung im *Zeitverlauf verändert*. So dürfte ein 20-jähriger Single ganz anders aufgestellt sein, als der gleiche Mensch im Alter von 40 Jahren, wenn er ökonomisch Hauptverantwortlicher für ein Familieneinkommen ist.
- Hat der Investor die *Risikoneigung* wirklich im Vorfeld definiert oder dient sie im Prozess nur dazu, die ohnehin präferierte Investition „wissenschaftlich zu legitimieren"?
- Last but not least: Trotz aller eingesetzten Verfahren ist eine Investition immer ein *Wagnis*; wie man dieses strukturiert bewertet, ist Gegenstand dieses Buches.

Gratulation!!!

Hiermit haben Sie sich auch die Erweiterungen zum Umgang mit der Unsicherheit erarbeitet und sich alle Inhalte des Buches angeeignet. Das spricht wirklich für Zielorientierung und Durchhaltevermögen!! ☺

Analog den vorherigen Kapiteln haben Sie jetzt noch die Möglichkeit, das Erlernte zu üben. Entsprechende Aufgaben finden Sie auch zu den Themen dieses Kapitels im *Übungsbuch*. Falls Sie diesen Schritt zeitgleich absolviert haben oder darauf verzichten möchten, verbleibt mir nur noch Ihnen viel Erfolg in Ihrer Klausur zu wünschen!

Literatur

- Bieg, H. / Kußmaul, H. / Waschbusch, G.: Investition, München 2016.
- Bösch M.: Finanzwirtschaft: Investition, Finanzierung, Finanzmärkte und Steuerung, München 2022.
- Hölscher, R. / Helms, N.: Investition und Finanzierung, München et al. 2018.
- Kußmaul, H.: Betriebswirtschaftslehre: eine Einführung für Einsteiger und Unternehmensgründer, München et al. 2022.
- Obermeier, T. / Gasper, R.: Investitionsrechnung und Unternehmensbewertung, München 2008.
- Olfert, K.: Investition, Ludwigshafen (Rhein) 2019.
- Ostendorf, R. J.: Finanzierung – Theoretische Basis und praktische Anwendung, München et al. 2023.
- Ostendorf, R. J.: Dynamische Investitionsrechnung, in: WISU 5 (2016), S. 553–554.
- Perridon, L. / Steiner, M. / Rathgeber, A.: Finanzwirtschaft der Unternehmung, München 2022.
- Poggensee, K.: Investitionsrechnung: Grundlagen – Aufgaben – Lösungen, Wiesbaden, 2022.
- Poggensee, K.: Klausurenkurs Investitionsrechnung, Wiesbaden, 2021.
- Schierenbeck, H. / Wöhe, C.B.: Grundzüge der Betriebswirtschaftslehre, Studentenausgabe, München-Wien 2016.
- Schulz, M. / Rathgeber, A. / Stöckl, S. / Wagner, M.: Übung zur Finanzwirtschaft der Unternehmung, München 2017.
- Wöhe, G. / Döring, U. / Brösel, G.: Einführung in die Allgemeine Betriebswirtschaftslehre, München 2023.
- Zantow, R. / Dinauer, J. / Schäffler, C.: Finanzwirtschaft des Unternehmens: Die Grundlagen des modernen Finanzmanagements, München 2016.

Vita des Autors

Ralf Jürgen Ostendorf – Jahrgang 1968

Prof. Dr., Dipl.-Ök., Dipl. Bankbetriebswirt ADG, Dipl.-Hdl., Dipl.-Soz.-Wiss.

Hochschule Niederrhein – Fachbereich 09 Wirtschaftsingenieurwesen – verantwortlich für Finance and Business Management

Lehrgebiete

- Allgemeine Betriebswirtschaftslehre und Organisation als Schwerpunkt
- Investition und Finanzierung
- Nationale Rechnungslegung und Bilanzanalyse
- Kostenrechnung, operatives und strategisches Controlling

Berufserfahrung

- in Managementverantwortung:
  - Bankaktiengesellschaft Hamm (BAG)
  - Sparkasse Sprockhövel
  - MOHAG mbH Recklinghausen

- im Hochschulbereich:
  - Hochschule Osnabrück – Department für Duale Studien in Lingen
  - Berufsakademie in Lingen
  - Fachhochschule der Wirtschaft in Bergisch Gladbach und Mettmann
  - EBC Hochschule Düsseldorf
  - FOM in Essen und Düsseldorf
  - Gerhard-Mercator-Universität – Gesamthochschule Duisburg
  - Universität Witten/Herdecke

Auswahl aktueller Veröffentlichungen

- als alleiniger Autor bzw. Herausgeber:
  - Finanzierung – Theoretische Basis und praktische Anwendung, 2. Aufl., München et al. 2023.
  - (Hrsg.): Krisenmanagement: Prävention, Identifizierung und Steuerung, Münster et al. 2023.
  - Kommentierung Artikel 92 bis 98 der CRR – Eigenmittelanforderungen, in: Fischer, R. / Schulte-Mattler, H. (Hrsg.): KWG CRR-VO – Kreditwesengesetz – VO (EU) Nr. 575/2013 Kommentar, München 2023, S. 415–446.
  - (Hrsg.): Nachhaltigkeit – differenzierte Perspektiven auf ein aktuelles Thema, Münster et al. 2021.
  - (Hrsg.): Aktuelle finanzwirtschaftliche und empirische Arbeitsergebnisse, Münster et al. 2020.

- (Hrsg.): Finance- und Businessmanagement – Aktuelle Arbeitsergebnisse, Münster et al. 2019.
- Finanzierung – Theoretische Basis und praktische Anwendung, München et al. 2018.
- (Hrsg.): Unternehmenskrisen – ausgewählte Ansätze zur Prävention, Erkennung und Handhabung, Münster et al. 2018.
- (Hrsg.): Aktuelle Forschungsergebnisse zur Finanzwirtschaft, Münster et al. 2017.
- Das Milchpreisdilemma, in: WISU 12 (2017), S. 170-173.
- Dynamische Investitionsrechnung, in: WISU 5 (2016), S. 553–554.
- Kommentierung Artikel 92 bis 98 der CRR – Eigenmittelanforderungen, in: Boos, K.-H. / Fischer, R. / Schulte-Mattler, H. (Hrsg.): KWG CRR-VO – Kreditwesengesetz – VO (EU) Nr. 575/2013 Kommentar, München 2016, S. 322–343.
- Wettbewerbsstrategien, in: WISU 12 (2016), S. 1321–1323.
- (Hrsg.): Finance und Businessmanagement – Arbeitsergebnisse aus dem Frühjahr 2015, Krefeld 2016.

- in Gemeinschaft mit anderen Autoren:
2023
  - mit C. Born und M. Rösner: Erweiterung der klassischen Inflationstheorie, in: Ostendorf (Krisenmanagement 2023), S. 41-84.
  - mit C. Liepold und K. Schlöter: Nachhaltigkeit an der Börse, in: Ostendorf (Krisenmanagement 2023), S. 207-235.
  - mit V. Mays und P. Sous: Aktien-IPO's an ausgewählten europäischen SME-Markets im Vergleich, Münster et al. 2023.
  - Mit V. Mays und P. Sous: Sustainable & Green Finance: Eine aktuelle Übersicht wichtiger Instrumente, in: Ostendorf (Krisenmanagement 2023), S. 237-263.
  - mit V. Mays und J. Thoma: Investitionsrechnungsverfahren am Mittleren Niederrhein: Ausgewählte statistische Analysen, in: Ostendorf (Krisenmanagement 2023), S. 1-39.
  - mit M. Rösner und C. Liepold: Rohstoffmarktentwicklungen in unsicheren Zeiten, in: Ostendorf (Krisenmanagement 2023), S. 85-127.
  - mit M. Smeets und A. Freßmann: Robotic Process Automation im Einsatz – Strategische Ausrichtung – praktische Umsetzung – revisionssichere Implementierung, Wiesbaden 2023.
  - mit J. Thoma: Kapitalherabsetzungen – Rechtliche Voraussetzungen, ökonomische Effekte und der Vergleich zum Aktienrückkauf, in: Ostendorf (Krisenmanagement 2023), S. 179-205.
2022
  - mit N. Scharpenack und V. Mays: Factoring. Grundlagen, Formen, Rechtsaspekte und Status Quo, Münster et al. 2022.
2021
  - mit V. Mays: Wie der DAX® an seine Punkte kommt: Berechnung eines Aktienindex unter Berücksichtigung ausgewählter Ereignisse – Teil 1: Aufgabenstellung in: Wist Nr. 2-3 (2021), S. 58-61.

- mit V. Mays: Wie der DAX® an seine Punkte kommt: Berechnung eines Aktienindex unter Berücksichtigung ausgewählter Ereignisse – Teil 2: Lösung in: Wist Nr. 4 (2021), S. 67-74.
- mit M.R. Smeets und P.G. Roetzel: RPA for the financial industry – Particular challenges and outstanding suitability combined, in: C. Czarnecki / P. Fettke (Hrsg.): Robotic Process Automation – Management, Technology, Applications, Berlin/Boston 2021, S. 263-284.
- mit M.R. Smeets und P.G. Roetzel: AI and its Opportunities for Decision-Making in Organizations: A Systematic Review of the Influencing Factors on the Intention to use AI, in: Die Unternehmung, 75. Jg., 3/2021, S. 433-461.

2020
- mit V. Mays und C.S. Liepold / R. Kaber: Einsatz ausgewählter Investitionsrechnungsverfahren am Mittleren Niederrhein – Ergebnisdarstellung einer empirischen Studie, Münster et al. 2020.
- mit M. Smeets: RPA als Hilfsmittel zur strategischen Positionierung für Banken, in: KI-NOTE, 1 (2020), S. 26-33.
- mit M. Smeets: Taktische Position im Wettbewerb stärken, in: Sparkassenzeitung September 2020, unter Link: https://www.sparkassenzeitung.de/betrieb-banksteuerung/rpa-prozessverbesserungen-taktische-position-im-wettbewerb-staerken.

2019
- mit V. Mays: Wirtschaftlichkeitsrechnung. Besonderheiten ausgewählter Investitionsrechnungsverfahren, in: BBK 5/2019, S. 233ff.
- mit A. Rösen und L.-M. Rettich: Kreditvergabepraxis der Sparkassen und Genossenschaftsbanken, Münster et al. 2019.

2018
- mit V. Mays: Anwendung von Investitionsrechnungsverfahren in der Praxis, in: BBK, Nr. 3/2018, S. 133-142.
- mit V. Mays: Investitionsrechnungsverfahren. Eine Zeitreihenanalyse, Münster et al. 2018.
- mit V. Mays: Bilanzkennzahlen – Praxisrelevanz, Aussagefähigkeit und Benchmarks ausgewählter Kennziffern, Münster et al. 2018.
- mit V. Mays: Investitionsrechnungsverfahren früher und heute, in: Controller Magazin, Nr. 6/2018, S. 52-56.
- mit M. Smeets: Cash-Flow-Prognosen, in: WISU 11 (2018), S. 1207-1208.

2017
- mit M. Buscher: Liquiditäts- und Eigenkapitalanforderungen im Zeitverlauf sowie deren Auswirkungen für Kreditinstitute und Kunden, Münster et al. 2017.
- mit C. A. Flachsenberg: Credit Spreads in ausgewählten Peripheriestaaten, Münster et al. 2017.
- mit M. Pins und R. U. Erhard: Regulatorik aktuell – Auswirkungen der §§ 10c ff. KWG auf deutsche Sparkassen, Münster et al. 2017.

2016
- mit P. Krautmann; Wie genossenschaftliche Institute der Marktveränderung begegnen, in: https://www.Springerprofessional.de/bankstrategie/Bankvertrieb/wie-genossenschaftliche-instituteder-marktveraenderung-begegnen/10698972 (eingestellt am: 14.09.2016).
- mit N. Scharpenack: Investieren zur richtigen Zeit, in: Bankmagazin (2016) 7-8, S. 50-51.

Stichwortverzeichnis

Abschreibung
  rechnung, 12, 26, 43, 46, 54
  zeit, 12, 15, 25, 35
absolute Erfolgsgrößen, 79
Alternativ(e), 11, 17, 19, 21, 23, 24, 28–30, 35, 36, 38, 39, 41–43, 46, 55, 65, 99, 100, 112, 118, 120, 140, 153, 183, 185–189, 194, 197, 198
Amortisations-, 24, 26–28, 31, 32, 34, 38, 43, 45, 46, 49, 50, 53–59, 61, 69–72, 79, 101, 117, 170, 173
Annuität, 66, 68, 117
Annuitätenfaktor, 68, 69, 103–105, 111, 115, 117
Anschaffungskosten, 12, 14, 19, 25, 30, 39, 46–49, 52, 112, 121
Aufwand, 25, 80, 137
Ausbringungsmenge, 17, 18, 20, 22, 155, 178
Auslastung, 7, 10–12, 17, 19–21
Auslastungsgrad, 21
Auswahlentscheidung, 198
Auszahlungen, 30, 61, 63–65, 87, 108, 121, 172, 176–181, 184, 185, 189–191
Auszahlungsüberschüsse, 96

Baldwin-Ansatz, 122, 129–131, 134, 135
Baldwin-Methode, 131, 133
Barwert, 62–64, 70–73, 75–79, 93–97, 100, 102, 103, 105, 109, 110, 112, 119, 123, 125, 137–142, 153–159, 161–170, 173, 178
Barwertzeitpunkt, 98
Bayes-Regel, 194
Beibehaltung, 31, 35, 88, 98, 101
Beta (β), 187, 192
Betrachtungszeitpunkt, 37, 89, 91, 109
Betriebsbereitschaft, 7, 17, 21
Break-even-Analyse der Kosten, 17

Break-even-Analyse für die Gewinngleichheit, 20
Break-even-Analyse für die Gewinnschwelle, 21
Break-even-Betrachtung, 27, 46, 168, 170, 173
Break-even-Punkt, 17–19, 22, 23, 50, 169
Break-even-Zinssatz, 169, 173
Bruttoinvestition, 8
Bruttorentabilität, 23, 24, 53

Cashflow, 26–29, 54–59, 69, 147, 198

Deckungsbeitrag, 20, 171, 177
Deflation, 62
Degressionseffekt, 17, 20
Delta der Kapitalwerte, 118
Delta der Zinssätze, 118
Differenzinvestition, 31, 38–42, 79
Diskontierung, 62, 64, 66, 70, 73, 84, 90–93, 99, 102, 124, 139, 161, 163, 165, 168, 169
Diskontierungsfaktor, 65, 66, 79, 119, 126, 127, 137
Diversifikation, 8
Durchschnittsperiode, 29
Dynamik, 1, 30, 59, 61, 64, 66, 70, 72, 79, 86–89, 98, 102, 117, 143, 145, 153, 168, 170, 182

Eindimensionalität, 186
einfache Zinsrechnung, 30
einjährige Laufzeit, 102–104, 111, 114
einmaliger Durchlauf, 84
Eintrittswahrscheinlichkeit, 183, 187, 188, 194, 195, 199, 201
Einzahlung, 61–63, 121, 125, 128, 131
Einzahlungsüberschüsse, 26, 55, 61
Einzahlungsüberschuss, 26, 136
Einzelschaden, 188
Endwertbetrachtung, 87, 88, 90, 133, 135

Stichwortverzeichnis

Entnahme, 12, 54, 68, 73
Entscheidung
  historisch, 35
  zukunftsgerichtet, 35
Entsorgungskosten, 76, 146–148, 168–171, 173, 183, 184
Erfolgssteuern, 87, 136, 137
Erkenntnisfortschritt, 21, 106, 185
Ersatz, 8, 9, 31, 35, 88, 98
Erwartungswert (μ), 188
Erwartungswertprinzip, 194
EZÜ nach Ertrags-Steuern, 136

Fehlallokationen, 30
Finanzierung, 7, 30, 43, 50, 52, 56, 59, 87, 204
Finanzinvestition, 8
Fixkosten, 7, 12, 15–17, 19–21, 23, 34, 36–38, 43–53, 56, 57, 59, 64, 66, 112, 113, 145, 149, 155, 160, 162–167, 170, 171, 175, 177, 178
Flussgrößen, 145
Folgeperioden, 102
Funktion
  höherer Ordnung, 66, 93, 123, 154
  lineare, 12, 58, 93, 118, 123, 124, 155, 156
Funktionszusammenhang (linear), 80

Gegenwartszahlung, 62
Geldanlage, 89
Geldaufnahme, 87, 89
Gesamtguthaben, 132
Gesamtkosten, 15, 16, 18, 20, 34, 36, 38, 43–45, 47–49, 51–53
Gesetzgebung, 24
Gewinnerzielung, 19
Gewinnfunktion, 20, 172, 174
gleichbleibende Zahlung, 67, 68, 105

Hasardeurhaftigkeit, 186
Hurwicz-Ansatz, 187

Inflation, 30, 53, 62
Interner Zinsfuß
  allgenmein, 79, 81
  für eine Einzahlung, 120
  Investition, 79, 89
  nach Baldwin, 121, 133
Interpretation, 131, 185
Investitionsdauer, 14, 114, 115, 119, 146
Investitionskapital der Kette, 105, 106, 109–111, 115, 117
Investitionskette, 88, 90, 101–103, 106, 109–114, 116, 117
Investitionsplanung, 10
Investitionsprogramm, 10
iteratives Verfahren, 118–120, 123–125, 130, 133

Kalkulationszinssatz, 36, 68, 73, 100, 111, 118, 122–124, 138, 154, 157
Kapazitätsgrenze, 19, 23
Kapital im Durchschnitt gebunden, 137
Kapitalbindung, 14–16, 19, 23, 31–35, 37–39, 42, 44, 46, 47, 49, 56
Kapitalkosten
  gefährdet, 27–29, 58
  offen, 70
Kapitalwert
  Kaufkraft, 62
  negativer, 86
Kaufkraftverlust, 53
Kaufpreis, 32, 49, 50, 57
Kaufpreisreduzierung, 36, 48
Kehrwert der Annuitätenformel, 98
Konstante, 68, 93, 120, 127–129, 131, 133
Korrekturverfahren, 145, 153
Kostenarten, 12
Kostenunterschied, 16, 34, 38, 44
Kredit, 80, 131, 137
Kreditsumme, 89

Laplace-Regel, 187, 192, 194
Leistungseinheit, 16, 17
Liquidationserlös nach Ertragssteuern, 136

209

Stichwortverzeichnis

Marktwert, 36, 100
mathematische Vereinfachung, 92
maximale Laufzeit, 76
maximale Leistungsfähigkeit, 80
Maximax-Regel, 186, 187
Minimax-Regel, 186, 187
Mittelzufluss, 80, 128, 136

Nachsteuererfolg, 137
Naturgewalten, 25
negativer/n
    Bereich, 19, 86
    Kapitalwert *s.* Kapitalwert, 180
    Nutzung, 29
Nettoinvestition, 8, 9
Nettorentabilität, 23, 24, 44
Nominalwert, 70, 75, 102
Nutzenbündel, 12, 14, 72, 73, 142
Nutzungsdauer, 10, 12, 15, 36, 52, 64, 66,
    72, 77–79, 88, 90, 100–102, 105,
    108, 111, 115, 125, 140, 149,
    150, 159, 193

operativer Überschuss, 73, 75, 109
Opportunitätskosten, 35, 54, 99, 100, 188,
    189, 193
Optimale Nutzungsdauer von
    Investitionsketten, 100, 101,
    185–188
Optimismusparameter, 187

Paradoxon, 139
Parameter, 32, 35, 51, 66, 68, 86, 93, 99,
    104, 106, 108, 110, 112, 113,
    117, 128, 135, 137, 138, 140,
    142, 145–148, 152, 153, 156,
    157, 159–161, 163, 164,
    166–168, 171, 174, 175, 177,
    178, 182
Parameteranpassungen, 153
Pessimismus, 186
Pessimismusparameter, 187
Planung, 9, 146, 168

Planungshorizont, 24, 106–117
Potenzial, 64
p/q-Formel, 119
praktische Grenzen, 72
Preisschwankungen, 30
Produktionsmühle, 7

Quadratwurzel, 121, 133, 195, 201
Qualität der Eingangsdaten, 30
Quick-Test, 117
Quotienten, 129, 133

Ranking, 35, 70, 91, 115
Rationalisierung, 8
Reagibilität, 153
Rentabilität, 23, 24, 32, 35, 38, 43, 45, 49,
    79, 122
Rentenbarwert, 92, 93, 98, 117
Rentenbarwertfaktor, 88, 92–94, 96–98,
    173
Reproduktion, 8
Restbuchwertes, 136
Restwert, 12–15, 19, 24, 25, 27, 29, 30, 33,
    36, 57, 64–66, 70–79, 83, 86, 87,
    96, 99, 100, 108–110, 112–114,
    116, 130, 136, 145, 146,
    148–151, 153–156, 161–168,
    170, 173, 176–181, 184, 185,
    190, 191, 198
Risikoabschätzung, 50
Risikoeinbeziehung, 197, 198, 201
Risikofreude, 186, 197
Risikoneigung, 187, 197, 201, 202
Risikoneutralität, 197
Risikopuffer, 51, 53
Risikoscheu, 186, 197
Rückflusszeitpunkt, 59

Savage-Niehans-Regel, 188, 193
Schätzungen, 70, 193
Scheingenauigkeit, 58, 70, 145
Schlechterstellung, 145, 152, 153, 160
Soll- und Habenzinssatz, 87, 131
Spanne, 83, 85

Stichwortverzeichnis

Stückkosten, 16, 17, 19, 22, 47, 50, 163
Standardabweichung, 195–201
Steuerarten, 136
Steuereinbeziehung, 87, 88, 138–142
Steuererstattung, 136, 139, 142
Steuergutschrift, 139, 141
Steuersätze, 139, 140
Steuerung, 11
Steuerwirkung, 137
Storno, 26, 55
strategische Vorgabe, 9, 11
Szenarien, 183–195, 198, 201
Szenario, 183, 186–189, 192–196, 198–201

Tendenz zur Mitte, 122, 130, 131
Tilgung
    diskontinuierlich, 31–35, 37, 43, 47, 55
    kontinuierlich, 15, 32, 35
Trade-off-Beziehung, 72, 79

Umsatzerlös, 19, 20, 22, 26, 29, 34, 36, 38, 44–46, 49–53, 56, 59, 64–66, 108, 112, 113, 137, 149, 150, 155, 160, 161, 171, 172, 174, 183, 184
Umstellung, 8, 53
unbare Kosten, 26
Ungewissheit, 1, 24
Unsicherheit, 183, 194, 202
unterjährige Betrachtung, 70
unterjährigen Zahlungen, 70, 72
Unternehmensbewertung, 198, 203
Unternehmensrendite, 121, 122, 129–131

variable Kosten, 12, 20, 65, 155, 162, 176
Varianz, 195, 201
Variationen am Zeitstrahl, 89
verbarwerteten Kapitalwerte, 107
verdienten Zinsen, 68
Verlusttragfähigkeit, 186
Vollauslastung, 27–29, 56, 66
vollkommenen Marktes, 36

Wahrscheinlichkeitsgewichtung, 194
Werteverzehr, 12, 14, 37, 139
Wiederanlageprämisse, 122, 130

Zahlungsreihe, 79, 92, 95, 96, 98, 103, 109, 148
Zahlungsströme, nominelle, 64, 66, 76–78, 87, 94, 98, 105, 122, 131–133, 153, 168
Zahlungszeitpunkt, 63, 90
Zeitsprung, 37
Zeitstrahlverschiebung, 88
Zinseszinsen, 62, 66, 68, 132
Zinskomponente, 32
Zinskosten, 14–16, 23, 24, 34, 35, 38, 39, 42–54, 56, 61, 62, 64, 66, 137, 161, 163, 165, 168
Zinslast, 80
Zinssatz, 14
Zinssatz (identisch), 89
Zinssatz nach Ertragsteuern, 137
Zinssenkung zur Gesamtkostengleihheit, 43
Zinssenkung zur Gewinngleihheit, 44
Zugeständnis, 42
Zukunftszahlung, 62
Zyklus, 11, 102

Smart Knowledge to the Students®
hrsg. von Ralf Jürgen Ostendorf

Ralf Jürgen Ostendorf
Prüfungsorientierte Investitionsrechnung
Zusammenhänge praxisorientiert verinnerlichen, charakteristische Fallstricke identifizieren und die Prüfung erfolgreich bestehen. Übungsbuch

Investitionsrechnungen sind elementar für alle unternehmerisch Tätigen! Mit ihnen wird die betriebliche Infrastruktur der kommenden Perioden bestimmt. Zur Fundierung der Auswahl stehen verschiedene Berechnungsmöglichkeiten zur Verfügung, deren Beherrschung (in Prüfungen) nicht immer einfach ist.

Inhaltlich ergänzt dieses Übungsbuch die Themen statische und dynamische Investitionsrechnung sowie den Umgang mit der Ungewissheit der Zukunft, die im gleichnamigen Lehrbuch detailliert dargestellt sind.

Ziel des Übungsbuches ist es, jedem Lernenden umfangreiche Trainingsmöglichkeiten zur Verfügung zu stellen, um die erarbeiteten Inhalte zielgerichtet zu üben. Hierzu enthält es programmierte Fragestellungen und frei gestellte Wiederholungsfragen sowie verschiedenste praxisorientierte Fallstudien.

Die Fallstudien stammen aus der Trickkiste des Verfassers als prüfender Professor an zahlreichen Hochschulen, um wirklich alle thematischen Facetten abzudecken. Die Aufgabensammlung bereitet nicht nur auf mögliche Fallstricke in Prüfungsfragen vor, sondern veranschaulicht auch, wie unterschiedliche Nuancen in den Fragestellungen die Ergebnisse der Aufgaben verändern. Somit bieten sie ideale Möglichkeiten zur Klausurvorbereitung.

Natürlich stehen für alle gestellten Aufgaben detaillierte Musterlösungen zur Verfügung, um die eigene Lernkontrolle zu ermöglichen.

Dr. Ralf Jürgen Ostendorf ist seit 2012 Professor für Finance and Business Management am Fachbereich 09 – Wirtschaftsingenieurwesen der Hochschule Niederrhein in Krefeld. Er unterrichtet seit 1995 das Thema Investitionsrechnung für verschiedenste Hörergruppen sowohl an Hochschulen als auch in der beruflichen Weiterbildung. Neben dem Lehrpreis seiner Heimathochschule im Jahr 2017 zeichnete ihn auch die UNICUM Stiftung als „Professor des Jahres 2018" aus.

Bd. 2, 2024, 224 S., 29,90 €, br., ISBN 978-3-643-15548-1

LIT Verlag Berlin – Münster – Wien – Zürich – London
Auslieferung Deutschland / Österreich / Schweiz: siehe Impressumsseite

Diskussionsbeiträge des Fachbereichs Wirtschaftsingenieurwesen der Hochschule Niederrhein
hrsg. von der Hochschule Niederrhein durch Prof. Dr. Ralf Jürgen Ostendorf und Prof. Dr. Michael Schleusener

Andreas Seeliger (Hrsg.)
Modellierung von Energiemärkten
Studentische Arbeiten aus dem Masterstudiengang Energiewirtschaftsingenieurwesen
Bd. 40, 2024, 124 S., 29,90 €, br., ISBN 978-3-643-15563-4

Jaro Hillmann
Strategische Potenziale mittelständischer Industriezulieferer im aktuellen Marktumfeld
Bd. 39, 2024, 126 S., 29,90 €, br., ISBN 978-3-643-15517-7

Ralf Jürgen Ostendorf; Patricia Sous; Victor Mays
Aktien-IPO's an ausgewählten europäischen SME-Markets im Vergleich
Bd. 38, 2023, 102 S., 29,90 €, br., ISBN 978-3-643-15432-3

Ralf Jürgen Ostendorf (Hrsg.)
Krisenmanagement: Prävention, Identifizierung und Steuerung
Bd. 37, 2023, 296 S., 34,90 €, br., ISBN 978-3-643-15372-2

Ralf Jürgen Ostendorf; Nicole Scharpenack; Victor Mays
Factoring
Grundlagen, Formen, Rechtsaspekte und Status Quo
Bd. 36, 2022, 102 S., 29,90 €, br., ISBN 978-3-643-15282-4

Joachim Schettel (Hrsg.)
Konzepte zur praktischen Umsetzung der Energiewende
Studentische Arbeiten aus dem Masterstudiengang Energiewirtschaftsingenieurwesen
Bd. 35, 2022, 214 S., 29,90 €, br., ISBN 978-3-643-15141-4

Ralf Jürgen Ostendorf (Hrsg.)
Nachhaltigkeit – differenzierte Perspektiven auf ein aktuelles Thema
Bd. 34, 2021, 282 S., 34,90 €, br., ISBN 978-3-643-15076-9

Victor Mays; Tammo R. Wichmann; Constanze Sophie Liepold
Der europäische CO_2-Zertifikatshandel
Wesensmerkmale und Partizipationsmöglichkeiten für Privatanleger
Bd. 33, 2021, 100 S., 24,90 €, br., ISBN 978-3-643-15060-8

Ralf Jürgen Ostendorf; Victor Mays; Jannik Thoma
Investitionsrechnungsverfahren am Mittleren Niederrhein
Statistische Analyse einer empirischen Studie
Bd. 32, 2021, 134 S., 29,90 €, br., ISBN 978-3-643-14949-7

Victor Mays
Potentialanalyse Bioökonomie
Bd. 31, 2021, 238 S., 29,90 €, br., ISBN 978-3-643-14933-6

LIT Verlag Berlin – Münster – Wien – Zürich – London
Auslieferung Deutschland / Österreich / Schweiz: siehe Impressumsseite

Ralf Jürgen Ostendorf (Hrsg.)
Finanzwirtschaft
Aktuelle Herausforderungen, Trends und Analysen in Theorie und Praxis
Bd. 30, 2020, 304 S., 34,90 €, br., ISBN 978-3-643-14738-7

Ralf Jürgen Ostendorf; Victor Mays; Constanze Sophie Liepold; Rudolf Kaber
Einsatz ausgewählter Investitionsrechnungsverfahren am Mittleren Niederrhein
Ergebnisdarstellung einer empirischen Studie
Bd. 29, 2020, 126 S., 24,90 €, br., ISBN 978-3-643-14634-2

Carolin Goetschkes; Victor Mays
Ist das agile Projektmanagement für die Bauwirtschaft geeignet?
Eine Synopse von klassischem & agilem Projektmanagement
Bd. 28, 2020, 154 S., 24,90 €, br., ISBN 978-3-643-14633-5

Ralf Jürgen Ostendorf (Hrsg.)
Finance- und Businessmanagement
Aktuelle Arbeitsergebnisse
Bd. 27, 2019, 274 S., 29,90 €, br., ISBN 978-3-643-14368-6

Victor Mays
Wettbewerbsstrategien
Eine vergleichende Analyse zwischen der Dynamischen Ökologieführerschaft und der Blue Ocean Strategie
Bd. 26, 2018, 160 S., 24,90 €, br., ISBN 978-3-643-14198-9

Ralf Jürgen Ostendorf; Jonas Schraven; Franziska Weuthen
Empirische Analyse ausgewählter Kostenrechnungs- und Controllinginstrumente in Zeiten expansiver Geldpolitik
Ergebnisdarstellung einer Stichprobenerhebung
Bd. 25, 2018, 120 S., 24,90 €, br., ISBN 978-3-643-14175-0

Max Wertenbruch
Eine theoretische und numerische Analyse des Ranque-Hilsch Wirbelrohres
Bd. 24, 2018, 100 S., 24,90 €, br., ISBN 978-3-643-14141-5

Ralf Jürgen Ostendorf (Hrsg.)
Unternehmenskrisen
Ausgewählte Ansätze zur Prävention, Erkennung und Handhabung
Bd. 23, 2018, 220 S., 24,90 €, br., ISBN 978-3-643-13956-6

Ralf Jürgen Ostendorf; Alena Rösen; Lena Marie Rettich
Kreditvergabepraxis der Sparkassen und Genossenschaftsbanken
Bd. 22, 2019, 96 S., 24,90 €, br., ISBN 978-3-643-13945-0

Ralf Jürgen Ostendorf; Victor Mays
Bilanzkennzahlen
Praxisrelevanz, Aussagefähigkeit und Benchmarks ausgewählter Kennziffern
Bd. 21, 2018, 120 S., 24,90 €, br., ISBN 978-3-643-13955-9

Ralf Jürgen Ostendorf; Victor Mays
Investitionsrechnungsverfahren
Eine Zeitreihenanalyse
Bd. 20, 2017, 144 S., 24,90 €, br., ISBN 978-3-643-13944-3

LIT Verlag Berlin – Münster – Wien – Zürich – London
Auslieferung Deutschland / Österreich / Schweiz: siehe Impressumsseite

Ralf Jürgen Ostendorf (Hrsg.)
Aktuelle Forschungsergebnisse zur Finanzwirtschaft
Bd. 19, 2018, 164 S., 24,90 €, br., ISBN 978-3-643-13943-6

Aaron Breuer; Ralf Jürgen Ostendorf; Andreas Seeliger
Auswirkungen des Wegfalls der Besonderen Ausgleichsregelung nach §§63 ff. EEG 2014 auf Unternehmenskennzahlen
Bd. 18, 2017, 106 S., 24,90 €, br., ISBN 978-3-643-13874-3

Ralf Jürgen Ostendorf; Christian Flachsenberg
Credit Spreads in ausgewählten Peripheriestaaten
Bd. 17, 2017, 128 S., 24,90 €, br., ISBN 978-3-643-13873-6

Leonie Heckmanns
Szenario-Analyse zu smartem Einbruchschutz in deutschen Haushalten
Bd. 16, 2017, 174 S., 24,90 €, br., ISBN 978-3-643-13879-8

Anna Christin Wink
Preisprognosen für kurzfristige Strommärkte
Bewertung von Methoden und Analyse der Einflussgrößen auf den Strompreis
Bd. 15, 2017, 168 S., 24,90 €, br., ISBN 978-3-643-13786-9

Ralf Jürgen Ostendorf; Alena Rösen; Max Wertenbruch
Praktischer Einsatz ausgewählter Finanzierungsalternativen in Zeiten expansiver Geldpolitik
Ergebnisdarstellung einer Stichprobenerhebung
Bd. 14, 2017, 130 S., 24,90 €, br., ISBN 978-3-643-13774-6

Ralf Jürgen Ostendorf; Markus Pins; Ralph U. Erhard
Regulatorik aktuell – Auswirkungen der §§10c ff. KWG auf deutsche Sparkassen
Bd. 13, 2017, 122 S., 24,90 €, br., ISBN 978-3-643-13696-1

Ralf Jürgen Ostendorf; Markus Buscher
Liquiditäts- und Eigenkapitalanforderungen im Zeitverlauf sowie deren Auswirkungen für Kreditinstitute und Kunden
Bd. 12, 2017, 92 S., 24,90 €, br., ISBN 978-3-643-13676-3

Ralf Ostendorf; Markus Herzog
Praktischer Einsatz ausgewählter Investitionsrechenverfahren in Zeiten expansiver Geldpolitik – Vergleich zweier Stichproben
Bd. 11, 2017, 112 S., 19,90 €, br., ISBN 978-3-643-13614-5

Markus Herzog
Analyse und Optimierung des Projektmanagements hinsichtlich der Projektübergabe an die Serienproduktion – durchgeführt an einem Referenzprojekt
Bd. 10, 2017, 132 S., 24,90 €, br., ISBN 978-3-643-13552-0

Als Fachbereichsschriften erschienen:

Bd. 9. A. Seeliger, S. Jeschull, B. Krönauer, S. Limberg, C. Schreiner, M. Albuquerque C. de Souza, M. Verza: Elektrobusse im ÖPNV: Eine technisch/wirtschaftliche Analyse unter Berücksichtigung praktischer Umsetzungsbeispiele, Mai 2016.

LIT Verlag Berlin – Münster – Wien – Zürich – London
Auslieferung Deutschland / Österreich / Schweiz: siehe Impressumsseite

Bd. 8. R. J. Ostendorf, S. Elfrich, M. Herzog, O. Leschenko und A. Menemencioglu: Praktischer Einsatz ausgewählter Investitionsrechenverfahren in Zeiten expansiver Geldpolitik – eine netzwerkbasierte Analyse, Januar 2016.

Bd. 7. R. J. Ostendorf (Hrsg.): Finance- und Businessmanagement Arbeitsergebnisse aus dem Frühjahr 2015, Januar 2016.

Bd. 6. R. J. Ostendorf, S. Elfrich, M. Herzog, O. Leschenko und A. Menemencioglu: Praktischer Einsatz ausgewählter Investitionsrechenverfahren in Zeiten expansiver Geldpolitik – Ergebnisdarstellung einer Stichprobenerhebung, Oktober 2015.

Bd. 5. P. Krautmann: Analyse ausgewählter Online-Bezahlmöglichkeiten unter besonderer Beachtung prozessualer Fragen sowie der praktischen Einsetzbarkeit, Juli 2015.

Bd. 4. R. Pörtner: Bestandsaufnahme der Fahrleistungen von Pflegediensten im Hinblick auf den Einsatz von Elektrofahrzeugen, März 2014 (vergriffen).

Bd. 3. P. Asemann: Regenerative Energien als Erfolgsfaktor von kleinen und mittleren Unternehmen am mittleren Niederrhein, Oktober 2013 (vergriffen).

Bd. 2. H. Felde: Erstellung einer Potenzialflächenanalyse für die Nutzung von Windenergie in der Stadt Willich, Mai 2013 (vergriffen).

Bd. 1. R. J. Ostendorf: Aktuelle Bewertung verschiedener Zugänge in die Arbeitswelt, September 2012 (vergriffen).

LIT Verlag Berlin – Münster – Wien – Zürich – London
Auslieferung Deutschland / Österreich / Schweiz: siehe Impressumsseite